高职高专自动化类专业"十三五"规划教材

现场总线技术及实训

于 玲 主 编
张 益 杜向军 副主编
王建明 主审

化学工业出版社

·北京·

本教材以现场总线控制系统的设计、安装、运行、调试、维护和监控为主线，重点介绍 Profibus 和 Interbus 总线的使用方法。实训部分以自动生产线为例，采用 Profibus 现场总线控制系统，配备了 STEP7 编程软件和 WinCC 监控软件。

本教材可作为高职高专电气自动化、机电一体化、工业机器人等机电类专业的教材，也可供中职机电类相关专业的学生学习。

图书在版编目（CIP）数据

现场总线技术及实训 / 于玲主编. —北京：化学
工业出版社，2018.9（2022.2重印）
高职高专自动化类专业"十三五"规划教材
ISBN 978-7-122-32587-7

Ⅰ.①现… Ⅱ.①于… Ⅲ.①总线-技术-高等职业
教育-教材 Ⅳ.①TP336

中国版本图书馆 CIP 数据核字（2018）第 149143 号

责任编辑：刘　哲　　　　　　　　　　　装帧设计：韩　飞
责任校对：边　涛

出版发行：化学工业出版社（北京市东城区青年湖南街 13 号　邮政编码 100011）
印　　装：北京建宏印刷有限公司
787mm×1092mm　1/16　印张 13¾　字数 347 千字　2022 年 2 月北京第 1 版第 2 次印刷

购书咨询：010-64518888　　　　　　　售后服务：010-64518899
网　　址：http://www.cip.com.cn
凡购买本书，如有缺损质量问题，本社销售中心负责调换。

定　　价：35.00 元

前　言

进入 21 世纪，走向实用化的现场总线控制系统正以迅猛的势头快速发展。现场总线控制系统是目前最新型的控制系统。它是一种全计算机、全数字、双向通信的新型控制系统，在某些领域，尤其是在制造业与石化工业自动化领域已成功应用。它在节省大量控制电缆，缩短设计、安装和调试工期，优化管理，预测检修和预防维修等方面有明显的优越性。它是信息化在工业自动化领域的体现，代表了工业自动化的发展方向，是现场级设备通信的一场数字化革命，是信息化带动工业化的重点方向。

本教材按照知识内容划分为两大篇。第 1 篇是理论篇，主要介绍现场总线技术，使学生对总线结构有较深刻的理解，对自动监测技术、PLC 控制技术、现场总线技术、传感器技术、液压与气动技术、电气设备技术等多种技术有一定的理解和掌握，对各种现场设备有一定的感性认识，掌握现场总线控制系统的设计、硬件选用、安装、检修和编程调试等内容。本篇主要由天津轻工职业技术学院张益、于玲、沈洁编写。第 2 篇是实训篇，主要由天津轻工职业技术学院于玲和恩智浦半导体公司杜向军编写。这样安排，旨在使学生在学习岗位技能的同时，可以根据实际情况选学知识，提高理论知识水平（结合了高职学生的特点）和技术改革能力，为培养具有一定创新能力和工艺技术改进能力的高端技术技能型人才奠定基础。

本书以现场总线控制系统的设计、安装、运行、调试、维护和监控为主线，重点介绍 Profibus 和 Interbus 总线的使用方法，以培养学生的动手能力为主要目标，原理性内容描述尽量简化，解决生产实际问题。

本书可作为两年制或三年制高职高专、成人教育等电气自动化技术、机电一体化技术、工业机器人技术及机电类相关专业的教材，也可供相关技术人员参考。

由于素材收集还欠详尽，加之我们本身的水平所限，不尽如人意之处在所难免，恳请指正。

编者

2018 年 6 月

目　　录

第1篇　理　论　篇

第1章　现场总线技术概论 ……………………………………………………………… 1

1.1　现场总线简介 …………………………………………………………………… 1

　　1.1.1　什么是现场总线 ……………………………………………………………… 2

　　1.1.2　什么是现场总线控制系统 …………………………………………………… 2

1.2　现场总线的发展背景与趋势 …………………………………………………… 3

　　1.2.1　现场总线的产生背景 ………………………………………………………… 3

　　1.2.2　现场总线控制系统的发展过程 ……………………………………………… 3

　　1.2.3　智能传感器为现场总线控制系统的出现奠定了基础 ……………………… 4

　　1.2.4　现场总线的发展方向 ………………………………………………………… 5

1.3　现场总线的特点与分类 ………………………………………………………… 7

　　1.3.1　现场总线系统的结构特点 …………………………………………………… 7

　　1.3.2　现场总线系统的技术特点 …………………………………………………… 8

　　1.3.3　现场总线的优点 ……………………………………………………………… 8

　　1.3.4　现场总线的分类 ……………………………………………………………… 9

1.4　应用现场总线应注意的若干问题 ……………………………………………… 9

1.5　现场总线的现状 ………………………………………………………………… 10

　　1.5.1　基金会总线 …………………………………………………………………… 10

　　1.5.2　Lonworks 总线 ……………………………………………………………… 10

　　1.5.3　Profibus 总线 ………………………………………………………………… 11

　　1.5.4　Interbus 总线 ………………………………………………………………… 11

　　1.5.5　CAN 总线 …………………………………………………………………… 12

　　1.5.6　HART 总线 ………………………………………………………………… 12

　　1.5.7　WorldFIP 总线 ……………………………………………………………… 13

　　1.5.8　P-Net 总线 …………………………………………………………………… 13

　　1.5.9　ControlNet 总线 ……………………………………………………………… 13

　　1.5.10　SwiftNet 总线 ……………………………………………………………… 14

　　1.5.11　CC-Link ……………………………………………………………………… 14

　　1.5.12　DeviceNet …………………………………………………………………… 15

　　1.5.13　AS-i 总线 …………………………………………………………………… 15

1.6　现场总线的标准 ……………………………………………………………… 16

　1.6.1　IEC 的现场总线标准 …………………………………………………… 16

　1.6.2　ISO 的现场总线标准 …………………………………………………… 18

　1.6.3　现场总线中国标准 ……………………………………………………… 19

习题 1 …………………………………………………………………………………… 19

第 2 章　网络通信基础 ……………………………………………………………… 20

2.1　总线的基本概念与操作 ………………………………………………………… 20

　2.1.1　总线的基本术语 ………………………………………………………… 20

　2.1.2　总线操作的基本内容 …………………………………………………… 21

2.2　计算机数据通信基础 …………………………………………………………… 23

　2.2.1　数据通信的基本概念 …………………………………………………… 23

　2.2.2　数据的调制与编码 ……………………………………………………… 24

　2.2.3　数据编码技术 …………………………………………………………… 25

　2.2.4　数据传输方式 …………………………………………………………… 27

　2.2.5　通信方式 ………………………………………………………………… 27

　2.2.6　数字信号同步方式 ……………………………………………………… 28

2.3　计算机网络拓扑结构 …………………………………………………………… 28

　2.3.1　计算机网络拓扑的定义 ………………………………………………… 28

　2.3.2　计算机网络拓扑的分类 ………………………………………………… 29

　2.3.3　计算机网络拓扑结构的选择 …………………………………………… 32

2.4　介质访问控制方式 ……………………………………………………………… 32

2.5　数据交换技术 …………………………………………………………………… 33

2.6　差错控制技术 …………………………………………………………………… 36

　2.6.1　差错产生的原因 ………………………………………………………… 36

　2.6.2　差错控制编码 …………………………………………………………… 36

　2.6.3　差错控制方法 …………………………………………………………… 37

2.7　网络互联 ………………………………………………………………………… 37

习题 2 …………………………………………………………………………………… 38

第 3 章　开放系统互连(OSI) 参考模型 …………………………………………… 39

3.1　OSI 参考模型 …………………………………………………………………… 39

　3.1.1　OSI 参考模型的结构 …………………………………………………… 39

　3.1.2　OSI 参考模型中的数据传输过程 ……………………………………… 40

　3.1.3　OSI 参考模型各层的功能简介 ………………………………………… 41

3.2　物理层协议 ……………………………………………………………………… 42

　3.2.1　物理层的功能概述 ……………………………………………………… 42

　3.2.2　物理层标准举例 ………………………………………………………… 42

　3.2.3　常见物理层设备与组件 ………………………………………………… 44

3.2.4　物理层传输介质 ……………………………………………………… 45

3.3　数据链路层 ……………………………………………………………… 47

3.3.1　数据链路层的功能 …………………………………………………… 47

3.3.2　数据链路层协议分类及高级数据链路控制协议（HDLC）格式 ………… 49

3.3.3　数据链路层的网络连接设备 …………………………………………… 50

3.4　网络层 …………………………………………………………………… 51

3.4.1　网络层功能 …………………………………………………………… 51

3.4.2　路由选择算法 ………………………………………………………… 52

3.4.3　网络层的网络连接设备 ………………………………………………… 52

3.5　传输层 …………………………………………………………………… 53

3.5.1　传输层的功能 ………………………………………………………… 53

3.5.2　传输层的服务类型与协议等级 ………………………………………… 54

3.6　会话层以上高层协议 ……………………………………………………… 55

3.6.1　会话层 ………………………………………………………………… 55

3.6.2　表示层 ………………………………………………………………… 56

3.6.3　应用层 ………………………………………………………………… 56

3.7　现场总线通信模型 ………………………………………………………… 57

习题 3 …………………………………………………………………………… 58

第 4 章　Interbus 现场总线技术 ……………………………………………… 59

4.1　Interbus 现场总线技术基础 ……………………………………………… 59

4.1.1　Interbus 总线系统的结构与组成 ……………………………………… 59

4.1.2　Interbus 总线模块 …………………………………………………… 63

4.1.3　Interbus 总线网络配置 ……………………………………………… 72

4.2　Interbus 现场总线的自动控制系统 ……………………………………… 72

4.2.1　自动化系统 …………………………………………………………… 73

4.2.2　控制技术 ……………………………………………………………… 73

4.2.3　软件介绍 ……………………………………………………………… 77

4.2.4　Interbus 控制系统实例 ……………………………………………… 80

4.3　Interbus 传输协议 ……………………………………………………… 81

4.3.1　协议结构 ……………………………………………………………… 82

4.3.2　Interbus 传输方法的构成和原理 ……………………………………… 86

4.4　Interbus 组态与编程 …………………………………………………… 96

4.4.1　PC WORX 控制板的组态与编程 ……………………………………… 96

4.4.2　Interbus 系统规划与设计 …………………………………………… 101

4.4.3　安装与接线 …………………………………………………………… 102

4.4.4　Interbus 诊断与维护 ………………………………………………… 105

习题 4 …………………………………………………………………………… 107

第5章 Profibus 现场总线 ·· 108

5.1 Profibus 现场总线概述 ··· 108

5.1.1 Profibus 的基本特性 ·· 109

5.1.2 Profibus 总线存取协议 ·· 109

5.1.3 Profibus 协议模型及结构 ··· 110

5.1.4 Profibus 传输技术 ·· 112

5.1.5 Profibus-FMS ··· 116

5.1.6 Profibus-PA ·· 117

5.1.7 Profibus-DP ·· 118

5.1.8 Profibus-DP 通信设置 ·· 122

5.1.9 Profibus 在工厂自动化系统中的应用 ····································· 122

5.2 Profibus-DP 控制系统的组建 ·· 123

5.2.1 Profibus 控制系统的组成 ·· 123

5.2.2 Profibus 控制系统配置的几种形式 ··· 124

5.2.3 Profibus-DP 控制系统的组成 ··· 125

5.2.4 Profibus 模板 ·· 128

5.2.5 SIMATIC S7 系统中的 Profibus-DP ······································· 128

5.2.6 EM277 模块 ·· 135

5.2.7 使用 Profibus-DP 进行数据通信的实例 ··································· 138

5.2.8 Profibus-DP 的诊断功能 ··· 141

5.2.9 安装和调试一个 Profibus-DP 系统 ··· 145

5.3 Profibus-DP 控制系统的软件设置 ·· 148

5.3.1 Profibus 的安装及参数设置 ··· 149

5.3.2 硬件组态 ··· 149

5.3.3 软件编程 ··· 160

5.3.4 计算机与 PLC 300 的通信 ··· 162

5.3.5 下位机设置 ·· 163

5.3.6 计算机与 PLC 200 的通信 ··· 163

5.3.7 主站与从站间数据交换 ··· 165

习题 5 ··· 168

第2篇 实 训 篇

第6章 现场总线技术实训 ··· 169

6.1 现场总线系统控制 ··· 169

6.1.1 变频器的设置 ·· 169

6.1.2 STEP7 系列软件编程（见 5.3.2 节） ······································ 171

6.1.3 硬件组态（见 5.3.2 节） ······ 171

6.1.4 建立计算机与 PLC 300 的通信（见 5.3.4 节） ······ 171

6.1.5 下位机设置（见 5.3.5 节） ······ 171

6.1.6 建立计算机与 PLC 200 的通信（见 5.3.6 节） ······ 171

6.1.7 Siemens 公司的 WinCC 实时监控系统 ······ 171

6.2 自动机自动线应用技术系统 ······ 172

6.2.1 控制系统的组成 ······ 173

6.2.2 总控电气部分 ······ 173

6.3 自动机自动线自动循环部分 ······ 175

6.3.1 上料单元 ······ 175

6.3.2 下料单元 ······ 177

6.3.3 加盖单元 ······ 180

6.3.4 穿销钉单元 ······ 183

6.3.5 模拟、电控换向、伸缩转向单元 ······ 185

6.3.6 检测单元 ······ 188

6.3.7 液压换向单元 ······ 190

6.3.8 气动机械手分拣单元 ······ 195

6.3.9 升降梯与高架叠层立体仓库单元 ······ 198

参考文献 ······ 207

第1篇 理 论 篇

第1章 现场总线技术概论

[知识要点]

① 了解现场总线控制系统的结构和传统控制系统的结构的区别。

② 了解控制系统结构的变化过程，明确现场总线控制系统的优势和特性。

③ 了解现场总线公认标准中规定的现场总线的特点和应用场合。

随着控制技术、计算机技术、通信技术和网络技术等的飞速发展，数字化作为一种趋势，正在从工业生产过程的决策层、管理层、监控层和控制层一直渗透到现场设备。现场总线的出现，使数字通信技术迅速占领工业过程控制系统中模拟量信号的最后一块领地。一种全数字化的、全开放式的、可互操作的新型控制系统——现场总线控制系统正在向我们走来，由它组成的双向、串行、数字化的外放式自动控制系统，在国内外得到了迅速发展和应用，使传统的自动控制系统发生了重大的变化，其技术革命的深度和广度在自动控制领域是空前的，越来越受到电力、冶金、交通、石化、楼宇、建材、轻工、纺织、矿山、环保、机械制造等行业的广泛重视和应用。

1.1 现场总线简介

现场总线是当今自动化领域技术发展的热点之一，被誉为自动化领域的计算机局域网。现场总线控制系统的出现代表了工业自动化领域中一个新纪元的开始，并将对该领域的发展产生深远的影响。

1.1.1　什么是现场总线

现场总线（Fieldbus）是用于过程自动化或制造自动化中的，实现智能化现场设备（例如变送器、执行器、控制器）与高层设备（例如主机、网关、人机接口设备）之间互连的、全数字、串行、双向的通信系统。它是自动化领域中计算机通信系统最底层的低成本网络，通过它可以实现跨网络的分布式控制。按照国际电工委员会 IEC 标准和现场总线基金会 FF 的定义：现场总线是连接智能现场设备和自动化系统的数字式、双向传输、多分支结构的通信网络。

现场总线的本质含义表现在以下几个方面。

① 现场通信网络　现场总线作为一种数字式通信网络，一直延伸到生产现场中的现场设备，使过去采用点到点式的模拟量信号传输或开关量信号的单向并行传输变为多点一线的双向串行数字式传输。

② 现场设备互连　现场设备是指位于生产现场的传感器、变送器和执行器等。这些现场设备可以通过现场总线直接在现场实现互连，相互交换信息。而在集散控制系统（DCS，Distributed Control System）中，现场设备之间是不能直接交换信息的。

③ 互操作性　现场设备种类繁多，一个现场总线控制系统中，可连接多个制造商生产的设备。所谓互操作性是指来自不同厂家的设备可以相互通信，并且可以在多厂家的环境中完成功能的能力。它体现在：用户可以自由地选择设备，而这种选择独立于供应商、控制系统和通信协议；制造商具有增加新的、有用功能的能力，不需要专有协议和特殊定制驱动软件和升级软件。

④ 分散功能块　现场总线控制系统把功能块分散到现场仪表中执行，因此取消了传统的 DCS 系统中的过程控制站。例如，现场总线变送器除了具有一般变送器的功能之外，还可以运行 PID 控制功能块。类似地，现场总线执行器，除了具有一般执行器的功能之外，还可以运行 PID 控制功能块和输出特性补偿块，甚至还可以实现阀门特性自校验和阀门故障自诊断功能。

⑤ 现场总线供电　现场总线除了传输信息之外，还可以完成为现场设备供电的功能。总线供电不仅简化了系统的安装布线，而且还可以通过配套的安全栅实现本质安全系统，为现场总线控制系统在易燃易爆环境中应用奠定了基础。

⑥ 开放式互联网络　现场总线为开放式互联网络，既可与同层网络互联，也可与不同层网络互联。现场总线协议是一个完全开放的协议，它不像 DCS 那样采用封闭的、专用的通信协议，而是采用公开化、标准化、规范化的通信协议。这就意味着来自不同厂家的现场总线设备，只要符合现场总线协议，就可以通过现场总线网络连接成系统，实现综合自动化。

1.1.2　什么是现场总线控制系统

现场总线是一种用于智能化现场设备和自动化系统的开放式、数字化、双向串行、多节点的通信总线。采用现场总线技术，可实现具有开放式、数字化和网络化结构的新型计算机控制系统，即现场总线控制系统（FCS，Field Control System）。它是继基地式气动仪表控制系统、电动单元组合式模拟仪表控制系统、集中式数字控制系统、集散控制系统 DCS 后的新一代控制系统。通俗地说，FCS 将构成自动系统的各种传感器、执行机构及控制器通过现场控制网络联系起来，通过网络上的信息传输，完成传统系统中需要硬件连接才能传递的信号，并完成各设备的协调，实现自动控制。

现场总线控制系统既是一个开放的通信网络，又是一个全分布式的控制系统。它作为智能设备的联系纽带，把挂接在总线上作为网络节点的智能设备连接为网络系统，并进一步构成自动控制信息系统，具有基本控制、补偿计算、参数修改、报警、显示、监控、优化及控管一体化等综合自动化功能。因此，现场总线技术综合了智能传感器、自动控制、计算机、数字通信、网络技术等方面的内容。

现场总线技术的基本内容，包括以串行通信方式取代传统的 4～20mA 的模拟信号，一条现场总线可为众多的可寻址现场设备实现多点连接，支持底层的现场智能设备与高层的系统利用公用传输介质交换信息。

现场总线技术的核心是它的通信协议，这些协议必须根据国际标准化组织 ISO 的计算机网络开放系统互连的 OSI 参考模型来判定。它是一种开放的 7 层网络协议标准，多数现场总线技术只使用其中的第 1、第 2 和第 7 层协议。

现场总线控制系统是新型自动化系统，又是低带宽的底层控制网络。它可与因特网（Internet）、企业内部网（Intranet）相连，且位于生产控制和网络结构的底层，因而有人称之为底层网（Infranet）。它作为网络系统最显著的特征是具有开放统一的通信协议，肩负着生产运行一线测量控制的特殊任务。

现场总线与工厂现场设备直接连接，一方面将现场测量控制设备互连为通信网络，实现不同网段、不同现场通信设备间的信息共享；同时又将现场运行的各种信息传送到远离现场的控制室，并进一步实现与操作终端、上层控制管理网络的连接和信息共享。在把一个现场设备的运行参数、状态以及故障信息等送往控制室的同时，又将各种控制、维护、组态命令，乃至现场设备的工作电源等送往各相关的现场设备，沟通了生产过程现场级控制设备之间及其与更高控制管理层次之间的联系。它要求信息传输的实时性强，可靠性高，且多为短帧传送，传输速率一般在几千波特率至 10Mbps 之间。

1.2　现场总线的发展背景与趋势

1.2.1　现场总线的产生背景

二十世纪末世界最重大的变化是全球市场的逐渐形成，从而导致竞争空前加剧，产品技术含量高，更新换代快。为了适应市场竞争需要，在工业生产过程中逐渐形成了计算机集成制造系统。它采用系统集成、信息集成的观点来组织工业生产，把市场、生产计划、制造过程、企业管理、售后服务看作要统一考虑的生产过程，并采用计算机、自动化、通信等技术来实现整个过程的综合自动化，以改善生产加工、管理决策等，因而信息技术成为工业生产制造过程的重要因素。随着计算机功能的不断增强，价格急剧降低，计算机与计算机网络系统得到迅速发展，使计算机集成制造系统的实施具备了良好的物质基础。但处于企业生产过程底层的测控自动化系统，要与外界交换信息，要实现整个生产过程的信息集成，要实施综合自动化，就必须设计出一种能在工业现场环境运行的、性能可靠、造价低廉的通信系统，以实现现场自动化智能设备之间的多点数字通信，形成工厂底层网络系统，实现底层现场设备之间以及生产现场与外界的信息交换。现场总线就是在这种背景下产生的。

1.2.2　现场总线控制系统的发展过程

纵观控制系统的发展史，不难发现，每一代新的控制系统推出都是针对老一代控制系统存在的缺陷而给出的解决方案，最终在用户需求和市场竞争两大外因的推动下占领市场的主导地位，现场总线和现场总线控制系统的产生也不例外。

（1）基地式仪表控制系统（PCS）

二十世纪五十年代，过程控制系统采用 0.02～0.1MPa 的气动信号标准，即所谓的第一代过程控制系统。

（2）模拟仪表控制系统（ACS）

模拟仪表控制系统于二十世纪六七十年代占主导地位。其显著缺点是模拟信号精度低，易受干扰。

（3）集中式数字控制系统（CCS）

集中式数字控制系统于二十世纪七八十年代占主导地位。采用单片机、PLC、SLC 或微机作为控制器，控制器内部传输的是数字信号，因此克服了模拟仪表控制系统中模拟信号精度低的缺陷，提高了系统的抗干扰能力。集中式数字控制系统的优点是易于根据全局情况进行控制计算和判断，在控制方式、控制时机的选择上可以统一调度和安排；不足的是，对控制器本身要求很高，必须具有足够的处理能力和极高的可靠性，当系统任务增加时，控制器的效率和可靠性将急剧下降。

（4）集散控制系统（DCS）

集散控制系统（DCS）于二十世纪八九十年代占主导地位。其核心思想是集中管理、分散控制，即管理与控制相分离，上位机用于集中监视管理功能，若干台下位机分散到现场实现分布式控制，各上下位机之间用控制网络互联，以实现相互之间的信息传递。因此，这种分布式控制系统的体系结构有力地克服了集中式数字控制系统中对控制器处理能力和可靠性要求高的缺陷。在集散控制系统中，分布式控制思想的实现正是得益于网络技术的发展和应用，但不同厂家的 DCS 系统之间以及 DCS 与上层 Intranet、Internet 信息网络之间难以实现网络互联和信息共享，因此集散控制系统从该角度而言，实质是一种封闭专用的、不具可互操作性的分布式控制系统，且 DCS 造价昂贵。在这种情况下，用户对网络控制系统提出了开放化和降低成本的迫切要求。

（5）现场总线控制系统（FCS）

随着复杂过程工业的不断发展，工业过程控制对大量现场信号的采集、传递和数据转换，以及对精度、可靠性、管控一体化，都提出了更新、更高的要求。现有的 DCS 已不能满足这些要求，且现有的 DCS 具有诸如控制不能彻底分散、故障相对集中、系统不彻底开放、成本较高等缺点，于是通过数字通信技术、传感器技术和微处理器技术的融合，把传统的数字信号和模拟信号的混合系统变成全数字信号系统，从而产生了新一代的控制系统 FCS。它用现场总线这一开放的、具有可互操作的网络将现场各控制器及仪表设备互连，构成现场总线控制系统，同时控制功能彻底下放到现场，降低了安装成本和维护费用。因此，FCS 实质是一种开放的、具可互操作性的、彻底分散的分布式控制系统。

1.2.3　智能传感器为现场总线控制系统的出现奠定了基础

一般的传感器只能作为敏感元件，必须配上变换仪表来检测物理量、化学量等的变化。随着微电子技术的发展，出现了智能仪表。智能仪表采用超大规模集成电路，利用嵌入软件协调内部操作，在完成输入信号的非线性补偿、零点错误、温度补偿、故障诊断等基础上，还可完成对工业过程的控制，使控制系统的功能进一步分散。智能传感器集成了传感器、智能仪表的全部功能及部分控制功能，具有很高的线性度和低的温度漂移，降低了系统的复杂性，简化了系统结构。其特点如下。

①　一定程度的人工智能是硬件与软件的结合体，可实现学习功能，更能体现仪表在控制系统中的作用。可以根据不同的测量要求，选择合适的方案，并能对信息进行综合处理，对系统状态进行预测。

②　多敏感功能将原来分散的、各自独立的单敏传感器集成为具有多敏感功能的传感器，能同时测量多种物理量和化学量，全面反映被测量的综合信息。

③　精度高，测量范围宽、随时检测出被测量的变化对检测元件特性的影响，并完成各种运算，其输出信号更为精确，同时其量程比可达 100∶1，最高达 400∶1，可用一个智能传感器应付很宽的测量范围，特别适用于要求量程比大的控制场合。

④　通信功能可采用标准化总线接口，进行信息交换，这是智能传感器的关键标志之一。

智能传感器的出现，将复杂信号由集中型处理变成分散型处理，既可以保证数据处理的质量，提高抗干扰性能，又降低系统的成本。它使传感器由单一功能、单一检测向多功能和多变量检测发展，使传感器由被动进行信号转换向主动控制和主动进行信息处理方向发展，并使传感器由孤立的元件向系统化、网络化发展。

智能传感器和现场总线是组成 FCS 的两个重要部分，FCS 用现场总线在控制现场建立一条高可靠性的数据通信线路，实现各智能传感器之间及智能传感器与主控机之间的数据通信，把单个分散的智能传感器变成网络节点。智能传感器中的数据处理有助于减轻主控站的工作负担，使大量信息处理就地化，减少了现场仪表与主控站之间的信息往返，降低了对网络数据通信容量的要求。经过智能传感器预处理的数据通过现场总线汇集到主机上，进行更高级的处理（主要是系统组态、优化、管理、诊断、容错等），使系统由面到点，再由点到面，对被控对象进行分析判断，提高了系统的可靠性和容错能力。这样 FCS 把各个智能传感器连接成了可以互相沟通信息，共同完成控制任务的网络系统与控制系统，能更好地体现 DCS 中的"信息集中，控制分散"的功能，提高了信号传输的准确性、实时性和快速性。

以现场总线技术为基础，以微处理器为核心，以数字化通信为传输方式的现场总线智能传感器与一般智能传感器相比，需有以下功能：共用一条总线传递信息，具有多种计算、数据处理及控制功能，从而减少主机的负担；取代 4～20mA 模拟信号传输，实现传输信号的数字化，增强信号的抗干扰能力；采用统一的网络化协议，成为 FCS 的节点，实现传感器与执行器之间信息交换；系统可对之进行校验、组态、测试，从而改善系统的可靠性；接口标准化，具有"即插即用"特性。

1.2.4　现场总线的发展方向

（1）现场总线标准化工作

数字技术的发展完全不同于模拟技术，数字技术标准的制定往往早于产品的开发，标准决定着新兴产业的健康发展。正因为如此，国际电工委员会极为重视现场总线标准的制定，早于 1984 年开始起草现场总线标准，但由于各国意见很不一致，工作进展十分缓慢。

1994 年，ISP（Interoperable System Protocol）和 World FIP（Factory Instrumentation Protocol）北美部分合并，成立了现场总线基金会（Fieldbus Foundation，简称 FF），推动了现场总线标准的制定和产品开发，于 1996 年第一季度颁布了低速总线 H1 的标准，安装了示范系统，将不同厂商的符合 FF 规范的仪表互连为控制系统和通信网络，使 H1 低速总线开始步入实用阶段。

与此同时，不同行业陆续派生出一些有影响的总线标准。它们大都在公司标准的基础上逐渐形成，并得到其他公司、厂商、用户以至于国际组织的支持。如德国 Bosch 公司推出 CAN（Control Area Network），美国 Echelon 公司推出的 Lonworks 等。

经过 10 多年努力，修改后的 IEC61158 标准最终获得通过。

大千世界，众多行业，需求各异，加上要考虑已有各种总线产品的投资效益和各公司的商业利益，预计在一段时期内会出现几种现场总线标准共存、同一生产现场有几种异构网络互连通信的局面。但发展共同遵从的统一的标准规范，真正形成开放互连系统，是大势所趋。

（2）现场总线逐渐转向工业以太网络

从目前情况来看，市场和技术发展需要统一标准的现场总线。为了加速新一代控制系统的发展，人们开始寻求新的出路——工业以太网。

以太网（Ethernet）于 1976 年推出，而后被制定为 IEEE802.3 标准，1990 年 2 月该标准被国际化组织所采纳，正式成为 ISO/IEEE8802.3 国际标准。在这期间，以太网从最初 10Mbps 过渡到 100Mbps 快速以太网和交换式以太网，直至发展到千兆以太网和光纤以太网。它是 20 多年来发展最成功的网络技术。随着网络技术发展，以太网基本上解决了在工业中应用的问题，不少厂商正在努力使以太网技术进入工业自动化领域。Profibus、Interbus、ControlNet、DeviceNet 和 Lonworks 等有关组织均有支持以太网和 TCP/IP 的动向，这些组织之所以参与以太网是因为他们的用户要求广泛支持的更快速、开放、可互操作的网络。他们销售各自的 PLC 产品时，还同时提供远程 I/O 和基于 PLC 的控制系统相连接的接口，该接口是支持 TCP/IP 协议的以太网接口。随着 FF（HSE）开发成功，无疑大大加强了以太网在工业自动化领域的地位。法国施耐德电气公司（Schneider）推出了以工业以太网为基础的控制系统（透明工厂）。该系统采用 TCP/IP 通信协议，配备 Web Server 功能以浏览 PLC 内容，提供现场总线级以太网络和 I/O 模块，并提供工业用集线器、交换机、收发器和电缆，这样以太网不仅可以成为工业高层网络上的通信系统，也可以向下延伸到低层网络，与现场设备相连，这样，工业以太网将迅速地进入工业控制系统的各级网络，前景看好。

（3）多种现场总线既相互竞争又相互共存

现场总线国际标准 IEC61158 中包含了 8 种类型，除了这 8 种类型外，还有其他一些现场总线，如 Lonworks、CC-Link 等。在今后一段时间内既相互竞争，又相互并存，同时多种现场总线也可共存于同一个控制系统。如西门子控制系统中，不仅有 Profibus，而且有 DeviceNet、AS-i、工业以太网等。

（4）管控一体化

采用现场总线技术虽然能给用户带来效益，但由于现场总线处于自动控制的最底层（即 Intranet），局部虽有效益，但有时却不能为企业带来整体效益。因此，现场总线必须与企业管理自动化（如采用 ERP）相结合。也就是所谓的管控一体化。

在市场经济与信息时代的飞速发展中，企业内部之间以及与外部交换信息的需求不断扩大，现代工业企业对生产的管理要求不断提高，这种要求已不局限于通常意义上的对生产现场状态的监视和控制，同时还要求把现场信息和管理信息结合起来。管控一体化就是建立全集成的、开放的、全厂综合自动化的信息平台，把企业的横向通信（同一层不同节点的通信）和纵向通信（上、下层之间的通信）紧密联系在一起，通过对经营决策、管理、计划、调度、过程优化、故障诊断、现场控制等信息的综合处理，形成一个意义更广泛的综合管理系统。

1.3　现场总线的特点与分类

1.3.1　现场总线系统的结构特点

现场总线系统打破了传统控制系统的结构形式。传统模拟控制系统采用一对一的设备连线，按控制回路分别进行连接。位于现场的测量变送器与位于控制室的控制器之间，控制器与位于现场的执行器、开关、电机之间，均为一对一的物理连接，如图 1-1 所示。

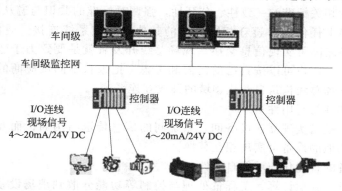

图 1-1　传统控制系统结构图

现场总线系统由于采用了智能现场设备，能够把 DCS 系统中处于控制室的控制模块、各输入输出模块置入现场设备，使用一根电缆连接所有现场设备，加上现场设备具有通信能力，现场的测量变送仪表可以与阀门等执行机构直接传送信号，因而控制系统的功能能够不依赖控制室的计算机或控制仪表，直接在现场完成，实现了彻底的分散控制。图 1-2 为现场总线控制系统的结构图。

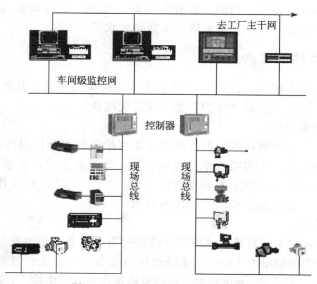

图 1-2　现场总线控制系统结构图

由于采用数字信号替代模拟信号，因而可实现一对电线上传输多个信号（包括多个运行参数值、多个设备状态、故障信息），同时又为多个设备提供电源，现场设备以外不再需要模拟/数字、数字/模拟转换部件,这样就为简化系统结构、节约硬件设备、节约连接电缆与各种安装、维护费用创造了条件。

1.3.2 现场总线系统的技术特点

(1) 数字化的信号传输

无论是现场底层传感器、执行器、控制器之间的信号传输,还是与上层工作站及高速网之间的信息交换,全部使用数字信号,实现了高速、双向、多变量、多站点之间的通信。

(2) 系统的开放性

开放性是指对相关标准的一致性、公开性,强调对标准的共识与遵从。一个开放系统,是指它可以与世界上任何地方遵守相同标准的其他设备或系统连接。通信协议一致公开,各不同厂家的设备之间可实现信息交换。现场总线开发者就是要致力于建立统一的工厂底层网络的开放系统。用户可以按自己的需要和考虑,把来自不同供应商的产品组成大小随意的系统,通过现场总线构筑自动化领域的开放互连系统。

(3) 互可操作性与互用性

互可操作性,是指实现互连设备间、系统间的信息传送与沟通;而互用则意味着不同生产厂家的性能类似的设备可实现相互替换。

(4) 现场设备的智能化与功能自治性

它将传感测量、补偿计算、工程量处理与控制等功能分散到现场设备中完成,仅靠现场设备即可完成自动控制的基本功能,并可随时诊断设备的运行状态。

(5) 系统结构的高度分散性

现场总线已构成一种新的全分散性控制系统的体系结构,从根本上改变了现有 DCS 集中与分散相结合的集散控制系统体系,简化了系统结构,提高了可靠性。

(6) 对现场环境的适应性

工作在生产现场前端,作为工厂网络底层的现场总线,是专为现场环境而设计的,可支持双绞线、同轴电缆、光缆、射频、红外线、电力线等,具有较强的抗干扰能力,能采用二线制实现供电与通信,并可满足本质安全防爆要求等。

1.3.3 现场总线的优点

由于现场总线的以上特点,特别是现场总线系统结构的简化,使控制系统从设计、安装、投运到正常生产运行及其检修维护,都体现出优越性。

(1) 节省硬件数量与投资

由于现场总线系统中分散在现场的智能设备能直接执行多种传感控制报警和计算功能,因而可减少变送器的数量,不再需要单独的调节器、计算单元等,也不再需要 DCS 系统的信号调理、转换、隔离等功能单元及其复杂接线,还可以用工控 PC 机作为操作站,从而节省了一大笔硬件投资,并可减少控制室的占地面积。

(2) 节省安装费用

现场总线系统的接线十分简单,一对双绞线或一条电缆上通常可挂接多个设备,因而电缆、端子、槽盒、桥架的用量大大减少,连线设计与接头校对的工作量也大大减少。当需要增加现场控制设备时,无需增设新的电缆,可就近连接在原有的电缆上,既节省了投资,也减少了设计、安装的工作量。据有关典型试验工程的测算资料表明,可节约安装费用 60% 以上。

(3) 节省维护开销

由于现场控制设备具有自诊断与简单故障处理的能力,并通过数字通信将相关的诊断维护信息送往控制室，用户可以查询所有设备的运行、诊断维护信息，以便早期分析故障原因并快速排除，缩短了维护停工时间。同时由于系统结构简化，连线简单而减少了维护工作量。

（4）用户具有高度的系统集成主动权

用户可以自由选择不同厂商所提供的设备来集成系统，避免因选择了某一品牌的产品而被"框死"了使用设备的选择范围，不会为系统集成中不兼容的协议、接口而一筹莫展，使系统集成过程中的主动权牢牢掌握在用户手中。

（5）提高了系统的准确性与可靠性

出于现场总线设备的智能化、数字化，与模拟信号相比，从根本上提高了测量与控制的精确度，减少了传送误差。基于现场总线的自动化系统采用总线方式替代一对一的 I/O 连线，对于大规模 I/O 系统来说，减少了接线点造成的不可靠因素，同时，系统具有现场设备的在线故障诊断、报警、记录功能，及可完成现场设备的远程参数设定、修改某参数化工作，增强了系统的可维护性。

此外，由于它的设备标准化、功能模块化，因而还具有设计简单、易于重构等优点。

1.3.4　现场总线的分类

现场总线按传输数据的大小来分，一般可分为三类，即传感器总线（Sensor Bus），它的数据宽度为位（bit）（如 AS-i、Seriplex）；设备总线（Device Bus），它的数据宽度为字节（byte）（如 Interbus、CAN 等）；数据流现场总线（或以 block 计）（如 FF、Profibus、WorldFIP、P-Net 及 Lonworks 等）。

1.4　应用现场总线应注意的若干问题

现场总线既然有众多的优点，而且已日益受到人们的重视，有的已开始应用，但是在实际应用中还有许多应该注意的问题。

（1）开放性

各种现场总线本身虽然是开放的，但不同种类现场总线之间却是不开放的。

（2）国际标准方面

多标准实质上是没有标准。

（3）互操作性

互操作性（interoperable）是现场总线系统的又一特点，但不同种类现场总线之间是不可互操作的，虽然它们可以通过互联网进行相互访问，或者通过 OPC（OLE for Process Control）J7 协议进行互操作，但这种互操作只能在各自的主机间进行，不能在彼此的现场仪表之间直接进行。也就是说甲种现场总线的现场仪表不能与乙种现场总线的现场仪表直接进行互操作，而甲种现场总线的现场仪表必须先通过自己的主机，再借助于 OPC 协议到达乙种现场总线的主机，再下达到乙种现场总线现场仪表的目的地。反之亦然。这种互操作必须通过上述的曲折途径才能实现，这对于实时控制（real time control）所要求的实时性来讲，显然是不能满足的。

（4）时间的确定性

各种现场总线的通信方式也不完全相同，主要有两种形式：主-从（master-slave）式和广播式，各有其特点。但在时间的确定性（time deterministic）上，严格地讲是有区别的，尤其对于特殊对象是非常敏感的，例如发电厂对时间上的确定性，就有严格的要求。但是主-从式现场总线对于时间上的确定性先天上就有所不足,所以有的主从式现场总线也在采取措施以弥补其不足,如采取软件的办法,在首发偏离的参数上进行时间上的锁定等。这也是我们应特别注意的问题。

(5) 冗余问题

用于过程控制的现场总线 FF H1 和 Profibus-PA 都是没有冗余的。但对于某些行业、某些对象在安全方面有特殊要求的部位确实是需要冗余的;也有些企业由于国情或企业文化存在着差异,或者曾经发生恶性事故的企业,往往也会提出不同程度的冗余要求,那么就要对没有冗余的现场总线采取一些特殊的处理来保证企业所要求的冗余,这样就会增加企业费用,增加企业负担。

另外还有工程造价、效益、先进技术的采用等问题。

1.5 现场总线的现状

现场总线技术起源于欧洲,目前以欧美地区最为发达。据不完全统计,世界上已出现过的总线种类约有 40 种。经过十多年的竞争和完善,目前较有生命力的有十多种,并仍处于激烈的市场竞争中。下面只就主要现场总线加以概述。

1.5.1 基金会总线

现场总线基金会 (Fieldbus Foundation,FF) 是一个国际性的协会组织,是一个以非营利为目的的机构,它的前身是以前国际上两大现场总线阵营 ISP 与 World FIP。

该基金会的技术目标不仅仅是信号的传送,而是新一代控制系统的结构,其宗旨是促进产生一个单一的国际现场总线标准。目前已有成员 120 余家,都是世界上主要的自动化设备供应商,AB、ABB、Foxboro、Honeywell、Fuji 等都是基金会的董事会成员,许多厂家都先后生产出符合 FF 技术标准的产品。

FF 体系结构参照 ISO/OSI 模型,由物理层、数据链路层、应用层和用户层组成。由于在应用层上面增加了一个内容广泛的用户层,可以实现设备的互操作性和可互换性,而且可以做到即插即用。

FF 现场总线分低速 H1 总线和高速 HSE 总线。低速 H1 总线,速率 31.25Kbps,距离为 1900m,可挂 2~32 台设备。本安或总线供电时则为 2~6 台设备,屏蔽双绞线或无屏蔽双绞线传输。高速 HSE 总线,速率为 1Mbps、2.5Mbps,距离 750m、500m,总线供电非本安可挂 2~12 台设备,屏蔽双绞线传输。

低速 H1 总线适用于过程控制,高速 HSE 总线适用于先进制造技术。低速 H1 总线已进入实用阶段,高速 HSE 总线即将投入使用,该技术方案在进一步改进,速率提高到 10Mbps 甚至更高。它进一步将向以太网方向发展,并大量借用以太网技术。

目前,FF 现场总线的应用领域以过程自动化为主,如化工、石油、污水处理等。

1.5.2 Lonworks 总线

Lonworks 是美国 Echelon 公司于 20 世纪 90 年代初推出的现场总线。Lonworks 的通信协议 Lon Talk 遵循 ISO/OSI 参考模型,提供了 OSI 所定义的全部 7 层服务,这是在现场总线中唯一提供全部服务的现场总线。它具有开放性、互操作性、高可靠性等优点。它采用了面向对象的设计方法,通过网络变量把网络通信设计简化为参数设置,其通信速率从 300bps~1.5Mbps 不等,直接通信距离可达 2700m (78Kbps,双绞线);支持双绞线、同轴电缆、光纤、射频、红外线、电力线等多种通信介质，并开发了相应的本质安全防爆产品，被誉为通用控制网络。

Lonworks 的核心是神经元芯片，内含 3 个 8 位的 CPU：第一个 CPU 为介质访问控制处理器，处理 Lon Talk 协议的第 1 层和第 2 层；第二个 CPU 为网络处理器，实现 Lon Talk 协议的第 3 至第 6 层；第三个 CPU 为应用处理器，实现 Lon Talk 协议的第 7 层，执行用户编写的代码及用户代码所调用的操作系统服务。神经元芯片实现了完整的 Lonworks 的 Lon Talk 通信协议，节点间可以对等通信。

Lonworks 不仅支持多种传输介质（如双纹线、电力线、光纤等），而且支持多种拓扑结构，组网形式灵活。

Lonworks 最大的应用领域在楼宇自动化，包括电梯、能源管理、消防、供暖通风等。在工业控制领域，Lonworks 在半导体制造、石油、印染、造纸等应用领域都占有重要的地位。

1.5.3 Profibus 总线

Profibus 是 Process Field Bus 的简称，是符合德国国家标准 DIN19245 和欧洲标准 EN50170 第二部分的现场总线。

Profibus 现场总线也是基于 OSI 模型，采用了 OSI 模型的物理层、数据链路层、应用层。Profibus 支持主从方式、纯主方式、多主多从通信方式。主站对总线具有控制权，主站间通过传递令牌来传递对总线的控制权。取得控制权的主站，可向从站发送，获取信息。Profibus 适用于制造自动化和过程自动化。

Profibus 是一种国际化、开放式、不依赖于设备生产商的现场总线标准，广泛适用于制造业自动化、流程工业自动化和楼宇、交通电力等其他领域自动化。Profibus 由三个兼容部分组成，即 Profibus-DP（Decentralized Periphery）、Profibus-PA（Process Automation）、Profibus-FMS（Fieldbus Message Specification）。Profibus-DP 是一种高速低成本通信，用于设备级控制系统与分散式 I/O 的通信。使用 Profibus-DP 可取代常规的 24V DC 或 4～20mA 信号传输。Profibus-PA 专为过程自动化设计，可使传感器和执行机构连在一根总线上，并有本征安全规范。Profibus-FMS 用于车间级监控网络，是一个令牌结构，实时多主网络。Profibus 是一种用于工厂自动化车间级监控和现场设备层数据通信与控制的现场总线技术，可实现现场设备层到车间级监控的分散式数字控制和现场通信网络，从而为实现工厂综合自动化和现场设备智能化提供了可行的解决方案。与其他现场总线系统相比，Profibus 的最大优点在于具有稳定的国际标准 EN50170 作保证，并经实际应用验证具有普遍性。目前已应用的领域包括加工制造、工业过程控制和自动化等领域。

1.5.4 Interbus 总线

Interbus 现场总线于 1984 年推出，是一种推出较早的总线，其主要技术开发单位为德国的 Phoenix Contact 公司。在德、美、英、法、日等 17 个国家和地区都有独立的 Interbus 组织（Interbus Club）。Interbus 先成为德国国家标准 DIN19258，其后又成为欧洲标准 EN50254 和 IEC61158 标准。

Interbus 采用 ISO/OSI 参考模型中的物理层、数据链路层和应用层。Interbus 网络可分为远程网络和本地网络。两种网络传送相同的信号，但电平不同。远程网络用于远距离传送数据，采用 RS-485 传输，网络本身不供电。远程网络采用全双工方式进行通信，电信速率为 500Kbps。本地总线网络连接到远程网络上。网络上的总线终端 BT 上的 BK 模块负责将远程网络数据转换为本地网络数据。Interbus 是一种串行总线系统，适用于分散输入/输出以及不同类型控制系统间的数据传输。Interbus 总线系统是一个数据环结构，总线适配控制板是数据环控制的中央设备。它与高层次的控制或计算机系统和低层次的 Interbus 总线设备串行地交换数据环内传输的数据。在数据传输中，总线控制板向数据环移出返回字，此返回字经过整个数据环上所有的 Interbus 设备返回到总线控制板，总线控制板对返回字进行判断，正确无误后，确定输入输出数据有效。

Interbus 采用整体帧协议方式传播循环过程数据和非循环数据，共有 16 个二进制过程数据同时被集成在循环协议中，应用层服务只对主站有效，用于实现实时数据交换、VFD 支持、变量访问、程序调用和 12 个相关的服务。Interbus 总线对单主机的远程 I/O 具有良好的诊断能力。

Interbus 主要应用在汽车制造、机械制造、水处理、隧道交通、食品、轻工、烟草、印刷等行业。

1.5.5　CAN 总线

CAN 是控制局域网络（Control Area Network）的简称，由德国 Bosch 公司推出，是一种具有高可靠性、支持分布式实时控制的串行数据网络。它最初用于汽车内部测量与执行部件之间的数据通信协议。现已逐步发展到其他工业部门的控制，其中包括机械制造、数控机床、变电站检测设备的监控等。

CAN 已被 ISO/TC22 技术委员会批准为国际标准 ISO 11898（通信速率≤1Mbps）和 ISO 11519（通信速率≤125Kbps）。在现场总线中，CAN 是唯一被批准为 ISO 国际标准的现场总线。它得到了 Motorola、Intel、Philip、Siemens、NEC 等公司的支持，广泛应用在离散控制领域。

CAN 协议也按照 ISO/OSI 模型，但进行了优化，采用了其中的物理层、数据链路层、应用层，提高了实时性。CAN 总线节点由优先级设定，支持点对点、一点对多点、广播模式通信，各节点可以随时发送消息。传输介质为双绞线，通信速率最高可达 1Mbps/40m，直接传输距离最远可达 10km/5Kbps。挂接设备数最多可达 110 个。CAN 总线采用短帧报文，每一帧的有效字节数为 8 个，因而传输时间短，受干扰的概率低。当节点严重错误时，具有自动关闭的功能，以切断该节点与总线的联系，使总线上的其他节点及其通信不受影响，具有较强的抗干扰能力，比较适用于开关量控制。CAN 还作为其他总线的底层（如 DeviceNet 等）。

1.5.6　HART 总线

HART 是 Highway Addressable Remote Transducer 的缩写，最早由 Rosemount 公司开发并得到 80 多家著名仪表公司的支持，于 1993 年成立了 HART 通信基金会。这种被称为可寻址远程传感器高速通道的开放通信协议，其特点是在现有模拟信号传输线上实现数字信号通信，属于模拟系统向数字系统转变过程中的过渡性产品，因而在过渡时期具有较强的市场竞争能力，得到了较快的发展。

它规定了一系列命令，按命令方式工作。它有三类命令：第一类称为通用命令，这是所有设备都理解、执行的命令；第二类称为一般行为命令，所提供的功能可以在许多现场设备（尽管不是全部）中实现，这类命令包括最常用的现场设备的功能库；第三类称为特殊设备命令，以便在某些设备中实现特殊功能，这类命令既可以在基金会中开放使用，又可以为开发此命令的公司所独有。在一个现场设备中通常可发现同时存在这三类命令。

HART 采用统一的设备描述语言 DDL，现场设备开发商采用这种标准语言来描述设备特性，由 HART 基金会负责登记管理这些设备描述，并把它们编为设备描述字典，主设备运用 DDL 技术来理解这些设备的特性参数，而不必为这些设备开发专用接口。但由于这种模拟数字混合信号制，导致难以开发出一种能满足各公司要求的通信接口芯片。

HART 能利用总线供电，可满足本质安全防爆要求，并可组成由手持编程器与管理系统主机作为主设备的双主设备系统。

1.5.7　WorldFIP 总线

WorldFIP 的北美部分与 ISP 合并成为 FF 以后，WorldFIP 的欧洲部分仍保持独立，总部设在法国，该协议符合法国国家标准和欧洲标准 EN50170 的第三部分（Profibus 为第二部分，P-Net 为第一部分）。到目前为止，WorldFIP 协会已拥有 100 多个成员，生产 350 多种 WorldFIP 现场总线产品。WorldFIP 广泛用于发电与输配电、制造自动化、铁路运输、地铁等自动化领域。

WorldFIP 是一个开放的系统，不同领域都可以使用，不同厂家生产的装置可以实现互连，当然这必须以 WorldFIP 协议作为基础。

WorldFIP 的特点是具有单一的总线结构来适用不同应用领域的需求，而且没有任何网桥或网关。低速与高速部分的衔接用软件的办法来解决。

不同应用领域采用不同的总线速率，过程控制采用 31.25Kbps，制造业为 1Mbps，驱动控制为 1～5Mbps。采用总线仲裁器和优先级来管理总线上（包括各支线）各控制站的通信，可进行 1 对 1、1 对多点（组）、1 对全体等形式。特别指出的是 WorldFIP 与 FFHSE 可以实现"透明连接"，并对 FF 的 H1 进行了技术拓展，如速率等。因此，在与 IEC61158 第一类型连接方面，WorldFIP 做得最好。

1.5.8　P-Net 总线

P-Net 现场总线由丹麦 Process-Data A/S 公司提出，1984 年开发出第一个多主控器现场总线的产品，主要应用于农业、水产、饲养、林业、食品等行业，现已成为欧洲标准 EN50170 的第一部分、IEC61158 类型 4。P-Net 采用了 ISO/OSI 模型的物理层、数据链路层、网络层、服务器和应用层。

P-Net 是一种多主控器主从式总线（每段最多可容纳 32 个主控器），使用屏蔽双绞线电缆，传输距离 1.2km，采用 NRZ 编码异步传输，数据传输速率为 76.8Kbps。

P-Net 总线只提供了一种传输速率，可以同时应用在工厂自动化系统的几个层次上，而各层次的传输速率保持一致。这样构成的多网络结构使各层次之间的通信不需要特殊的耦合器，几个总线分段之间可实现直接寻址，又称为多网络结构。

P-Net 总线访问采用一种"虚拟令牌传递"的方式，总线访问权通过虚拟令牌在主站之间循环传递，即通过主站中的访问计数器和空闲总线位周期计数器，确定令牌的持有者和持有令牌的时间。这种基于时间的循环机制，不同于采用实报文传递令牌的方式，节省了主控制器的处理时间，提高了总线的传输效率，而且它不需要任何总线仲裁的功能。

P-Net 不采用专用芯片，对从站的通信程序仅需几千字节的编码，因此它结构简单，易于开发和转化。

1.5.9　ControlNet 总线

ControlNet 最早由 Rockwell 公司于 1995 年提出，是一种具有高速、高度确定性、可重复性的网络，特别适用于对时间有苛刻要求的复杂应用场合的信息运输。

ControlNet 将总线上传输的信息分为两类：一是对时间有苛刻要求的控制信息和 I/O 数据，它拥有最高的优先权，以保证不受其他信息的干扰，并具有确定性和可重复性；二是无时间苛求的信息发送，如程序上/下载，它们被授予较低的优先权，在保证第一类信息传输的条件下进行传递。

ControlNet 采用一种新的通信模式，即生产者/客户（producer/consumer）模式。这种模式允许网络上所有节点同时从单个数据源存取相同的数据，最主要的特点是增强了系统的功能，提高了效率，实现精确的同步。

ControlNet 支持主从通信、多主通信、对等通信或这些通信的任意混合形式，对输入数据和对等通信数据实行多信道广播。

ControlNet 广泛应用于交通运输、汽车制造、冶金、矿山、电力、食品等领域。

1.5.10 SwiftNet 总线

SwiftNet 是 SHIP STAR 协会应波音公司的要求开发的一种现场总线，主要用于航空和航天等领域。该总线是一种结构简单、实时性高的总线，它的 ISO/OSI 参考模型仅有物理层和数据链路层，没有定义应用层。

SwiftNet 有着很高的扫描频率，是一种同步现场总线。SwiftNet 将总线上所有节点的局域时间锁定，以实现报警同步，并可杜绝差拍所引起的伪信号。总线时间同步也将有效减少随机因素对总线的影响。

SwiftNet 允许模拟 I/O 和离散 I/O 以非常高的速度共享一条总线（在数据传输速率为 5Mbps 时，每秒传送 10^5 个不同的报文）。

1.5.11 CC-Link

CC-Link 是三菱电机于 1996 年推出的开放式现场总线，2000 年 11 月，CC-Link 协会成立，该协会主要负责 CC-Link 的普及和发展工作，目前协会成员单位超过 210 家。

CC-Link 是 Control&communication Link（控制与通信链路系统）的简称。CC-Link 的数据容量大，通信速度多级可选择，而且是一个复合的、开放的、适应性强的网络系统，能够适应于较高的管理层网络到较低的传感器层网络的不同范围。

CC-Link 是一个以设备层为主的网络，一般情况，CC-Link 整个一层网络可由 1 个主站和 64 个从站组成，它采用总线方式通过屏蔽双绞线进行连接。网络中的主站由 PLC 担当，从站可以是远程 I/O 模块、特殊功能模块、带有 CPU 的 PLC 本地站、人机界面、变频器、伺服系统、机器人以及各种测量仪表、阀门等现场仪表设备。如果需要增强系统的可靠性，可以采用主站和备用主站冗余备份的网络系统构成方式。采用第三方厂商生产的网关，还可以实现 CC-Link 到 AS-i 总线的连接。CC-Link 具有高速的数据传输速度，最高可达 10Mbps。

CC-Link 的底层通信协议遵循 RS-485。一般情况下，CC-Link 主要采用广播-轮询的方式进行通信，具体的方式是：主站将刷新数据发送到从站，与此同时轮询 1，从站 1 对主站的轮询作出响应，同时将该响应者告知其他从站；然后主站轮询从站 2（此时并不发送刷新数据），从站 2 给出响应，并将该响应告知其他从站，依次类推，循环往复。除了广播-轮询方式以外，CC-Link 也支持主站与本地站、智能设备站之间的瞬间通信。

CC-Link 广泛用于半导体生产线、自动化传送线、食品加工线、汽车生产线等领域。

1.5.12　DeviceNet

DeviceNet 是一种开放式的数据总线，它将工业设备（如接近开关、光电开关、变频器、条形码读入器、电动机启动器、伺服启动器、阀门组、操作员接口等）连接到网络。这种网络虽然是工业控制网的低端网络，通信速率不太高，传输的数据量也不太大，但它采用了数据网络通信的新技术，具有低成本、高效率、高可靠件、高性能。

DeviceNet 的技术特点如下：

① 最多可支持 64 个节点；

② 125～500Kbps 通信速率（500～100m 允许干线长度）；

③ 点对点、多主或主/从通信；

④ 可带电更换网络节点，在线修改网络配置；

⑤ 采用 CAN 物理层和数据链路层规约，使用 CAN 规约芯片；

⑥ 支持选通、轮询、循环、状态变化和应用触发的数据传送；

⑦ 低成本、高可靠性的数据网络；

⑧ 既适用于连接低端工业设备，又能连接像变频器这样的复杂设备；

⑨ 采用无损位仲裁机制实现按优先级发送信息；

⑩ 具有通信错误分级检测机制、通信故障的自动判断和恢复功能；

⑪ 得到众多制造商的支持，如 Rockwell、OMRON 等。

DeviceNet 总线的组织机构是"开放式设备网络供货商协会"，其英文全称为 Open DeviceNet Vendor Association，简称"ODVA"。它是一个独立组织，管理 DeviceNet 技术规范，促进 DeviceNet 在全球的推广和应用。

1.5.13　AS-i 总线

AS-i（Actuator-Sensor interface）是执行器-传感器接口的英文缩写。它是一种用来控制器（主站 Master）和传感器/执行器（从站 Slave）之间双向交换信息、主从结构的总线网络，属于现场总线下面设备级的底层通信网络。

一个 AS-i 总线中的主站最多可以带 31 个从站，从站的地址为 5 位，可以有 32 个地址，但"O"地址留作地址自动分配时的特殊用途。一个 AS-i 的主站又可以通过网关（Gateway）和 Profibus-DP 现场总线连接，作为它的一个从站。

AS-i 总线主要用于具有开关量特征的传感器/执行器中，也可用于各种开关电器中。AS-i 是总线供电，即两条传输线，既是传输信号，又向主站和从站提供电源。AS-i 主站由带有 AS-i 主机电路板的可编程序控制器（PLC）或工业计算机（IPC）组成，是 AS-i 总线的核心。AS-i 从站一般可分为两种：一种是智能型开关装置，它本身就带有从机专用芯片和配套电路，形成一体化从站，这种智能化传感器/执行器或其他开关电器可以直接和 AS-i 网线连接；第二种使用专门设计的 AS-i 接口"用户模块"，其中带有从机专用芯片和配套电路，除了有通信接口外，一般还带有 8 个 I/O 口，这样它就可以和 8 个普通的开关元件相连接，构成分离型从站。AS-i 总线主站和从站之间的通信采用非屏蔽、非绞线的双芯电源，其中一种是普通的圆柱形电缆，另一种为专用的扁平电源，由于采用一种特殊的穿刺安装方法把线压在连接件上，所以安装和拆卸都很方便。

AS-i 总线的发展是由 11 家公司联合资助和规划的，并得到德国科技部的支持，现已成立了 AS-i 国际协会（AS-International Association）。AS-i 总线被 IECSC17B 列为正式国际标准。

1.6 现场总线的标准

目前市场上正在应用的各种现场总线主要归类在两个标准族：一个为 IEC/SC65C IEC61158 标准；另一个为 IEC17B 的有关低压开关设备与控制设备、控制器与电气设备接口的 IEC62026 标准。

1.6.1 IEC 的现场总线标准

IEC 有几个技术委员会分别制定了自己的现场总线标准。

（1）用于工业控制系统的现场总线标准的 IEC61158

到目前为止，IEC61158 共有 3 个不同的版本。

① IEC61158 第 1 版 IEC61158 最初是以基金会现场总线 FF 协议为基础制定的，包括以下几部分：

IEC61158-1 　　总论
IEC61158-2 　　物理层规范
IEC61158-3 　　数据链路层服务定义
IEC61158-4 　　数据链路层规范
IEC61158-5 　　应用层服务定义
IEC61158-6 　　应用层规范
IEC61158-7 　　系统管理
IEC61158-8 　　性能试验
IEC610804 　　控制功能模块

② IEC61158 第 2 版 包括以下几部分：

IEC61158-2 （2000-08）工业控制系统用现场总线标准—第 2 部分：物理层规范与服务定义

IEC61158-3 （2000-01）测量与控制用数字式数据通信系统—工业控制系统用现场总线—第 3 部分：数据链路服务定义

IEC61158-4 （2000-01）测量与控制用数字式数据通信系统—工业控制系统用现场总线—第 4 部分：数据链路协议规范

IEC61158-5 （2000-01）测量与控制用数字式数据通信系统—工业控制系统用现场总线—第 5 部分：应用层服务定义

IEC61158-6 （2000-01）测量与控制用数字式数据通信系统—工业控制系统用现场总线—第 6 部分：应用层协议规范

进入 IEC61158 第 2 版的现场总线有 8 种类型（Type）：

类型 1 IEC61158 技术规范（即 FF-H1）
类型 2 ControlNet（美国 Rockwell 公司支持）
类型 3 Profibus（德国西门子公司支持）
类型 4 P-Net（丹麦 Process Data 公司支持）
类型 5 FF HSE（即原 FFH2）（美国 Fisher Rosemount 公司支持）
类型 6 SwiftNet（美国波音公司支持）
类型 7 WorldFIP（法国 Alstom 公司支持）
类型 8 Interbus（德国 Phoenix contact 公司支持）

其中，类型 1 即为第 1 版的 IEC61158-3～IEC61158-6；类型 2～类型 8 的格式与类型 1 的格式相同。也就是说，第 2 版的 IEC61158 现场总线标准并不是以上 8 种现场总线协议的合订本，而是将每种现场总线协议打散，将其相应的内容分布于上面的 IEC61158-2～IEC61158-6 中。

③ IEC61158 第 3 版　IEC61158 第 3 版（ED3.0）也包括 IEC61158-2 至 IEC61158-6 这几部分，且其 IEC61158-3 至 IEC61158-6 的标题（Title）与第 2 版对应部分的标题相同。第 3 版 IEC61158-2 的标题为：

IEC61158-2 TR 测量与控制用数字式数据通信系统—工业控制系统用现场总线—第 2 部分：物理层规范。

IEC61158 第 3 版规定了 10 种类型的网络协议：

类型 1　PhL　扩展的 IEC61158-2：1993
　　　　　　　扩展的 FOUNDATION Fieldbus
　　　　　　　功能扩展的 WorldFIP
　　　　　DLL　IEC TS 61158-3，TS 61158-4
　　　　　　　扩展的 FOUNDATION Fieldbus
　　　　　　　功能扩展的 WorldFIP
　　　　　AL　IEC TS 61158-5，TS 61158-6
类型 2　PhL　ControlNet
　　　　　DLL　ControlNet
　　　　　AL　ControlNet and Ethernet/IP
类型 3　Profibus
类型 4　P-NET
类型 5　PhL　无
　　　　　DLL　无
　　　　　AL　FF HSE
类型 6　SwiftNet
类型 7　WorldFIP
类型 8　INTERBUS
类型 9　PhL　无
　　　　　DLL　无
　　　　　AL　类型 1 的一部分，与 FF 相同
类型 10　PROFINET

其中，PhL、DLL、AL 分别为物理层、数据链路层、应用层。

与第 1、第 2 版不同，第 3 版 IEC61158 不是由 WG6 制定的，而是由 MT9 修改而成的。MT9 为标准现场总线 IS61158 的修改组（Maintenance Team For Standard Fieldbus IS61158）。

在此指出，IEC61158-1 目前仍为第 1 版，其标题为：IEC61158-1 TR 工业控制系统用现场总线标准—第 1 部分：总则。

（2）用于低压开关设备的控制设备的控制器-设备接口（CDI）标准的 IEC62026

国际电工委员会 IECSC17B "低压开关和控制设备" 分技术委员会制定的 IEC62626 是用于低压开关设备的控制设备的控制器-设备接口（CDI）系列标准。该标准汇集了多种现场总线，它的各部分分别如下。

IEC62026-1：总则。

IEC62026-2：执行器-传感器接口，即 AS-i 总线。这是一种位总线（Bitbus），它只有 OSI 模型的第一、二层，属于第一类协议。主从方式通信，最多 31 个节点，数据量很小（仅 4 位），用于最底层设备，如控制器与传感器、信号灯、显示器等。

IEC62026-3：电气设备网络 DeviceNet，这是基于 CAN 的一种现场总线，有 8byte 的传输，最多 64 个基本节点，传输速率为 123～500Kbps。用于与断路器、启动器、继电器设备的连接。

IEC62026-4：Lon Talk，现已取消。

IEC62026-5：智能分散系统（SDS 总线），这是基于 CAN 的一种总线，数据的传输方式与 DeviceNet 相似。传输速率为 125Kbps～12Mbps。

IEC62026-6：串行多路控制总线，即 SMCB 总线，用于与开关设备、控制设备、传感器等的连接，同步传输，需要时钟线，时钟频率为 10～200kHz。

IEC62026-7：Interbus 采用环形拓扑结构。目前该标准已转入 IEC/SC65C。

1.6.2　ISO 的现场总线标准

ISO 国际标准化组织（International Organization for Standardization）为信息处理系统制定了许多标准，其中一些成为现场总线标准的基础。如 ISO 7498 1996（开放式系统互连—基本参数模型），简称 OSI，它将通信任务划分为 7 层。结合现场总线的特点和 OSI 模型，将现场总线标准化的内容划分为三个基本要素：底层协议、上层协议和行规。底层协议指 OSI 模型的第 1、2 层；上层协议指 OSI 模型的第 3 到第 7 层，见表 1-1。这两项要素用于完成信息的传递，称为通信协议。行规是在 OSI 模型之上另加的，用于完成对信息的解释和使用，是实现可互操作性的关键。

表 1-1　ISO 标准协议

			行规	
OSI7 层模型	7	应用层		上层协议
	6	表示层		
	5	会话层		
	4	传输层		
	3	网络层		
	2	数据链路层		低层协议
	1	物理层		

根据上述基本要素，可将现场总线标准分为四种类型。

第一种　只有底层协议的总线标准。它适合于简单的位总线。由于它受的约束较少，因此适用面较宽；但它并不保证符合标准的产品之间一定能通信。若要保证通信，还要补充一些附加规定。典型总线是 CAN。

第二种　有底层和上层协议的总线标准。实际上大多数总线在上层协议中只用了第 7 层。虽然这种总线的适用范围比第一种总线窄一些，但它更容易保证产品之间的通信。典型总线有 SDS、Lon Talk 等。

第三种　具有全部三项要素的总线标准。这种总线的应用对象往往很明确，具有较好的可互操作性。典型总线 FF。

第四种　只有行规。行规与协议是可以分开的。一种行规可以被几种不同的通信协议使用。典型标准是 IEC61915。

ISO 中直接为现场总线制定的标准是 TC22，其中影响最大的为 ISO 11898 1993：道路车辆数字信息交换—高速通信的控制器网络—CAN。

ISO 11898 对 CAN 只规定了 OSI 模型的第 1、第 2 层。CAN 每一帧传送的数据为 0～8 字节，是典型的字节总线，应用面非常广。但是要保证只有底层协议的总线能很好地通信，是要做许多补充规定的，而对字节总线来说，OSI 模型中的第 7 层是非常必要的。因此有些企业或组织为 CAN 加上第 7 层，形成新的总线。这种低层协议采用 CAN 总线，称为"基于 CAN 的总线"。

ISO 11519 1994：道路车辆—低速串行数字通信。该标准有三部分：第一部分是总论和定义，第二部分定义了低速 CAN 总线，第三部分定义了 VAN 总线。这两种总线都是只有低层协议的总线。

在这里特别指出有两种 CAN 总线：低速 CAN 总线和高速 CAN 总线，一般在谈到 CAN 总线时，大都指高速 CAN 总线。

ISO 11992 1988：道路车辆—牵引车与拖车之间的电气连接—数字信息交换。

ISO/FDIS 14230：道路车辆—诊断系统—关键词协议 2000，该标准从结构上看应属于第三类总线，但它的行规部分尚不完整。

ISO TC23 也在起草现场总线标准。ISO 11783 拖拉机和农林机械—控制和通信的串行数据网络。该标准目前拥有 OSI 模型的第 1、2、3 层。

1.6.3　现场总线中国标准

我国有关协议的标准化工作的基本方针是等效采用 IEC 标准，因此相应于 IEC62026 和 IEC61158 开展了中国现场总线标准的研究工作，现已取得了一定成果。

（1）与 IEC62026 相应的现场总线中国标准

与 IEC62026 相应的现场总线中国标准：

GB/T 18858.1—2002　低压开关设备和控制设备控制器—设备接口第 1 部分总则

GB/T 18858.2—2002　低压开关设备和控制设备控制器—设备接口第 2 部分执行器—传感器接口（AS-i）

GB/T 18858.3—2002　低压开关设备和控制设备控制器—设备接口第 3 部分 DeviceNet

（2）与 IEC61158 相应的现场总线中国标准

IEC61158（第 2、3 版）的现场总线类型 3-Profibus 中文版自 2002 年 3 月 1 日起正式成为中国机械工业的行业标准。

习题 1

1. 什么是现场总线和现场总线控制系统？
2. 控制系统的发展过程是怎样的？
3. 现场总线控制系统的优势是什么？
4. 应用现场总线应注意的问题有哪些？
5. 现场总线的常用标准有哪些？常用种类有哪些？它们的应用特点是什么？
6. 现场总线中国标准规定的总线类型有哪些？
7. 现场总线的未来发展趋势是什么？

第2章 网络通信基础

[知识要点]
① 掌握现场总线技术的网络通信知识和原理。
② 掌握现场总线网络拓扑结构的各自特点和应用范围。
③ 熟悉总线运行过程中的数据处理方法。

现场总线是企业的底层数字通信网络，是连接智能化仪表的开放系统。从一定意义上说，智能仪表就相当于一台台微机，它们以现场总线为纽带，互连成网络系统，完成数字通信任务。可以说现场总线系统实际上就是控制领域的计算机局域网络，所以有必要了解关于总线、数字通信、计算机局域网络方面的基础知识。

2.1 总线的基本概念与操作

2.1.1 总线的基本术语

（1）总线与总线段

从广义上来说，总线就是传输信号或信息的公共路径，是遵循同一技术规范的连接与操作方式。一组设备通过总线连在一起，称为"总线段"（bus segment）。可以通过总线段相互连接，把多个总线段连接成一个网络系统。

（2）总线设备

可在总线上发起信息传输的设备，叫做"总线主设备"（bus master）。也就是说，主设备具备在总线上主动发起通信的能力，又称命令者。

不能在总线上主动发起通信、只能挂接在总线上、对总线信息进行接收查询的设备，称为总线从设备（bus slaver），也称基本设备。

在总线上可能有多个主设备，这些主设备都可主动发起信息传输。某一设备既可以是主设备，也可以是从设备，但不能同时既是主设备又是从设备。被总线主设备连上的从设备称为"响应者"（responder），它参与命令者发起的数据传送。

（3）控制信号

总线上的控制信号通常有三种类型。一类控制连在总线上的设备，让它进行所规定的操作，如设备清零、初始化、启动和停止等。另一类用于改变总线操作的方式，如改变数据流的方向，选择数据字段的宽度和字节等。还有一些控制信号表明地址和数据的含义，如对于地址，可用于指定某一地址空间，或表示出现了广播操作；对于数据，可用于指定它能否转译成辅助地址或命令。

（4）总线协议

管理主、从设备使用总线的一套规则，称为"总线协议"（bus protocol）。这是一套事先规定的、必须共同遵守的规约。

2.1.2　总线操作的基本内容

（1）总线操作

总线上命令者与响应者之间的连接→数据传送→脱开，这一操作序列称为一次总线"交易"（transaction），或者叫做一次总线操作。"脱开"（disconnect）是指完成数据传送操作以后，命令者断开与响应者的连接。命令者可以在做完一次或多次总线操作后放弃总线占有权。

（2）数据传送

一旦某一命令者与一个或多个响应者连接上以后，就可以开始数据的读写操作。"读"（read）数据操作是读来自响应者的数据；"写"（write）数据操作是向响应者写数据。读写操作都需要在命令者和响应者之间传递数据。为了提高数据传送操作的速度，有些总线系统采用了块传送和管线方式，加快了长距离的数据传送速度。

（3）通信请求

通信请求是由总线上某一设备向另一设备发出的请求信号，要求后者给予注意并进行某种服务。它们有可能要求传送数据，也有可能要求完成某种动作。

不同总线标准中，通信请求的方式是多种多样的。最简单的方法是，要求通信的设备置起服务请求信号，相应的通信处理器监测到服务请求信号时，就查询各个从设备，识别出是哪一个从设备要求中断，并发出应答信号。该信号以菊花链方式依次通过各从设备。当请求通信的设备收到该应答信号时，就不让该信号传下去，而把它自己的标识码放在总线上。这时，通信处理设备就知道哪一个是服务请求者了。这种传送中断信号的工作方式不够灵活，不适用于总线上有多个能进行通信处理设备的场合。

另一种处理的方法是，把请求通信的设备变成总线命令者，然后把请求信息发给想要联络的设备。这一处理过程完全是分布式的，把设备指派为通信处理设备的过程是动态进行的。高性能的总线标准中通常采用这种方法，但它要求所有要申请通信的设备都应具有主设备的能力。

（4）寻址

寻址过程是命令者与一个或多个从设备建立起联系的一种总线操作。通常有以下三种寻址方式。

① 物理寻址　用于选择某一总线段上某一特定位置的从设备作为响应者。由于大多数从设备都包含有多个寄存器，因此物理寻址常常有辅助寻址，以选择响应者的待定寄存器或某一功能。

② 逻辑寻址　用于指定存储单元的某一个通用区，而并不顾及这些存储单元在设备中的物理分布。某一设备监测到总线上的地址信号，看其是否与分配给它的逻辑地址相符，如果相符，它就成为响应者。物理寻址与逻辑寻址的区别在于前者是选择与位置有关的设备，而后者是选择与位置无关的设备。

③ 广播寻址　广播寻址用于选择多个响应者。命令者把地址信息放在总线上，从设备将总线上的地址信息与其内部的有效地址进行比较，如果相符，则该从设备被"连上"（connect）。能使多个从设备连上的地址，称为"广播地址"（broadcast addresses）。命令者为了确保所选的全部从设备都能响应，系统需要有适应这种操作的定时机构。

每一种寻址方法都有其优点和使用范围。逻辑寻址一般用于系统总线，而现场总线则较多地采用物理寻址和广播寻址。不过，现在有一些新的系统总线常常具备上述两种、甚至三种寻址方式。

（5）总线仲裁

总线在传送信息的操作过程中有可能会发生"冲突"（contention）。为解决这种冲突，就需进行总线占有权的"仲裁"（arbitration）。总线仲裁是用于裁决哪一个主设备是下一个占有总线的设备。某一时刻只允许某一个主设备占有总线，等到它完成总线操作，释放总线占有权后才允许其他总线主设备使用总线。当前的总线主设备叫做"命令者"（commander）。总线主设备为获得总线占有权而等待仲裁的时间叫做"访问等待时间"（access, latency），而命令者占有总线的时间叫做"总线占有期"（bus tenancy）。命令者发起的数据传送操作，可以在叫做"听者"（listener）和"说者"（talker）的设备之间进行，而更常见的是在命令者和一个或多个"从设备"之间进行。

总线仲裁操作和数据传送操作是完全分开且并行工作的，因此总线占有权的交接过程不会耽误总线操作。

总线仲裁机构中有一种被称为集中仲裁的仲裁方案。其仲裁操作由一个仲裁单元完成。如果有两个以上主设备同时请求使用总线时，仲裁单元利用优先级方案进行仲裁。有多种优先级方案可以选用。有的方案中，采用高优先级的主设备可无限期地否决低优先级主设备而占有总线；而另一些方案则采用所谓"合理方案"，不允许某一主设备"霸占"总线。

另一种仲裁方案是分布式仲裁，其仲裁过程是在每一主设备中完成的。当某一主设备在公共总线上置起它的优先级代码时，开始一个仲裁周期。仲裁周期结束时，只有最高优先级仍置放在总线上。某一主设备检测到总线上的优先级和它自己的优先级相同时，就知道下一时刻的总线主设备是它自己。

（6）总线定时

总线操作用"定时"（timing）信号进行同步。定时信号用于指明总线上的数据和地址在什么时刻是有效的。大多数总线标准都规定命令者可置起"控制"（control）信号，用来指定操作的类型，还规定响应者要回送"从设备状态响应"（slave status response）信号。

主设备获得总线控制权以后，就进入总线操作，即进行命令者和响应者之间的信息交换。这种信息可以是地址和数据。定时信号就是用于指明这些信息何时有效。定时信号有异步和同步两种。

在大多数同步总线系统中，定时时钟信号是由系统统一提供的。总线状态的改变只出现在时钟的固定时间到。总线周期的持续时间通常根据连在总线上响应最慢的设备设置时钟的速率来确定。为了避免因与低速设备通信而降低系统的整体性能，在总线标准中规定允许插入等待周期。例如，某一慢速设备为完成所请求的操作，可置起等待信号，直至该操作完成。当该等待信号撤销以后，系统恢复至正常的同步操作。在异步和使用等待约定的同步系统中均有总线超时处理。在规定的时间内没有得到响应者的响应，系统就夭折该总线周期。

在异步总线系统中，命令者发出选通定时信号，表明总线上的信息有效，响应者回送一个应答定时信号；命令者收到该应答信号后，证实响应者确实进行了响应。这一过程叫做"握手"（handshake）。

（7）出错检测

在总线上传送信息时会因噪声和串扰而出错，因此在高性能的总线中一般设有出错码产生和校验机构，以实现传送过程的出错检测。传送地址时的奇偶出错，会使要连接的从设备连不上，传送数据时如果有奇偶错，通常是再发送一次。也有一些总线由于出错率很低而不设检错机构。

（8）容错

设备在总线上传送信息出错时，如何减少故障对系统的影响，提高系统的重配置能力是十分重要的。故障对分布式仲裁的影响就比菊花链式仲裁小，后者在设备出故障时，会直接影响它后面设备的工作。总线系统应能支持软件利用一些新技术，如动态重新分配地址，把故障隔离开来，关闭或更换故障单元。

有几种新的总线在其标准中规定了串行总线出故障时如何用备用路径来代替的条款。这种备用总线在主串行总线正常工作时，可用于传递通信请求信号，并监测主串行总线的工作状态，在主串行总线出现故障时就代替它。

（9）多段总线操作

上面所讨论的是单段总线操作，即在一个总线段内，某一时间，一个命令者与一个或多个从设备进行总线操作。在一些总线标准中，允许多个段互连，组成段互连总线系统。在这种系统中能实现多段并行操作，提高了系统的性能。利用这种段总线互连技术，可组成网络式的复杂系统。

2.2　计算机数据通信基础

2.2.1　数据通信的基本概念

数据通信是随着计算机技术发展而发展起来的通信方式。数据通信不仅仅是网络通信，它还包括诸如电视、卫星、电话、微波等方面。数据通信网为计算机网络提供了更便利、更广泛的信息传输信道。

（1）信号、数据与信息

数据是对某一客观现象的物理度量。

信号是与实际对应的、以电磁形式表示的连续或者离散数据。

信息应当是从一批数据中分析、统计得出的有用数据。

（2）模拟数据通信和数字数据通信

与连续数据对应变化的信号称为模拟信号，如温度、压力、语音数据转换为信号后都是典型的模拟信号。与离散数据对应变化的信号称为数字信号，如对语音声压的一系列瞬间测量值、量化编码后的信号、计算机中传输处理的二进制信号等。

模拟信号可以用模拟线路直接传输，用放大器弥补传输一定距离后造成的信号衰减。模拟信号也可以先调制转换成数字信号，用数字线路传输，到达目的地后解调还原成原来的模拟信号。在数字传输线路中，用中继器对传输一定距离造成的信号衰减和波形畸变进行整形、放大，即信号的再生。

数字信号可以用数字线路直接传输，用中继器延伸传输距离；也可以先调制转换成模拟信号，在模拟线路上传输，到达目的地后解调还原成数字信号。

（3）数据通信中的主要技术指标

数字通信中，传送数据的最小单位是一个二进制"位"——比特（bit）。实际字符信息则由多个比特组成，如 ASCII 码中字符"A"，则由"1000001"7 个比特组成，数字"1"则由"0110001"组成等，实际信道上传输的就是这样一连串的比特，简称比特流。

① 数据传输率　单位时间传送的比特数（bps），用于描述数字信道的传输能力，即发送、接收双方及中间交换的处理能力。

② 误码率　传输时出错比特数与总传送比特数之比。

③ 信道容量 信道容量是信道传输速率的理论上限值，信道的实际数据速率小于信道容量。

2.2.2 数据的调制与编码

（1）调制

数字信号一般是方波脉冲信号。由方波的频谱可知，其带宽很大，占用了整个信道，在实际的信道中无法不失真地传输。另外，为了节约带宽，提高传输效率，要求信号的带宽越小越好。实际中常采用以固定频率的正弦波作为载波，利用的是它的频带窄，把要传输的信号加载在正弦波上，合成的信号若保持载波的原频率，而幅度按照要传输的信号的幅度变化，这样的一个过程叫做幅度调制。常用的调制方式还有调频、调相等。

（2）编码

在通信设备内部传输数据，由于各电路功能模块之间的距离短，工作环境可以控制，在传输过程中一般采用简单高效的数据信号传输方式，比如直接将二进制信号送上传输通道进行传输等。在远距离传输的过程中，由于线路较长，数据信号在传输介质中将会产生损耗和干扰，为减少在特定介质中的损耗和干扰，需要将传输的信号进行转换，使之成为适于在该介质上传输的信号，这一过程称为信号编码。

（3）常用码型

数据在通信设备内部传输时，由于距离较短，工作环境相对稳定，通常采用最简单的数据传输方式，如直接传输并行的二进制数据或直接传输串行的二进制数据，这样效率很高，失真也小。但在长距离通信过程中，传输介质所处的环境复杂，杂波干扰比较多，数据传输过程中就会受到它们的干扰。为了减少特定传输介质中的传输损耗，需要将所传的数据进行编码。下面介绍几种常用的传输数据码型。

① 单极性不归零码 此种码型的编码规则为：对于数据传输代码中的"1"用＋E电平表示，"0"用零电平表示。这种代码和信源数据代码结构基本相同，它的传输信号波形和并行数据改串行数据时输出的数据结构相同。它通常用在近距离传输上，接口电路十分简单。它的缺点有两个：一是容易出现连续"0"和连续"1"，不利于接收端同步信号的提取；二是因为电平不归零和电平的单极性造成这种码型有直流分量，不利于判断电路的工作，如图 2-1 所示。

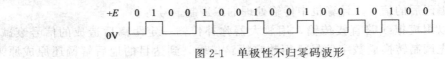

图 2-1 单极性不归零码波形

② 单极性归零码 此种码型的编码规则为：数据代码中的每一个"1"都对应一个脉冲，可能是正脉冲也可能是负脉冲，脉冲宽度比每位的传输周期短，即脉冲提前回到零电位，数据"0"仍然为零电平，如图 2-2 所示。

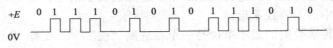

图 2-2 单极性归零码波形

③ 双极性不归零码 此种码型的编码规则为：对于数据中的"1"用正电平或负电平表示，对数据"0"用相反的电平表示，如图 2-3 所示。常用的 RS-232 电平标准即采用这种编码方式。

图 2-3　双极性不归零码波形

④ 双极性归零码　此种码型的编码规则为：对于数据中的"1"用一个正或负的脉冲来表示，数据"0"用相反的脉冲来表示，这两种脉冲的宽度都小于一位的传输时间，即提前回到零电平。对于任意组合的数据位之间都有零电平间隔。这种码有利于传输同步信号。波形如图 2-4 所示。

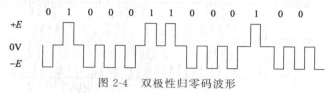

图 2-4　双极性归零码波形

⑤ 差分编码　此种码型的编码规则为：用电压极性的跳变来代表数据"1"，用电压极性不变代表数据"0"。这种码的波形为一种相对波形，其波形如图 2-5 所示。

图 2-5　差分编码波形

⑥ 曼彻斯特码　此种码型的编码规则为：对于数据代码"1"用电平正跳变（或负跳变）来代表，数据代码"0"用与数据代码"1"相反的跳变来表示，这种跳变在一位数据传输时间内完成。所谓的正跳变指的是一位代码前半个周期为低电平，后半个周期为高电平；负跳变正好相反。

这种码型的优点：首先，每传输一位电压都存在一次跳变，有利于同步信号的提取；另外，每一位正电平或负电平存在的时间相同，若采用双极码型，可抵消直流分量。其缺点：由于跳变的存在，编码后的脉冲频率为传输频率的 2 倍，多占用信道带宽。这种码广泛应用于 10M 以太网和无线寻呼网中。其波形如图 2-6 所示。

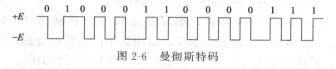

图 2-6　曼彻斯特码

2.2.3　数据编码技术

（1）数字信号模拟传输

由于高频信号抗干扰能力强，易于远距离、高效率传输，因此在信号传输时，常将低频信号搭载在高频信号上传输，到达目的地后再将原始信号从高频信号上取出来；起搭载作用的高频信号称为载波，犹如运输货物的车辆，原始信号犹如货物；将原始信号搭载在高频载波上的过程称为调制，相当于货物装车；在接收端将原始信号从高频信号上取出来的过程称为解调制，简称解调，相当于货物运到后卸货。而用低频信号控制高频信号参数调制后的波形称为调制波。数据调制波形如图 2-7 所示。

将数字信号搭载在高频载波信号上而形成调制波的设备称为调制器，从调制波上分离出原始信号的设备称为解调器，调制器、解调器实现的是一对相反的变换，实用中，将调制器与解调器合成一体，称为调制解调器（modem），既能实现把数字信号调制为高频模拟信号，又能实现从高频模拟信号中分离出原始数字信号。网络通信中，用调制解调器、模拟通信网络（电话网）进行远程通信的例子如图 2-8 所示。

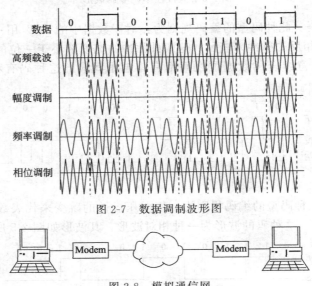

图 2-7　数据调制波形图

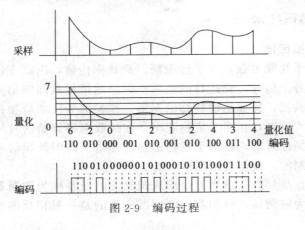

图 2-8　模拟通信网

（2）模拟信号数字传输

模拟信号直接用模拟信道传输，处理的主要缺点是效率低、通信质量差。因此现代通信中，采用通信质量高、处理效率高、保密性好的数字通信网络。模拟通信网络在许多场合已被淘汰。在实际中，大多数数据都是连续的模拟数据，对应的是模拟信号，因此首先要转换成为数字信号才能在数字通信网中传输处理。

将模拟信号转换成数字信号要经过采样、量化，编码三个步骤。

① 采样　每隔一定时间间隔取一个测量值。

② 量化　将采样最大值分为 N 个等级，所有采样值按这 N 个等级量化处理，一般 N 取 2 的指数，2、4、8、16、…，PCM 系统中，$N=256$。

③ 编码　将量化后的每一个采样值，编写成为 M 位二进制比特，$M=\log_2 N$。这样，每一采样值的 M 位比特构成一个进制数据流，运用数字网络传输处理。

如图 2-9 所示，采样频率为 10，量化等级为 8，得到 30 比特编码。

图 2-9　编码过程

2.2.4　数据传输方式

数据传输时，对线路频带资源的使用方式有两种：基带传输与频带传输。

所谓的基带指的是基本频带，也就是传输数据编码电信号所固有的频带，这种信号称为基带信号。所谓基带传输，就是数字信号直接传输，使用数字信号的原始频带，不用调制解调转换，这是一种比较简单的传输方法，信道资源利用率比较低，一条线路只能传送一路信号。网络中的数字信号传输就是采用基带传输的。

所谓频带传输，即数字信号模拟传输方法，对多路信号采用不同的载波频率进行调制，每一路信号占用一定宽度的频带资源，在同一条通信线路上可同时传送多路信号，这样在远距离通信时有利于节约线路资源。在进行远距离数据传输时，一般要借用已有的通信网络，如电话网和微波网。原始的数字信号是基带信号，无法直接在这些网络中传输，这时就要将带宽很宽的数字信号变为带宽较窄的模拟信号。新的模拟信号由一个或几个频率组成，占用了一个固有的频带。这种频带传输的模拟信号和原始的模拟信号含义是不同的，原始的模拟信号幅值和频率都发生改变，而频带传输的信号只有其中的一个参数发生变化。把模拟传输和频带传输统称为模拟传输。

2.2.5　通信方式

（1）并行通信

并行通信是指在传输过程中同一个字节数据中的各个位同时传输，也就是一次传输一个字节，在时间上是同时的。采用这种方式，一位数据占用一条数据线，根据数据位的不同，需要不同的数据通道。最常见的是并行打印机，它一次传输一个字节，通过并口线和计算机相连，如图 2-10 所示。

（2）串行通信

串行通信是指在传输过程中，同一个字节的各个不同的位按顺序先后发送，在同一个信道上传输。这种方式下，一个并行的数据被改造成了一个二进制数据流。在这种传输模式下，传输速率明显低于并行传输，但它节省了大量的数据通道，降低信道成本，而且利于远程传输。现在所用的网络都采用的是串行传输。

图 2-10　并行通信

（3）单工、半双工及全双工通信

在串行通信中，按数据传输方向又分为单工通信、半双工通信、全双工通信。

① 单工通信　只支持数据在一个方向上传送，通信的一方只有发送设备，另一方只有接收设备，如图 2-11（a）所示。

② 全双工通信　可同时收、发数据，通信双方各有发送设备和接收设备并可同时工作。全双工通信一般采用四线制，一对线用于发送数据，另一对线用于接收数据。显然，全双工通信方式效率较高，如图 2-11（b）所示。

③ 半双工通信　通信的每一方既是发送方又是接收方，在任一时刻一方只能执行一个功能，或是发送或是接收，不能同时执行两个功能。工作方式为一方发送，另一方接收，此过程完成后再反过来执行，发送方接收而接收方发送。这样就可以在一条信道上执行通信过程而无须另加硬件，也适应了现有的信道，如图 2-11（c）所示。

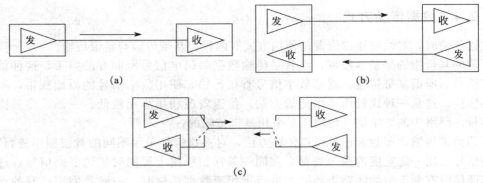

图 2-11 单工、半双工及全双工通信示意图

2.2.6 数字信号同步方式

数据通信中，接收方收到的比特数目要与发送方发出的比特数目完全相同，才能满足没有比特丢失的最低要求，这就是通信双方同步的含义。如发送方发出 100 个 "0" 信号比特值，接收方如何知道这是 100 个 "0" 比特呢？这要靠双方同步措施来保证。实现同步的技术有同步传输与异步传输两种。

（1）异步传输

所谓的异步传输指的是：每个字符都独立传输（字符/次），在每个字符前加上起始位，在它的后面加上结束位，以这种方式来确定一个字节的开始和结束；双方以约定的速率传送字符；接收的时候，接收方以接收到的起始位确认接收开始。在这种工作方式下，起始位和结束位用来实现字符的同步，每两个字符之间的时间间隔是任意长的，但每个字符所占用的时间固定，也就是发送每一位的时间固定。每一位占用的时间的倒数称为波特率。可以简单地理解，异步传输通过约定传输速率来实现位同步，通过起始位和结束位来实现字符同步，通过特殊字符来保证帧同步。这种方式实现起来简单，不需要修改硬件设计。

异步传输的缺点：一是每一个字符都要加上辅助位，造成传输效率降低；二是由于收发双方的时钟差异，决定了这种方式传输速率不能太高，常用在低速传输中。

（2）同步传输

同步传输方式下以固定的时钟节拍来发送数据信号，字符间顺序相连，既无间隙也无插入字符（以数据帧为传送单位——数据帧/次）。收发双方的时钟与传输的每一位严格对应，以达到位同步；在开始发送一帧数据之前先发送固定长度的帧同步字符，再发送数据帧，最后发送帧终止字符，这样来保证字符同步和帧同步。每两帧之间发送空白字符。接收方收到数据后必须首先识别同步时钟，在近距离传输中可另加一条数据线来实现同步，在远距离传输过程中必须加入时钟同步信号来解决同步问题。

同步传输有较高的传输效率，但实现起来较复杂，常用于高速传输中。

2.3 计算机网络拓扑结构

2.3.1 计算机网络拓扑的定义

计算机网络设计的第一步就是要解决在给定计算机的位置，保证一定的网络响应时间、吞吐量和可靠性的条件下，通过选择适当的线路、线路容量与连接方式，使整个网络结构合理与成本低廉。

　　计算机网络拓扑是通过网中节点或节点与通信线路之间的几何关系表示网络结构，反映同网络中各实体的结构关系。

2.3.2　计算机网络拓扑的分类

　　将计算机通信子网中的通信处理机和其他通信设备称为节点，通信线路称为链路，将节点和链路连接而成的几何图形称为该网络的拓扑结构。拓扑结构反映了通信网络中各个实体之间的结构关系，是影响计算机网络性能的一个主要因素，设计拓扑结构是构建局域网的第一步。局域网的拓扑结构一般分为总线型结构、环形结构、星形结构、网状结构和树形结构等。

　　(1) 总线型拓扑结构

　　总线型拓扑结构是局域网中最主要的拓扑结构之一，它将所有计算机连接到同一条总线上，如图 2-12 所示。总线连接方式很简单，用一条同轴电缆将计算机通过网络适配器连接起来即可。需要增加用户时，可直接在总线上加入，非常方便。

　　总线拓扑结构采用单根传输线作为传输介质，所有站点都通过相应的硬件接口直接连接到传输介质上（或称总线上）。任何一个站点发送的信号都可以沿着介质双向传播，而且能被其他所有站接收（广播方式）。

　　网络中所有的站点共享一条数据通道，一个节点发出的信息可以被网络上的多个节点接收。由于多个节点连接到一条公用信道上，必须采取某种方法分配信道，以决定哪个节点可以发送数据。

　　总线型网络结构简单，安装方便，需要铺设的线缆最短，成本低，某个站点自身的故障一般不会影响整个网络。因此它是最普遍使用的一种网络。

　　总线拓扑的优点：电缆长度短，容易布线；可靠性高；易于扩充。

　　总线拓扑的缺点：实时性较差，总线的任何一点故障都会导致网络瘫痪；故障诊断困难；故障隔离困难；中继器配置；站点必须是智能的。

　　采用总线拓扑的最常见的网络有 10Base2 以太网、10Base5 以太网以及 ARCnet 网。

　　(2) 环形拓扑结构

　　在环形网络中，每台计算机都有一个入口和出口，它使用电缆将各台计算机连接起来，如图 2-13 所示。在环形网络中，节点通过点到点通信线路连接成闭合环路。每个中继器都与两条链路相连。这种链路是单向的，数据在一个方向上围绕着环进行循环。

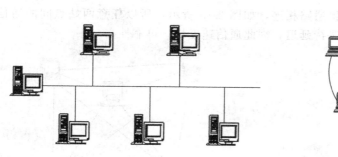

图 2-12　总线型拓扑结构

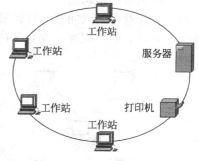

图 2-13　环形拓扑结构

　　由于环形拓扑的数据在环路上沿着一个方向在各节点间传输，这样中继器能够接收一条链路上来的数据，并以同样的速度串行地把数据送到另一条链路上，而不在中继器中缓冲。每个站对环的使用权是平等的，所以它也存在着一个对于环形线路的"争用"和"冲突"的问题。

环形拓扑网络结构简单，传输延时确定，但是环中每个节点与连接节点之间的通信线路都会成为网络可靠性的屏障。对于环形网络，网络节点的加入、退出、环路的维护和管理都比较复杂。

环形网是点到点、一个节点一个节点地连接，可以在网上的不同段使用各种传输介质。

在环路上发送和接收数据的过程如下。发送报文的工作站（简称发送站）将报文分成报文分组，每个报文分组包括一段数据再加上某些控制信息，在控制信息中含有目的地址。发送站依次把每个报文分组送到环路上，然后通过其他中继器进行循环，每个中继器都对报文分组的目的地址进行判断，看其是否与本地工作站的地址相同，仅有地址相同的工作站才接收该报文分组，并将分组拷贝下来。当该报文分组在环路上绕行一周重新回到发送站时，由发送站把这些分组从环路上摘除。由此可看出环路上某一节点发生故障，它将不能正常地传送信息。

环形拓扑的优点：电缆长度短；无需接线盒；可用光纤。

环形拓扑的缺点：一个节点故障会引起全网故障；诊断故障困难；不易重新配置网络；拓扑结构影响访问协议。

常见的采用环形拓扑的网络有令牌环网、FDDI（光纤分布式数据接口）和 CDDI（铜线电缆分布式数据接口）网络。

（3）星形拓扑结构

星形网络通过一个集线器将所有计算机连接起来，如图 2-14 所示。星形网络中每台计算机都使用单独的电缆与集线器连接。当一条电缆出现问题时，只影响使用这条电缆连接的计算机，而不影响网络中的其他计算机。但是，当集线器出现故障时，所连接的计算机将无法连接到网络上。

星形拓扑优点：配置方便；每个连接点只接一个设备，单个连接点的故障只影响一个设备，不会影响全网；集中控制和故障诊断容易，容易检测和隔离故障，可方便地将有故障的节点从系统中删除；简单的访问协议，很容易在网络中增加新的站点，数据的安全性和优先级容易控制，易实现网络监控。

星形拓扑缺点：这种拓扑结构需要大量电缆，增加的费用相当可观；扩展困难，在初始安装时可能要放置大量冗余的电缆，以配置更多连接点；依赖于中央节点，中央节点产生故障，则全网不能工作；属于集中控制，对中心节点的依赖性大，一旦中心节点有故障会引起整个网络瘫痪。

（4）网状拓扑结构

网络中任意两站点间都有直接通路相连，如图 2-15 所示，所以任意两站点间的通信无需路由，而且有专线相连，没有等待延迟，因此通信速度快，可靠性高。

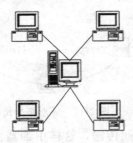

图 2-14　星形拓扑结构

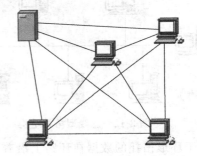

图 2-15　网状拓扑结构

但是组建这样网络投资非常巨大。例如在有 4 个站点的全互连拓扑网络上增加一个站点，就得在这个网络上增加 4 根线，使这 4 个站点的每一个站点都与新站点有一根线进行连接。由此也可看出这种全部互连型拓扑的灵活性差。

但这种全部互连型拓扑结构适用于对可靠性有特殊要求的场合。

网状拓扑网络中，节点之间的连接是任意的，没有规律。主要优点是可靠性高，但结构复杂，必须采用路由选择算法和流量控制方法。

广域网基本上采用网状拓扑结构。

（5）树形拓扑结构

树形结构是星形结构的扩展，树形网络是分层结构，具有根节点和分支节点，如图 2-16 所示。Internet 基本上采用这种结构，以便于分级管理和控制系统。这种结构不需要中继器，与星形结构相比，树形结构通信线路总长度短，成本低，易于推广，但结构较星形复杂。

树形拓扑适用于分级管理和控制系统。这种拓扑与其他拓扑的主要区别在于其根的存在。当下面的分支节点发送数据时，根接收该信号，然后再重新广播发送到全网。

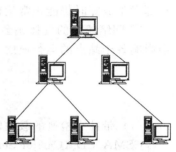

树中低层计算机的功能和应用有关，一般都具有明确定义的和专业化很强的任务，如数据的采集和变换等，而高层的计算机具备通用的功能，以便协调系统的工作，如数据处理、命令执行和综合处理等。

一般来说，层次结构的层不宜过多，以免转接开销过大，使高层节点的负荷过重。

图 2-16　树形拓扑结构

树形拓扑结构有以下的优点：易于扩展，从本质上看这种结构可以延伸出很多分支和子分支，因此新的节点和新的分支易于加入网内；故障隔离容易，如果某一分支的节点或线路发生故障，很容易将这分支和整个系统隔离开来。

树形拓扑的缺点：对根的依赖性太大，如果根发生故障，则全网不能正常工作，因此这种结构的可靠性与星形结构相似。

（6）混合拓扑结构

常见的有星形/总线拓扑和星形/环形拓扑。

星形/总线拓扑是综合星形拓扑和总线拓扑的优点，用一条或多条总线把多组设备连接起来，而这相连的每组设备本身又呈星形分布，如图 2-17 所示。对于星形/总线拓扑，用户很容易配置和重新配置网络设备。

星形/环形拓扑是取这两种拓扑的优点于一体。这种星形环形拓扑主要用于 IEEE802.5 的令牌网。从电路上看，星形环形结构完全和一般的环形结构相同，只是物理走线安排成星形连接，如图 2-18 所示。

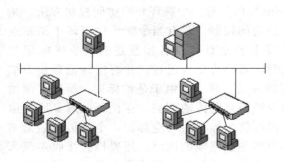

图 2-17　星形/总线拓扑结构

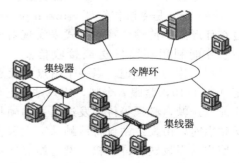

图 2-18　星形/环形拓扑结构

星形环形拓扑的优点：故障诊断方便且隔离容易；网络扩展简便；电缆安装方便。

随着网络技术的发展，网络结构正向多元化方向发展，在一个网络中可以包含多种网络结构形式，如全部互连结构：网络中任意两节点间都有直接的通道相连，通信速度快，可靠性高，但建网投资大，灵活性差，其主要应用在节点少、可靠性要求高的军事或工业控制场合；不规则型结构：网络中各节点的连接没有一定的规则，节点地理位置分散，通信线路作为设计中的主要考虑因素时，多采用不规则形网络，其主要缺点是通信的算法实现起来比较复杂。

2.3.3 计算机网络拓扑结构的选择

不管是局域网或广域网，其拓扑的选择，需要考虑诸多因素：

① 网络既要易于安装，又要易于扩展；

② 网络的可靠性是考虑选择的重要因素，要易于故障诊断和隔离，以使网络的主体在局部发生故障时仍能正常运行；

③ 网络拓扑的选择还会影响传输媒体的选择和媒体访问控制方法的确定，这些因素又会影响各个站点的运行速度和网络软、硬件接口的复杂性。

2.4 介质访问控制方式

(1) 带冲突检测的载波监听多路访问 CSMA/CD

CSMA/CD (Carrier Sense Multiple Access/Collision Detection) 是采用争用技术的一种介质访问控制方法。CSMA/CD 通常用于总线型拓扑结构和星形拓扑结构的局域网中。它的每个站点都能独立决定发送帧，若两个或多个站同时发送，即产生冲突。每个站都能判断是否有冲突发生，如冲突发生，则等待随机时间间隔后重发，以避免再次发生冲突。

下面是 CSMA/CD 的工作过程简述：

① 要发送报文的节点必须监视通道以辨别何时通道是可用的（该时刻没有其他网络站在发送），这是载波检测；

② 当节点检测到通道有空时，它就发送报文，并以接收设备的地址进行标志；

③ 所有空闲的网络站（未进行传输的站）继续监视通道报文；

④ 被标记的节点接收报文，并返回一个确认帧；

⑤ 当发送通道检测到冲突，它们就停止传输，等待一个随机时间后重新发送；

⑥ 网络站在通知用户网络太忙之前，典型地重发 16 次。

CSMA/CD 的主要优点是简单、可靠、传输延迟小且成本低，但它不能适应实时控制的需要，传输效率不高，只能在负载不太重的局域网中使用。

(2) 令牌环 (token ring) 访问控制

token ring 是令牌传输环 (token passing ring) 的简称。令牌环介质访问控制方法，是通过在环形网上传输令牌的方式来实现对介质的访问控制。只有当令牌传输至环中某站点时，它才能利用环路发送或接收信息。当环线上各站点都没有帧发送时，令牌标记为 01111111，称为空标记。当一个站点要发送帧时，需等待令牌通过，并将空标记置换为忙标记 01111110，紧跟着令牌，用户站点把数据帧发送至环上。由于是忙标记，所以其他站点不能发送帧，必须等待。发送出去的帧将随令牌沿环路传输下去。在循环一周又回到原发送站点时，由发送站点将该帧从环上移去，同时将忙标记换为空标记，令牌传至后面站点，使之获得发送的许可权。发送站点在从环中移去数据帧的同时，还要检查接收站载入该帧的应答信息，若为肯定应答，说明发送的帧已被正确接收，完成发送任务；若为否定应答，说明对方未能正确收到所发送的帧，原发送站点需在带空标记的令牌第二次到来时，重发此帧。采用发送站从环上收回帧的策略，不仅具有对发送站点自动应答的功能，而且还具有广播特性，即可有多个站点接收同一数据帧。

接收帧的过程与发送帧不同，当令牌及数据帧通过环上站点时，该站将帧携带的目标地址与本站地址相比较。若地址符合，则将该帧复制下来放入接收缓冲器中，待接收站正确接收后，即在该帧上载入肯定应答信号；若不能正确接收，则载入否定应答信号，之后再将该帧送入环上，让其继续向下传输。若地址不符合，则简单地将数据帧重新送入环中。所以当令牌经过某站点而它既不发送信息又无处接收时，会稍经延迟，继续向前传输。

在系统负载较轻时，由于站点需等待令牌到达才能发送或接收数据，因此效率不高。但若系统负载较重，则各站点可公平共享介质，效率较高。为避免所传输数据与标记形式相同而造成混淆，可采用前面所讲过的位填入技术，以区别数据和标记。

使用令牌环介质访问控制方法的网络，需要有维护数据帧和令牌的功能。如，可能会出现因数据帧未被正确移去而始终在环上传输的情况，也可能出现令牌丢失或只允许一个令牌的网络中出现了多个令牌等异常情况。解决这类问题的办法是：在环中设置监控器，对异常情况进行检测并消除。令牌环网上的各个站点可以设置成不同的优先级，允许具有较高优先权的站申请获得下一个令牌权。

（3）令牌总线（token bus）访问控制

在令牌总线中，总线上的所有站点构成逻辑环。也就是说所有站点都按次序分配到一个逻辑地址，每个工作站都知道在其之前和在其之后的站点标识，第一个站点的前继是最后一个网络站点的标识，而且物理上的位置与其逻辑地址无关。

一个叫做令牌的控制帧规定了访问的权利。总线上的每一个工作站如有数据要发送，必须要得到令牌以后才能发送，即拥有令牌的站点被允许在指定的一段时间里访问传输介质。该站点能传输一个或多个帧，还能探询其他站点并接收响应。当该站完成自己的工作，或是时间用完了，它要将令牌交给逻辑位置上紧接在它后面的那个站点，那个站点由此得到允许数据发送权。所以，常规操作包括数据传输和令牌传输。另外，不使用令牌的站点只能在总线上对探询给予响应或要求得到响应。这个环按照站点逻辑地址的降序排列。

令牌总线的特点如下。

① 不可能产生冲突　令牌总线中，只有收到令牌的站点才能将信息发送到总线上，这样就不会像 CSMA/CD 介质访问方式那样，使总线产生冲突。故令牌总线信息帧长度完全由发送信息的长短决定，没有最小分组长度要求。对于 CSMA/CD 访问控制，为使最远的站点也能检测到冲突，需在实际的信息长度后加填充位，以满足最小长度要求。

② 站点有公平的访问权　获得令牌的站点，若有信息要发送即发送信息，之后将令牌传给下一站点；若没有信息发送，则立即将令牌传递到下一站点。由于站点是按初始化顺序依次接收到令牌，所以各站点都有公平的访问权。

③ 每个站传输前的等待访问时间的总和一定　当全部站点都有信息发送时，等待取得令牌和发送信息的时间应等于全部令牌传送时间和发送时间之总和。若只有一个站点要发送信息，则最坏情况下等待时间只是令牌传递全部时间之和。

2.5　数据交换技术

将数据编码后在通信线路上进行传输的最简单形式，是在两个互连设备之间直接进行数据通信。但是，网络中所有设备都直接两两相连是不现实的，即使能实现，也没必要。

通常要经过中间节点将数据从信源逐步传送到信宿，从而实现两个互连设备之间的通信。这些中间节点并不关心所传数据的内容，而只是提供一种交换功能，使数据从一个节点传到另一个节点，直至到达目的地为止。通常把作为信源或信宿的一批设备称为网络站，而将提供中间通信的设备称为节点。这些节点以某种方式用传输链路相互连接起来，每个站都连接到一个节点上，这些节点的集合便称为通信网络。如果所连接的设备是计算机和终端，那么节点集合加上一些站就构成计算机网络。

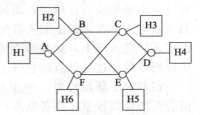

图 2-19 所示是一个交换网络的结构。按所用的数据传送技术划分，交换网络又可分为电路交换网、报文交换网和分组交换网。

图 2-19　交换网络结构图
○—网络节点　□—网络站

（1）电路交换

普遍使用的电话交换网络是使用电路交换技术的典型例子，如图 2-20 所示。

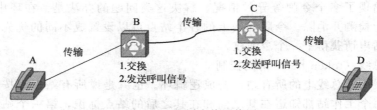

图 2-20　电话交换网络图

① 电路建立　如同打电话一样，先要通过拨号在通话双方间建立起一条通路，在传输数据之前，也要经过呼叫过程建立一条端到端的电路。

② 数据传输　当电路 A、B、C 建立起来以后，数据就可以从 A 发送到 B，再由 B 交换到 C；C 也可以经 B 向 A 发送数据。这种数据传输有最短的传播延迟，并且没有阻塞问题，除非有意外的线路或节点故障而使电路中断。在整个数据传输过程中，所建立的电路必须始终保持连接状态。

③ 电路拆除　在数据传输结束后，由某一方 A 或 C 发出拆除请求，然后逐节拆除到对方节点。被拆除的信道空闲后，就可被其他通信使用。

电路交换方式的优点是数据传输可靠、迅速、及时，数据不会丢失，且保持原来的序列。缺点是信道长时间被占用，即使信道空闲时，他人也不能使用，造成信道利用率低；此外，在数据传输所花时间不太长的情况下，建立和拆除所用时间得不偿失。因此，电路交换适用于系统间要求高质量的大量数据传输的情况。

（2）报文交换

① 报文交换的工作过程　报文交换方式的数据传输单位是报文。所谓报文就是站点一次性要发送的数据块，其长度不限且可变。报文交换不需要在两个站点之间建立专用通路，传送方式采用"存储—转发"方式。当一个站点要发送报文时，它先将一个目的地址附加到报文上，网络节点根据报文上的目的地址信息，把报文发送到下一个节点，一直逐个节点地转送到目的的节点。每个节点在收下整个报文并检测无误后，就暂存这个报文，然后利用路由信息找出下一个节点的地址，再把整个报文传送给下一个节点，如图 2-21 所示。

② 报文交换与电路交换的比较　与电路交换比较，报文交换的主要优点有：

a. 电路利用率高；

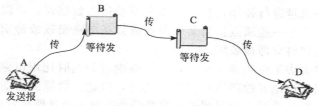

图 2-21　报文交换的工作过程图

　　b. 在电路交换网路上，当通信量变得很大时，就不能接受新的呼叫，而在报文交换网络上，通信量大时仍然可以接收报文，不过传送延迟会增加；

　　c. 报文交换系统可以把一个报文发送到多个目的地，而电路交换网络很难做到这一点；

　　d. 报文交换网络可以进行速度和代码的转换。

　　报文交换的主要缺点：它不能满足实时或交互式的通信要求，报文经过网络的延迟时间长，而且不固定。因此，这种方式不能用于语音连接，也不适合交互式终端到计算机的连接。有时节点收到过多的报文而无空间存储或不能及时转发时，就不得不丢弃报文，而且发出的报文不按顺序到达目的地。

　　（3）分组交换

　　在实际应用中，为了使信道容量利用得更好，并降低节点中数据量的突发性，可以将报文交换改进为分组交换，将一个报文分成若干个分组，每个分组规定一个上限，典型的最大长度是数千位，如图 2-22 所示。

图 2-22　分组交换的工作过程图

　　① 虚电路分组交换　　在虚电路 VC（Virtual Circuit）中，为进行数据传输，网络的源节点和目的节点之间先要建立一条逻辑通路。

　　无论何时，一个站都能和任何站建立多个虚电路。这种传输数据的逻辑通路就是虚电路，它之所以是"虚"的，是因这条电路不是专用的。每条虚电路支持特定的两个端点之间的数据传输；每个端点之间也可有多条虚电路为不同的进程服务，这些虚电路的实际路由可能相同，也可能不同。

　　② 数据报方式分组交换　　在数据报方式中，每个分组的传送是单独处理的，就像报文交换中的报文一样。每个分组称为一个数据报，每个数据报自身携带足够的地址信息。一个节点接收到一个数据报后，根据数据报中的地址信息和节点所存储的路由信息，找出一个合适的出路，把数据报原样地发送到下一个节点。因此，当某一站点要发送一个报文时，先把报文拆成若干个带有序号和地址信息的数据报，依次发送到网络节点。此后，各数据报所走的路径就可能不再相同，因为各个节点随时根据网络流量、故障等情况选择路由，因此不能保证各个数据报按顺序到达目的地，有的数据报甚至会在途中丢失。整个过程中，设有虚电路建立，但要为每个数据报进行路由选择。

　　③ 虚电路和数据报操作方式的比较　　虚电路分组交换适用于两端之间的长时间数据交换，尤其是在交互式会话中每次传送的数据很短的情况下，可免去每个分组要有地址信息的额外开销。它提供了更可靠的通信功能，保证每个分组正确到达，且保持原来顺序。还

可对两个数据端点的流量进行控制，接收方在来不及接收数据时，可以通知发送方暂缓发送分组。但虚电路也存在一些缺点：当某个节点或某条链路出现故障而彻底失效时，则所有经过故障点的虚电路将立即被破坏。

数据报分组交换省去了呼叫建立阶段，它传输少量分组时比虚电路方式简便灵活。在数据报方式中，分组可以绕开故障区而到达目的地，因此，故障的影响面要比虚电路方式小得多，但数据报不保证分组按顺序到达，数据的丢失也不会立即被发现。

（4）交换技术的比较

不同的交换技术适用于不同的场合，对于较轻和间歇式负载来说，报文交换是最合适的，可以通过拨号线路来实行通信；对于较重和持续的负载来说，使用租用的线路以电路交换方式进行通信是合适的；对于必须交换中等到大量数据的情况，可用分组交换方法。

① 电路交换　在数据传送开始之前必须先设置一条专用的通路。在线路释放之前，该通路由一对用户完全占有。对于猝发式的通信，电路交换效率不高。

② 报文交换　报文从源点传送到目的地采用"存储—转发"方式，在传送报文时，一个时刻仅占用一段通道。在交换节点中需要缓冲存储，报文需要排队，故报文交换不能满足实时通信的要求。

③ 分组交换　交换方式和报文交换方式相类似，但报文被分成分组传送，并规定了最大的分组长度。在数据报分组交换中，目的地需要重新组装报文；在虚电路分组交换中，数据传送之前必须通过虚呼叫设置一条虚电路。

现有的公用数据网都采用分组交换技术，例如，我国的 CNPAC、美国的 TELENET、以及很多国家建立的公用数据网都属于这一类型。目前广泛采用的 X.25 协议就是由 CCITT 制定的分组交换协议。计算机网络也都采用分组交换技术。由于在计算机网络中，从源节点到目的节点之间只有一条单一的通路，因此，不需要像公用数据网中那样的路由选择和交换功能。计算机网络中也广泛采用电路交换技术，计算机控制的电话交换机 CBX 就是用电路交换技术构成的计算机网络。由于报文交换技术不能满足实时通信要求，因此，在计算机网络中不采用报文交换技术。

2.6　差错控制技术

2.6.1　差错产生的原因

信号在物理信道中进行传输存在差错。差错产生的原因是噪声。

信号在传输过程中受到的噪声干扰有两种。

① 信道固有的白噪声引起的差错，称为随机差错。引起的某位码元的差错是孤立的，与前后码元没有关系，白噪声所引起的差错可以通过提高信道的信噪比而减小。

② 外界因素引起的冲击噪声。外界因素包括太阳黑子、电子风暴、电源抖动或电磁干扰等。冲击噪声呈突发状，它所引起的差错称为突发差错。冲击噪声幅度可能相当大，不能靠提高信号的幅度来避免冲击噪声造成的差错。冲击噪声虽然持续时间较短，但在一定的数据速率下，仍然会影响到一串码元。

为减少传输差错，提高传输质量，可以采取以下措施：改善通信线路的质量，降低误码率；采用差错控制技术检测错误，纠正错误，把差错限制在尽可能小的允许范围内。

2.6.2　差错控制编码

在发送数据之前，先按照某种规则在数据位之外附加上一定的冗余位后再发送，称为差错控制编码过程。常用编码如下。

（1）奇偶校验码

最简单、实用的差错校验编码方法就是奇偶校验码。奇偶校验是将数据分组，每一组数据后附加一个校验位，使得该组数据（包括校验位）中 1 的个数为偶数（偶校验）或奇数（奇校验）。

奇偶校验分为 3 种：垂直奇偶校验、水平奇偶校验和水平垂直奇偶校验。

① 垂直奇偶校验　垂直奇偶校验是对一组字符各对应位（垂直方向）加校验位构成校验单元，检错效果高于水平奇偶校验。

② 水平奇偶校验　水平奇偶校验是以一组字符中对应位作为校验单元进行奇偶校验。奇偶校验位与数据一起发送到接收方，接收方检测奇偶校验位，对于偶校验，若接收方发现 1 的个数为奇数，则说明发生了错误。若在传输中有两个比特位受干扰被改变，如两个 0 变成了两个 1，那么校验结果仍然和原来一样，实际是发生的错误没有检测出来。

③ 水平垂直奇偶校验　水平垂直奇偶校验是将前面两种校验方式相结合而成的。用这种校验方式可以检测出更多的差错，但是只有在所有列都发送完毕后，错误才能够完全检测出来，而且接收方可能不知道哪个列不正确，只有重发所有列，对于单个错误，会给通信设备增加很大负担。

（2）循环冗余校验码

奇偶校验单独使用时不能检测出偶数位出错，结合使用时虽然漏检率极低，但应用于较长的数据帧——1000 比特以上时，其漏检造成的差错不可忽略，何况检验方法复杂，对发送缓冲区需求较大，实际中并不常用。在一些要求不高，数据帧大小为 10 比特左右时，一般用垂直奇偶校验方法既简便又能满足使用要求。对较长的数据帧，则使用循环冗余 CRC 校验方法，附加位数不会太多，而且检错能力强，其数字逻辑电路也易于实现，是现代网络通信中进行数据帧校验的一种高效、可靠的主要方法。

2.6.3　差错控制方法

对于发生的错误有两种处理方法：检错法和纠错法。检错法是检测传输信息的改变，当检测到错误时，将该信息丢弃，同时通知发送者，重发该信息。纠错法是当检测到错误时，接收方纠正错误而无须重发，发送者并不知道该信息在传送中出现差错了。相应的差错控制技术有两种：自动重发请求和前向纠错技术。

（1）自动重发请求

收方收到错误的数据帧时，否定回答发送方，要求重发该帧数据，即自动重发请求 ARQ 方式；发送方缓冲区中有已发送但未确认的数据帧副本，接收方要求重发或在指定时间内没有回答，表明该帧数据出错或丢失，则重发该数据帧；只有接收方对某帧数据确认正确接收时，发送方才从发送缓冲区中将该帧数据的副本撤销。

（2）前向纠错技术

前向纠错方法的最大好处是不用重传出错的数据帧，而是利用校验码在检测出错误的同时还能确定出错比特的位置，将出错比特取反即可纠正传输错误的比特。这从原理上比 ARQ 方法要优越一些，不用应答发送方，由接收方自动纠正错误。但是该方法比较复杂，实现比较困难。

2.7　网络互联

互联网络是指将分布在不同地理位置的网络、设备连接起来，以构成更大规模的网络，最大程度地实现网络资源的共享。

（1）局域网与局域网互联

在实际的网络应用中，局域网与局域网之间的互联是最常见的一种。由于局域网种类较多（如令牌环网、以太网等），使用的软件也较多，因此局域网的互联较为复杂，但可以大致分为以下两种。

① 同型局域网互联 同型局域网互联是指符合相同协议的局域网之间的互联，例如两个以太网之间的互联，或两个令牌环网之间的互联。

② 异型局域网互联 异型局域网互联是指使用不同协议的局域网之间的互联，例如一个以太网和一个令牌环网之间的互联，或者一个以太网与一个 ATM 网络之间的互联。

（2）局域网与广域网互联

局域网与广域网的互联也是常见的方式之一，它们之间的连接可以通过路由器或者网关来实现。例如，目前不少企事业都已建好了内部局域网，但随着 Internet 的迅速发展，仅搭建局域网已经不能满足众多企业的需要，有更多的用户需要在 Internet 上发布信息，或进行信息检索，将企业内部局域网接入 Internet 已经成为众多企业的迫切要求。

将局域网接入 Internet 有很多种方法，如采用 ISDN（或普通电话拨号）＋代理服务器软件 Wingate 或网关服务器软件 Sygate、DDN 专线及 ADSL 等。

（3）局域网-广域网-局域网互联

局域网-广域网-局域网互联是指将两个分布在不同地理位置的局域网通过广域网实现互联，这也是常见的网络互联类型之一。局域网-广域网-局域网互联也可以通过路由器或者网关来实现。

局域网-广域网-局域网互联模式正在改变传统的接入模式，即主机通过广域网的通信子网的传统接入模式，而大量的主机通过组建局域网的方式接入广域网将是接入广域网的重要方法。

（4）广域网与广域网互联

广域网与广域网互联也是目前常见的一种网络互联的方式，如帧中继与 X.25 网、DDN 均为广域网，它们之间的互联属于广域网的互联。同样，广域网与广域网互联可以通过路由器或者网关来实现。广域网是通过专用的或交换式的连接，将地域分布广泛的计算机或者局域网互联的网络。通常广域网的互联比以上的互联要容易，这是因为广域网的协议层次常处于 OSI 七层模型的低层，不涉及高层协议。

习题 2

1. 总线在数据传输过程中的常见操作过程有哪些？
2. 数据通信中的主要技术指标是什么？
3. 数据的编码过程分为几个步骤？每一步的作用是什么？
4. 常用数据传输码型有哪些？
5. 常用数据通信方式有哪些？它们的特点是什么？
6. 常用网络拓扑结构有哪些？它们的特点是什么？
7. 说明几种介质访问控制方式的各自特点和应用场合。
8. 数据交换技术的作用是什么？几种常用交换技术的区别是什么？
9. 常用差错控制的方法有哪些？它们是如何进行差错控制的？

第3章 开放系统互连（OSI）参考模型

[知识要点]
① 掌握现场总线技术的通信模型。
② 理解 OSI 参考模型中 7 个层次的关系和工作原理。
③ 掌握底三层的基本概念和主要功能，以及在总线数据通信中的作用。

计算机网络是由多种计算机和各类终端通过通信线路连接起来的复合系统。在这个系统中，由于计算机型号不一，终端类型各异，加之线路类型、连接方式、同步方式、通信方式的不同，给网络中各节点的通信带来许多不便。

为了使不同体系结构的计算机网络都能互连，国际标准化组织 ISO，提出了开放系统互连参考模型（OSI：Open System Interconnection Reference Model），这是一个定义连接异种计算机标准的主体结构。该模型是网络发展史上的一个重要里程碑。

3.1 OSI 参考模型

OSI 开放系统互连参考模型将整个网络的通信功能划分成 7 个层次，每个层次完成不同的功能。这 7 层由低层至高层分别是物理层、数据链路层、网络层、传输层、会话层、表示层和应用层，提供了从抽象的应用层到具体的物理层的层结构视图。"开放"表示能使任何两个遵守参考模型和有关标准的系统进行连接。"系统"指计算机、终端或外部设备等。"互连"是指将不同的系统互相连接起来，以达到相互交换信息、共享资源、分布应用和分布处理的目的。

OSI 采用这种层次结构可以带来很多好处。如：

① 各层之间是独立的　某一层并不需要知道它的下一层是如何实现的，而仅仅需要知道该层间的接口（即界面）所提供的服务，整个问题的复杂程度就下降了；

② 灵活性好　当任何一层发生变化时（例如技术的变化），只要层间接口关系保持不变，则在这层以上或以下各层均不受影响；

③ 结构上可分割开　各层都可以采用最合适的技术来实现；

④ 易于实现和维护　这种结构使得实现和调试一个庞大而又复杂的系统变得易于处理，因为整个的系统已被分解为若干个相对独立的子系统；

⑤ 能促进标准化工作　因为每一层的功能及其所提供的服务都已有了精确的说明。

3.1.1 OSI 参考模型的结构

OSI 参考模型，如图 3-1 所示。

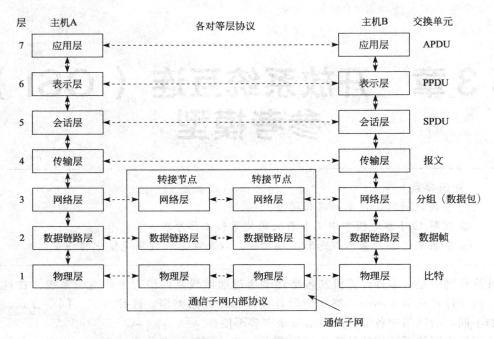

图 3-1 OSI 参考模型

3.1.2 OSI 参考模型中的数据传输过程

在 OSI 参考模型中，不同主机对等层之间按相应协议进行通信，同一主机不同层之间通过接口进行通信。除了最底层的物理层是通过传输介质进行物理数据传输外，其他对等层之间的通信均为逻辑通信。在这个模型中，每一层将上层传递过来的通信数据加上若干控制位后再传递给下一层，最终由物理层传递到对方物理层，再逐级上传，从而实现对等层之间的逻辑通信，如图 3-2 所示。

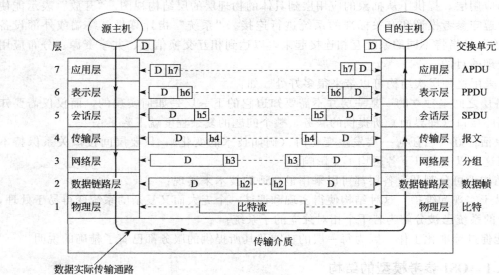

图 3-2 OSI 参考模型中的数据传输过程

3.1.3　OSI 参考模型各层的功能简介

（1）物理层

物理层是 OSI 参考模型的最底层，它利用传输介质为数据链路层提供物理连接。为此，该层定义了物理链路的建立、维护和拆除有关的机械、电气功能和规程特性，包括信号线的功能、"0" 和 "1" 信号的电平表示、数据传输速率、物理连接器规格及其相关的属性等。物理层的作用是通过传输介质发送和接收二进制比特流。

（2）数据链路层

数据链路层是为网络层提供服务的，解决两个相邻节点之间的通信问题，传送的协议数据单元称为数据帧。数据帧中包含物理地址（又称 MAC 地址）、控制码、数据及校验码等信息。该层的主要作用是通过校验、确认和反馈重发等手段，将不可靠的物理链路转换成对网络层来说无差错的数据链路。此外，数据链路层还要协调收发双方的数据传输速率，即进行流量控制，以防止接收方因来不及处理发送方来的高速数据而导致缓冲器溢出及线路阻塞。

（3）网络层

网络层是为传输层提供服务的，传送的协议数据单元称为数据包或分组。该层的主要作用是解决如何使数据包通过各节点传送的问题，即通过路径选择算法（路由）将数据包送到目的地。另外，为避免通信子网中出现过多的数据包而造成网络阻塞，需要对流入的数据包数量进行控制（拥塞控制）。当数据包要跨越多个通信子网才能到达目的地时，还要解决网际互连的问题。

（4）传输层

传输层的作用是为上层协议提供端到端的可靠和透明的数据传输服务，包括处理差错控制和流量控制等问题。该层向高层屏蔽了下层数据通信的细节，使高层用户看到的只是在两个传输实体间的一条主机到主机的、可由用户控制和设定的、可靠的数据通路。传输层传送的协议数据单元称为段或报文。

（5）会话层

会话层的主要功能是管理和协调不同主机上各种进程之间的通信（对话），即负责建立、管理和终止应用程序之间的会话。会话层得名的原因是它很类似于两个实体间的会话概念。例如，一个交互的用户会话以登录到计算机开始，以注销结束。

（6）表示层

表示层处理流经节点的数据编码的表示方式问题，以保证一个系统应用层发出的信息可被另一系统的应用层读出。如果必要，该层可提供一种标准表示形式，用于将计算机内部的多种数据表示格式转换成网络通信中采用的标准表示形式。数据压缩和加密也是表示层可提供的转换功能之一。

（7）应用层

应用层是 OSI 参考模型中最靠近用户的一层，负责为用户的应用程序提供网络服务。与 OSI 参考模型的其他层不同的是，它不为任何其他 OSI 层提供服务，而只是为 OSI 模型以外的应用程序提供服务，如电子表格程序和文字处理程序，包括为相互通信的应用程序或进程之间建立连接、进行同步，建立关于错误纠正和控制数据完整性过程的协商等。应用层还包含大量的应用协议，如虚拟终端协议（Telnet）、简单邮件传输协议（SMTP）、简单网络管理协议（SNMP）和超文本传输协议（HTTP）等。

OSI 7 层模型中，最低 3 层是依赖网络的，涉及将两台通信计算机连接在一起所使用的数据通信网的相关协议；高 3 层是面向应用的，涉及允许两个终端用户应用进程交互作用的协议；中间的传输层建立在由下 3 层提供服务的基础上，为面向应用的高层提供与网络无关的信息交换服务。

3.2 物理层协议

3.2.1 物理层的功能概述

物理层是 OSI 模型的最底层，它向下直接与传输介质相连接，是开放系统和物理传输介质的接口，向上相邻且服务于数据链路层。它的作用是在数据链路层实体之间提供必需的物理连接，按顺序传输数据位，并进行差错检查。

数据终端设备又称 DTE（Data Terminal Equipment），指数据输入、输出设备和传输控制器或计算机等数据处理装置及其通信控制器。数据电路端接设备又称 DCE（Data Circuit Equipment），指自动呼叫设备、调制解调器（Modem）以及其他一些中间装置的集合。DTE 的基本功能是产生、处理数据；DCE 的基本功能是沿传输介质发送和接收数据。图 3-3 为 DTE/DCE 接口框图。

物理层接口协议实际上是 DTE 和 DCE 或其他通信设备之间的一组约定，主要解决网络结点与物理信道如何连接的问题。

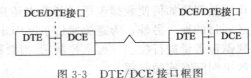

图 3-3　DTE/DCE 接口框图

（1）机械特性

机械特性一般是指硬件连接的接口（连接器）的大小尺寸和形状，即大小和形状合适的电缆、插头或插座。通信电缆可以是圆形的，也可以是扁平带状的。连接器各个引脚的分配，具体地说，就是插头（或插座）的线（芯）数及线的排列，以及两设备间接线的数目。连接器一般都是插接式的。

（2）电气特性

电气特性规定了在链路上传输二进制比特流有关的电路特性，如信号电压的高低、阻抗匹配、传输速率和距离限制等，通常包括发送器和接收器的电气特性以及与互连电缆相关的有关规则等。

（3）功能特性

功能特性规定各信号线的功能或作用。信号线按功能可分为数据线、控制线、定时线和接地线等。

（4）规程特性

规程特性就是协议规定了使用交换电路进行数据交换时应遵循的控制步骤，即完成连接的建立、维持、拆除时，DTE 和 DCE 双方在各线路上的动作序列或动作规则。它涉及DTE 与 DCE 双方在各线路上的动作规程以及执行的先后顺序，如怎样建立和拆除物理线路的连接，信号的传输采用单工、半双工还是全双工方式等。

3.2.2 物理层标准举例

EIA RS-232C 是一种目前使用最广泛的串行物理接口，它是由 EIA 1969 年颁布的一种串行物理接口，RS-232C 中的 RS 是 Recommended Standard 的缩写，意为推荐标准；232是标识号码；而后缀"C"是版本号。RS-232C 接口标准与国际电报电话咨询委员会CCITT 的 V.24 标准兼容，是一种非常实用的异步串行通信接口。RS-232 标准提供了一个利用公用电话网络作为传输媒体，并通过调制解调器将远程设备连接起来的技术规定。远程电话网相连接时，通过调制解调器将数字转换成相应的模拟信号，以使其能与电话网相容；在通信线路的另一端，另一个调制解调器将模拟信号逆转换成相应的数字数据，从而实现比特流的传输。

图 3-4 给出了两台远程计算机通过电话网相连的结构图。RS-232C 标准接口只控制 DTE 与 DCE 之间的通信，与连接在两个 DCE 之间的电话网没有直接的关系。

图 3-4　两台远程计算机通过电话网相连的结构图

（1）机械特性

RS-232C 的机械特性使用 25 针的 D 型连接器 DB-25，也可使用其他形式的连接器，如在微型计算机的 RS-232C 串行端口上，大多使用 9 针连接器 DB-9。DB-25 的机械技术指标是宽 47.04mm±13mm（螺钉中心间的距离），25 针插头/座的顶上一排针（从左到右）分别编号为 1～13，下面一排针（也是从左到有）编号为 14～25，还有其他一些严格的尺寸说明。建议使用 25 针连接器（DB-25）。

在 DTE 一侧采用孔式插座形式，DCE 一侧采用针式插头形式，并对连接器的尺寸、针或孔芯的排列位置等都做了确切的规定，如图 3-5 所示。

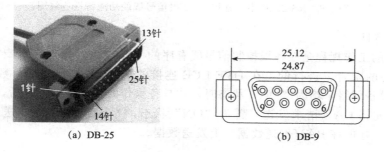

（a）DB-25　　　　　　　　　（b）DB-9

图 3-5　RS-232C 规定的连接器的机械特性

（2）电气特性

RS-232C 的电气特性与 CCITT V.28 兼容，采用非平衡驱动、非平衡接收的电路连接方式。信号驱动器的输出阻抗≤300Ω，接收器输入阻抗为 3～7kΩ。信号电平−5～−15V 代表逻辑 "1"，+5～+15V 代表逻辑 "0"。在传输距离不大于 15m 时，最大速率为 19.2Kbps。

（3）功能特性

RS-232C 的功能特性定义了 25 芯标准连接器中的 20 根信号线，其中 2 根地线，4 根数据线，11 根控制线，3 根定时信号线，剩下的 5 根线备用。表 3-1 给出了其中最常用的 10 根信号线的功能特性。图 3-6 给出了 RS-232C 中最常用的 10 根信号线的功能特性连线图。

表 3-1　RS-232C 中最常用的 10 根信号线的功能特性

引脚线	信号线	功能说明	信号线类型	信号方向
1	AA	保护地线（GND）	地线	
2	BA	发送数据（TD）	数据线	DTE→DCE

续表

引脚线	信号线	功能说明	信号线类型	信号方向
3	BB	接收数据（RD）	数据线	DCE→DTE
4	CA	请求发送（RTS）	控制线	DTE→DCE
5	CB	允许发送（CTS）	控制线	DCE→DTE
6	CC	数据设备就绪（DSR）	控制线	DCE→DTE
7	AB	信号地（SG）	地线	
8	CF	载波检测（CD）	控制线	DCE→DTE
20	CD	数据终端就绪（DTR）	控制线	DTE→DCE
22	CE	振铃指示（RI）	控制线	DCE→DTE

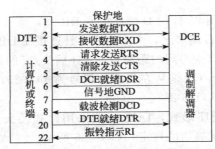

图 3-6　RS-232C 中最常用的 10 根信号线的功能特性连线图

（4）规程特性

RS-232C 的工作规程是在各根控制信号线有序的"ON"（逻辑"0"）和"OFF"（逻辑"1"）状态的配合下进行的。在 DTE-DCE 连接的情况下，只有 CD（数据终端就绪）和 CC（数据设备就绪）均为"ON"状态时，才具备操作的基本条件；此后，若 DTE 要发送数据，则须先将 CA（请求发送）置为"ON"状态，等待 CB（清除发送）应答信号为"ON"状态后，才能在 BA（发送数据）上发送数据。

3.2.3　常见物理层设备与组件

（1）常见物理层设备

常见的物理层组件除了物理线缆外，还包括连接头、连接插座、转换器等。连接头和连接插座是配对使用的组件，其基本作用是为网络线缆连接提供良好的端接。转换器则用于在不同的接口或介质之间进行信号转换的器件，如 DB-25 到 DB-9 的转换器，光纤到 UTP 的转换器等。

（2）常见物理层组件

不可避免的信号衰减限制了信号的远距离传输，从而使每种传输介质都存在传输距离的限制。但是在实际组建网络的过程中，经常会碰到网络覆盖范围超越介质最大传输距离限制的情形。为了解决信号远距离传输所产生的衰减和变形问题，需要一种能在信号传输过程中对信号进行放大和整形的设备，以拓展信号的传输距离、增加网络的覆盖范围。将这种具备物理上拓展网络覆盖范围功能的设备称为网络互连设备。在物理层通常提供两种类型的网络互连设备，即中继器（repeater）和集线器（hub）。

① 中继器（repeater）　信号在通过物理介质传输时或多或少会受到干扰，产生衰减。如果信号衰减到一定的程度，信号将不能识别，因此，采用不同传输介质的网络对网线的

最大传输距离都有规定。中继器工作在 OSI 参考模型的物理层上，其功能是对衰减的信号进行再生和放大（图 3-7）。由于中继器在网络数据传输中起到了放大信号的作用，因此可以"延长"网络的距离。

中继器的主要优点是安装简单，使用方便，价格相对低廉。它不仅起到扩展网络距离的作用，还可以连接不同传输介质的网络。

② 集线器（hub）　集线器具有多个端口，不仅用于集中网络连接，还可以重发数字信号。局域网中最常用的是连接以太网的 hub，如图 3-8 所示。

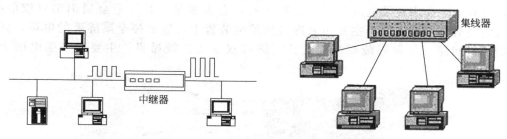

图 3-7　使用中继器示意　　　　　图 3-8　以太网 hub 连接示意

集线器具有与中继器相似的信号中继和放大特性，因而被称为多端口中继器。两者的主要区别是：中继器一般为两个端口，一个接收数据，一个进行放大转发；而集线器具有多个端口（8 口、16 口和 24 口等），数据到达一个端口后，将被转发到其他所有端口（广播）。所以图 3-8 所示的用集线器连接的网络是物理上星形、而逻辑上是总线型的拓扑结构。

集线器有多种分类方法：依据带宽的不同，分为 10Mbps、100Mbps、10/100Mbps 自适应、1000Mbps、100/1000Mbps 自适应等，小型局域网通常使用前三种；按配置形式的不同，可分为独立型集线器、模块化集线器和堆叠式集线器；根据管理方式，又可分为智能型集线器和非智能型集线器。所谓智能型集线器，除了具有集线器的基本功能外，还具有 SNMP（Small Network Management Protocol）网管功能。

目前所使用的集线器基本是以上三种分类的组合。例如，10/100Mbps 自适应智能型可堆叠式集线器。

端口是所连接节点的端口。集线器通常都提供三种类型的端口，即 RJ-45 端口、BNC 端口和 AUI 端口，以适用于连接不同类型电缆所构建的网络，一些高档集线器还提供光纤端口和其他类型的端口。RJ-45 端口可用于连接 RJ-45 接头，适用于由双绞线构建的网络，这种端口是最常见的。平常所说的多少口集线器，就是指的具有多少 RJ-45 端口。一般地，集线器有一个"UP Link 端口"，用于与其他集线器的连接（级联）。

a. RJ-45 端口既可以直接连接计算机、网络打印机等终端设备，也可以与其他交换机、集线器或路由器等设备进行连接。需要注意的是，当连接至不同的设备时，所使用的双绞线电缆的跳线方法有所不同。

b. BNC 端口就是用于与细同轴电缆连接的端口，它一般是通过 BNC T 型接头进行连接。

c. 集线器堆叠端口是只有可堆叠集线器才具备的。

d. AUI 端口是用于与粗同轴电缆连接的端口。

3.2.4　物理层传输介质

（1）有线介质

① 双绞线　无论是对模拟数据传输还是数字数据传输，最普通的传输介质就是双绞线。

它是由按一定规则螺旋结构排列并扭在一起的多根绝缘导线所组成，芯内大多是铜线，外部裹着塑橡绝缘外层，线对扭绞在一起，可以减少相互间的辐射电磁干扰。计算机网络中常用的双绞电缆是由 4 对线（8 芯制，RJ-45 接头）按一定密度相互扭绞在一起的。

按照其外部包裹的是金属编织层还是塑橡外皮，可分为屏蔽双绞线电缆（STP，Shielded Twisted Pair）和非屏蔽双绞线电缆（UTP，Unshielded Twisted Pair）。图 3-9 所示的 UTP 电缆每对线的绞矩与所能抵抗的电磁辐射干扰成正比，并采用了滤波及对称性等技术，具有体积小、安装简便等特点。图 3-10 所示 STP 只不过在封套层内增加了箔屏蔽层，可有效减少串音及电磁干扰、射频干扰，它大多是一种屏蔽金属铝箔双绞电缆。STP 电缆还有一根漏电线，主要用来连接到接地装置上，泄放掉金属屏蔽的电荷，解除线间的干扰问题。与非屏蔽双绞线相比，屏蔽双绞线比较昂贵，主要用于强电磁干扰环境。

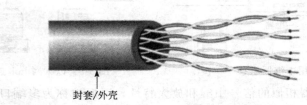

封套/外壳

图 3-9　非屏蔽双绞线电缆（UTP）

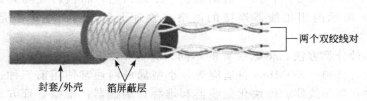

两个双绞线对

封套/外壳　箔屏蔽层

图 3-10　屏蔽双绞线电缆（STP）

② 同轴电缆　典型的同轴电缆由一根内导体铜质芯线，外加绝缘层、密集网状编织导电金属屏蔽层以及外包装保护塑橡材料组成，其结构如图 3-11 所示。在细缆 10Base-2 网络中，如果要将计算机网卡连接到同轴电缆上，还需要一个 T 型接头和 BNC 接插件。用户在安装时不能把不同类型的电缆混合使用，原因是不同型号的同轴电缆其特征阻抗值是不同的，会导致网络连接失败。

热熔铝箔
铜网（屏蔽层）
导体　内绝缘　外绝缘

图 3-11　同轴电缆

同轴电缆分为两类：基带同轴电缆和宽带同轴电缆。计算机网络一般选用基带同轴电缆进行数据传输，宽带电缆是采用频分复用和模拟传输技术的同轴电缆，以前采用同轴电缆较多，主要是因为同轴电缆组成的总线型拓扑结构网络成本较低，但是单条电缆的损坏可能导致整个网络瘫痪，维护也难，所以同轴电缆已经是一种将近淘汰的传输介质。

同轴电缆通常使用的有 50W 和 75W 两种类型。50W 同轴电缆又称基带同轴电缆，仅用于数字信号传输，既可组成粗缆以太网，即 10Base-5 以太网，又可组成细缆以太网，即

10Base-2 以太网，传输最高速率为 10Mbps。75W 同轴电缆又称为宽带同轴电缆，既可以传输模拟信号，又可以传输数字信号。

③ 光纤　光纤是光导纤维的简称，由能传导的石英玻璃纤维外加保护层构成，相对于金属导线来说具有重量轻、线径细的特点，外观如图 3-12 所示。

光纤是光缆的纤芯，光纤由光纤芯、包层和涂覆层三部分组成。

目前在局域网中实现的光纤通信是一种光电混合式的通信结构。通信中断的电信号与光缆中传输的光信号之间要进行光电转换，光电转换通过光电转换器完成。

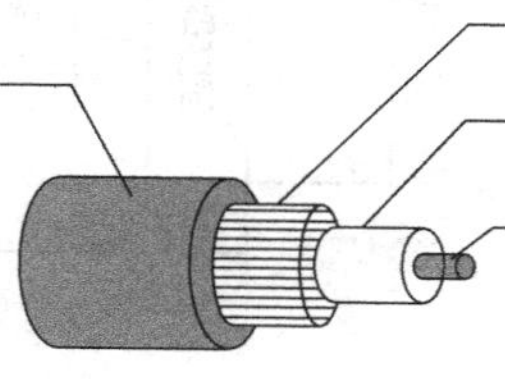

图 3-12　光缆结构

光纤连接部件主要有配线架、端接架、接线盒、光缆信息插座、各种连接器（如 ST、SC、FC 等）以及用于光缆与电缆转换的器件。它们的作用是实现光缆线路的端接、接续、交连和光缆传输系统的管理，从而形成光缆传输系统通道。

与光纤连接的设备目前主要有光纤收发器、光接口网卡和光纤模块交换机等。

（2）无线传输介质

无线传输介质通过空间传输，不需要架设或铺埋地电缆或光纤，给施工带来很大方便。目前常用的无线传输技术有微波通信和卫星通信。

① 微波通信　微波通信的载频通常为 2～40GHz 范围。因为频率很高，可同时传送多路信息，例如，一个频带为 2MHz 的频段可容纳 500 条话音线路，用来传输数字数据，速率可达数 Mbps。微波通信的工作频率很高，与短波通信不一样，它是沿直线传播的，由于地球表面是个曲面，使微波传播的距离受到限制。直接传播的距离与天线的高度有关，天线越高，传播的距离越远，超过一定的距离就要用中继站来接力。

② 卫星通信　卫星通信是微波通信的一种特殊形式，卫星通信利用地球同步卫星作中继来转发微波信号。卫星通信可以克服地面微波通信距离的限制，一个地球卫星可以覆盖地球的 1/3 以上表面，三个这样的卫星就可以覆盖地球全部通信区域，这样，地球上的各个地面站之间都可互相通信。由于卫星通信频带宽，也可采用多路复用技术分为若干个子频道，有些用于由地面站向卫星发送，称为上行信道，而有些用于由卫星向地面转发，称为下行信道。卫星通信的优点是容量大，传输距离远；缺点是传输延迟时间长，对于数万公里高度的卫星来说，以 200m/μs 或 5μs/km 的信号传播速度来计算，从发送站通过卫星转发到接收站的传播延迟的时间约为数百毫秒，这相对于地面电缆的传播延迟时间来说，两者相差几个数量级。

3.3　数据链路层

3.3.1　数据链路层的功能

数据链路层是 OSI 参考模型的第二层，该层解决两个相邻节点之间的通信问题，实现两个相邻节点链路上无差错的协议数据单元传输。数据链路层传输的协议数据单元称为数据帧。

数据链路层在网络实体间提供建立、维持和释放数据链路连接以及提供传输数据链路服务数据单元的功能和过程的手段；在物理连接上建立数据链路连接。它检测和校正物理层出现的错误，为网络层提供可靠的数据链路。

所谓链路就是数据传输中任何两个相邻节点间的点到点的物理线路，如图 3-13 所示。

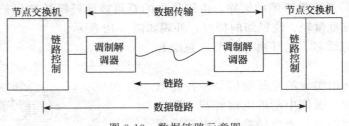

图 3-13 数据链路示意图

数据帧通常是由网卡（NIC）产生：上一层的协议数据单元（数据包）传递到 NIC 后，NIC 通过添加头部和尾部将数据打包（封装成帧），如图 3-14 所示；然后数据帧沿着链路再传送至目的节点。

数据帧首部和尾部含有对等数据链路进程需要使用的

帧头	数据包	帧尾

图 3-14 数据帧的组成

协议信息。头部的信息包括发送节点和接收节点的地址（MAC 地址）以及错误校验信息等。

数据链路层不关心数据包中包含什么信息，而仅是将其传递到网络中的下一节点。数据链路层的主要功能概括如下。

（1）数据链路的管理

链路管理功能主要用于面向连接的服务。在链路两端的节点要进行通信前，必须首先确认对方已处于就绪状态，并交换一些必要的信息以对帧序号初始化，然后才能建立连接。在传输过程中则要维持该连接。如果出现差错，需要重新初始化，重新自动建立连接。传输完毕后则要释放连接。数据链路层连接的建立、维持和释放就称为链路管理。

在局域网中，数据链路层又被划分为逻辑链路控制子层和介质访问控制子层。

（2）帧同步

数据链路层采用了被称为帧（frame）的协议数据单元作为数据链路层的数据传输逻辑单元。不同的数据链路层协议的核心任务就是根据所要实现的数据链路层功能来规定帧的格式。帧同步要解决的问题是接收方如何能从收到的比特流中准确地区分出一帧的开始和结束，一般可采用以下方法（目前普遍使用的是后两种）。

① 字节计数法 采用一个特定的字符（例如 SOH）来表示一帧的开始，并以一个专门的字段（count）来表示帧内的字节数。

② 字符填充法 采用一些特定的字符来表示一帧的开始和结束。

③ 比特填充法 采用一串特定的比特组合来表示一帧的开始和结束。

④ 违法编码法 采用"违法"的编码来表示一帧的开始和结束。

（3）差错控制

差错控制是指在数据通信过程中能检测或纠正差错，并将差错限制在尽可能小的允许范围内。差错检测可通过差错控制编码来实现；而差错纠正则通过差错控制方法来实现。产生差错主要是因为在通信线路上噪声干扰的结果。根据噪声类型不同，可将差错分为随机错和突发错。热噪声所产生的差错称为随机错，冲击噪声（如电磁干扰、无线电干扰等）所产生的错误称为突发错。

（4）流量控制

由于系统性能的不同，如硬件能力（包括 CPU、存储器等）和软件功能的差异，会导致发送方与接收方处理数据的速度有所不同。若一个发送能力较强的发送方给一个接收能力相对较弱的接收方发送数据，则接收方会因无能力处理所有收到的帧而不得不丢弃一些帧。如果发送方持续高速地发送，则接收方最终还会被"淹没"。也就是说，在数据链路层只有差错控制机制还是不够的，它不能解决因发送方和接收方速率不匹配所造成的帧丢失问题。流量控制所要解决的就是协调发送方与接收方的工作，控制发送方的速率，使其不超过接收方所能承受的能力。

（5）透明传输

所谓透明传输就是不管所传数据是什么样的比特组合，都应能够在链路上传送。

（6）寻址

在多点连接的情况下，保证每一帧都能送到正确的目的站。

3.3.2　数据链路层协议分类及高级数据链路控制协议（HDLC）格式

（1）数据链路层协议分类

数据链路层控制协议也可分为异步协议和同步协议两类。

异步协议以字符为独立的信息传输单位，在每个字符的起始处对字符内的比特实现同步，但字符与字符之间的间隔时间是不固定的（即字符之间是异步的）。由于每个传输字符都要添加诸如起始位、校验位、停止位等冗余位，故信道利用率很低，一般用于数据速率较低的场合。

同步协议是以许多字符或许多比特组织成的数据块——帧为传输单位，在帧的起始处同步，使帧内维持固定的时钟。由于采用帧为传输单位，所以同步协议能更有效地利用信道，也便于实现差错控制、流量控制等功能。同步协议又可分为面向字节计数的同步协议、面向字符的同步协议和面向比特的同步协议。其中，面向比特的同步协议的典型代表是HDLC（High-level Data Link Control）。

HDLC 协议的特点：不依赖于任何一种字符编码集；实现透明传输的"0 比特插入/删除法"，易于硬件实现；全双工通信，不必等待确认便可连续发送数据，有较高的数据链路传输效率；所有帧均采用 CRC 校验；对信息帧进行顺序编号，可防止漏收或重发，传输可靠性高等。

（2）HDLC 帧格式

HDLC 帧由标志字段（F）、地址字段（A）、控制字段（C）、信息字段（I）和帧校验序列字段（FCS）组成，其中，标志字段 01111110 用以标志帧的起始和前一帧的终止，如图 3-15 所示。

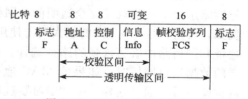

图 3-15　HDLC 帧格式结构图

地址字段的内容取决于所采用的操作方式。命令帧中的地址字段携带的是相邻节点的地址，而响应帧中的地址字段携带的是本节点地址。

控制字段通过不同编码构成各种命令和响应，以便对链路进行监视和控制。该字段是HDLC 协议的关键部分。

信息字段用于传送有效数据，下限可以为 0（无信息字段），上限未做严格限定，但实际上要受 FCS 字段或站点缓冲器容量的限制，一般是 1000～2000 比特。

帧校验序列字段可以使用 16 位或 32 位的 CRC，对两个标志字段之间的整个帧的内容进行校验。有关 CRC 的工作原理见"差错控制编码"中的相关介绍。

3.3.3 数据链路层的网络连接设备

（1）网卡

网卡又称网络接口卡（NIC，Network Interface Card），是主机与网络的接口部件，如图 3-16 所示。网卡是一种能发出和接收数据帧、计算帧检验序列、执行编码译码转换等以实现网络节点间数据交换的集成电路卡。网卡上有收发器、介质访问控制逻辑和设备接口，完成的主要功能有控制数据传送、具备串-并转换和缓存功能。

每块网卡都有一个称为 MAC 地址的 12 位十六进制网络地址（48 位）。网卡初始化后，该网卡的 MAC 将载入设备的 RAM 中。例如，执行 DOS 命令：ipconfig/all，可获知本机网卡的 MAC。

MAC 地址是全球唯一的物理地址，由厂家在生产时固化到网卡的 ROM 中。MAC 地址的前 6 个十六进制数字表示制造商或厂商编号，后 6 个十六进制数字表示 NIC 序号。

网卡按总线类型可分为 ELSA 网卡、ISA 网卡、PCI 网卡、PCMCIA 网卡和 USB 网卡等；按传输速率可分为 10Mbps 网卡、100Mbps 网卡、10/100Mbps 自适应网卡以及千兆网卡等。

（2）网桥（bridge）

网桥又称为桥接器，用于分隔网络。一个网络的物理连线距离虽然在规定范围内，如果负荷很重，可用网桥把它分隔成两部分，即分成网段 1 和网段 2，如图 3-17 所示。

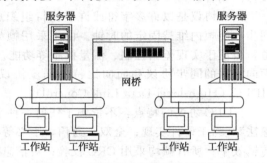

图 3-16　普通 10/100M 自适应网卡　　　　图 3-17　连接两个本地局域网的网桥

网桥仅是基于 MAC 地址来过滤网络流量，与上面运行什么网络层协议无关，即网桥对网络层以上的协议是完全透明的。网桥通常用于连接同一类型的网络（物理层可以不同，例如，可连接使用 UTP 的以太网与使用同轴电缆的以太网）。网桥的工作原理是依据 MAC 地址和网桥路由表实现帧的路径选择。网桥刚启动时，这个路由表是空的，当某一节点传送的数据通过网桥时，如果该 MAC 地址不在路由表中，网桥会自动记下其地址及对应的网桥端口号。通过这样一个"学习"过程，可建立起一张完整的网桥路由表。

所有网桥都在数据链路层提供连接服务，一种常用的分类方法是将网桥分为本地网桥和远程网桥。本地网桥在同一区域中为多个局域网网段提供一个直接的连接，而远程网桥则通过电信线路，将分布在不同区域的局域网网段互连起来。

网桥主要具有如下功能：

① 在物理上扩展网络；

② 数据过滤功能；

③ 逻辑划分网络的功能；

④ 数据推进功能；

⑤ 帧格式转换功能。

（3）交换机

交换机也叫交换式集线器，是一个由许多高速端口组成的设备。所谓"交换"，实际上就是指转发数据帧（frame）。在数据通信中，所有的交换设备（即交换机）执行两个基本的操作：交换数据帧，将从输入介质上收到的数据帧转发至相应的输出介质；维护交换操作，构造和维护交换地址表。

交换机从外表上看与 hub 非常相似，区别在于：交换机基于 MAC 地址向特定端口转发数据帧，而 hub 是向所有端口广播发送数据帧；前者是独享带宽，后者是共享带宽。例如，有一台 100Mbps 的 hub，连接了 N 台主机，则 N 台主机共享 100Mbps 带宽，每台主机所分配到的带宽只有 100Mbps/N；而对于一台 100Mbps 的交换机，每个端口的带宽均为 100Mbps，即每台连接的主机均可获得 100Mbps 带宽。

3.4　网络层

3.4.1　网络层功能

网络层是 OSI 参考模型中的第三层，是通信子网的最高层。网络层关系到通信子网的运行控制，体现了网络应用环境中资源子网访问通信子网的方式。

网络层的主要任务是设法将源节点发出的数据包传送到目的节点，从而向运输层提供最基本的端到端的数据传送服务。概括地说，网络层应该具有以下功能。

（1）为传输层提供服务

网络层提供的服务有两类：面向连接的网络服务（虚电路服务）和无连接的网络服务（数据报服务）。

虚电路服务是网络层向运输层提供的一种使所有数据包按顺序到达目的节点的可靠的数据传送方式，进行数据交换的两个节点之间存在着一条为它们服务的虚电路；而数据报服务是不可靠的数据传送方式，源节点发送的每个数据包都要附加地址、序号等信息，目的节点收到的数据包不一定按序到达，还可能出现数据包的丢失现象。

典型的网络层协议是 X.25，它是由 ITU-T（国际电信联盟电信标准部）提出的一种面向连接的分组交换协议。

（2）组包和拆包

在网络层，数据传输的基本单位是数据包（也称为分组）。在发送方，传输层的报文到达网络层时被分为多个数据块，在这些数据块的头部和尾部加上一些相关控制信息后，即组成了数据包（组包）。数据包的头部包含源节点和目标节点的网络地址（逻辑地址）。在接收方，数据从低层到达网络层时，要将各数据包原来加上的包头和包尾等控制信息去掉（拆包），然后组合成报文，送给传输层。

（3）路由选择

路由选择也叫做路径选择，是根据一定的原则和路由选择算法在多节点的通信子网中选择一条最佳路径。确定路由选择的策略称为路由算法。

在数据报方式中，网络节点要为每个数据包做出路由选择；而在虚电路方式中，只需在建立连接时确定路由。

（4）流量控制

流量控制的作用是控制阻塞，避免死锁。

网络的吞吐量（数据包数量/秒）与通信子网负荷（即通信子网中正在传输的数据包数

量）有着密切的关系。

防止出现阻塞和死锁，需进行流量控制，通常可采用滑动窗口、预约缓冲区、许可证和分组丢弃四种方法。

3.4.2　路由选择算法

路由算法很多，大致可分为静态路由算法和动态路由算法两类。

（1）静态路由算法

所谓静态路由是指网络管理员根据其所掌握的网络连通信息，以手工配置方式创建的路由表表项。这种方式要求网络管理员对网络的拓扑结构和网络状态有着非常清晰的了解，而且当网络连通状态发生变化时，静态路由的更新也要通过手工方式完成。

静态路由算法又称为非自适应算法，是按某种固定规则进行的路由选择。其特点是算法简单、容易实现，但效率和性能较差。属于静态路由算法的有最短路由选择、扩散式路由选择、随机路由选择、集中路由选择。

（2）动态路由算法

动态路由是指路由协议通过自主学习而获得的路由信息，通过在路由器上运行路由协议，并进行相应的路由协议配置，即可保证路由器自动生成并维护正确的路由信息。使用路由协议动态构建的路由表，不仅能更好地适应网络状态的变化，如网络拓扑和网络流量的变化，同时也减少了人工生成与维护路由表的工作量。但为此付出的代价，则是用于运行路由协议的路由器之间交换和处理路由更新信息而带来的资源耗费，包括网络带宽和路由器资源的占用。

动态路由算法又称为自适应算法，是一种依靠网络的当前状态信息来决定路由的策略。属于动态路由算法的有分布式路由选择策略和集中路由选择策略。

3.4.3　网络层的网络连接设备

（1）路由器（router）

在互联网中，两台主机之间传送数据的通路会有很多条，数据包从一台主机出发，中途要经过多个站点才能到达另一台主机。这些中间站点通常由称为路由器的设备担当，其作用就是为数据包选择一条合适的传送路径。例如，在图 3-18 中，主机 A 到主机 B 的数据传输路径就有多条。

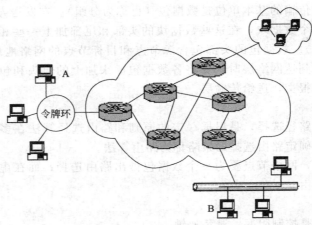

图 3-18　通过路由器进行路径选择

路由器工作在 OSI 模型的网络层，是根据数据包中的逻辑地址（网络地址）而不是 MAC 地址来转发数据包的。

路由器的主要工作是为经过路由器的每个数据包寻找一条最佳传输路径，并将该数据包有效地传送到目的站点。

路由器不仅有网桥的全部功能，还具有路径的选择功能，可根据网络的拥塞程度，自动选择适当的路径传送数据。

路由器与网桥不同之处在于，它并不是使用路由表来找到其他网络中指定设备的地址，而是依靠其他的路由器来完成任务。也就是说，网桥是根据路由表来转发或过滤数据包，而路由器是使用它的信息来为每一个数据包选择最佳路径。

路由器有静态和动态之分。静态路由器需要管理员来修改所有的网络路由表，一般只用于小型的网间互连；而动态路由器能根据指定的路由协议来完成修改路由器信息。

（2）第三层交换机

随着技术的发展，有些交换机也具备了路由的功能。这些具有路由功能的交换机要在网络层对数据包进行操作，因此被称为第三层交换机。

3.5　传输层

3.5.1　传输层的功能

传输层是 OSI 参考模型的第 4 层，它为上一层提供了端到端（end to end）的可靠的信息传递。物理层可以使各链路透明地传输比特流。数据链路层则增强了物理层所提供的服务，它使得相邻节点所构成的链路能够传输无差错的帧。网络层又在数据链路层的基础上，提供路由选择、网络互连的功能，根据网络地址将源节点发出的数据包传送到目的节点。而对于用户进程来说，希望得到的是端到端的服务（如主机 A 到主机 B 的 FTP），传输层就是建立应用间的端到端连接，负责将数据可靠地传送到相应的端口，并且为数据传输提供可靠或不可靠的连接服务。在这一层，信息传送的协议数据单元称为段或报文。

例如，设两台计算机主机 A 和主机 B 要进行数据通信，如主机 A 上的应用程序 AP1 要和主机 B 上的应用程序 AP3 进行通信，数据传输的过程如图 3-19 所示。

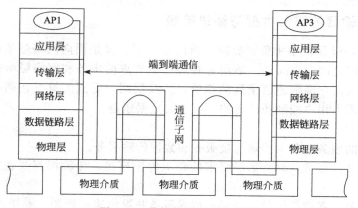

图 3-19　数据传输过程示意图

由图 3-19 可以看出数据在两台主机间传送的整个过程，在物理层上可以透明地传输数据的比特流；在数据链路层上使得各条链路能传送无差错的数据帧（数据帧按顺序、无丢失、不重复）；在网络层上提供了路由选择和网络互连的功能，使得主机 A 发送的数据段能够按照合理的路由到达主机 B，但是在这一过程中，到达主机 B 的数据并不一定是最可靠的，为了提高网络服务的质量，在传输层需要再次优化网络服务，并向高层用户屏蔽通信子网的细节，使高层用户看见的就好像在两个传输层实体之间有一条端到端的、可靠的、全双工的通信通路一样。

传输层是 OSI 模型中建立在网络层和会话层之间的一个层次，它一般包括以下基本功能。

（1）连接管理（connection management）

定义了允许两个用户像直接连接一样开始交谈的规则。通常把连接的定义和建立的过程称为握手（handshake）。传输层要建立、维持和终止一个会话，传输层与其对等系统建立面向连接的会话。

（2）流量控制（flow control）

就是以网络普遍接受的速度发送数据，从而防止网络拥塞造成数据报的丢失。传输层和数据链路层的流量控制区别在于：传输层定义了端到端用户之间的流量控制，数据链路层定义了两个中间的相邻节点的流量控制。

（3）差错检测（error detection）

传输层的差错检测机制会检测到源点和目的点之间的传输完全无错。

（4）对用户请求的响应（response to user's request）

包括对发送和接收数据请求的响应，以及特定请求的响应，如用户可能要求高吞吐率、低延迟或可靠的服务。

（5）建立无连接或面向连接的通信

TCP/IP 协议的 TCP 提供面向连接的传输层服务，UDP 则提供无连接的传输层服务。

传输层是 OSI 参考模型中非常重要的一层，起到承上启下的不可或缺的作用，从而被看成整个分层体系的核心。但是，只有资源子网中的端设备才会具有传输层，通信子网中的设备一般至多只具备 OSI 下面 3 层的功能即通信功能。根据上述原因，通常又将 OSI 模型中的下面 3 层称为面向通信子网的层，而将传输层及以上的各层称为面向资源子网或主机的层。

计算机网络中的资源子网是通信的发起者和接收者，其中的每个设备称为端点；通信子网提供网络中的通信服务，其中的设备称为节点。

3.5.2 传输层的服务类型与协议等级

传输层既是 OSI 层模型中负责数据通信的最高层，又是面向网络通信的低三层和面向信息处理的高三层之间的中间层。该层弥补高层所要求的服务和网络层所提供的服务之间的差距，并向高层用户屏蔽通信子网的细节，使高层用户看到的只是在两个传输实体间的一条端到端的、可由用户控制和设定的、可靠的数据通路。

（1）服务类型

传输层提供的服务可分为传输连接服务和数据传输服务。

传输连接服务：通常，对会话层要求的每个传输连接，传输层都要在网络层上建立相应的连接。

数据传输服务：强调提供面向连接的可靠服务并提供流量控制、差错控制和序列控制，以实现两个终端系统间传输的报文无差错、无丢失、无重复、无乱序。

（2）协议等级

运输层服务通过协议体现，因此运输层协议的等级与网络服务质量密切相关。根据差错性质，网络服务按质量可分为以下三种类型：

A 类服务，低差错率连接，即具有可接受的残留差错率和故障通知率；

C 类服务，高差错率连接，即具有不可接受的残留差错率和故障通知率；

B 类服务，介于 A 类服务与 C 类服务之间。

差错率的接受与不可接受是取决于用户的，因此，网络服务质量的划分是以用户要求为依据的。OSI 根据运输层的功能特点，定义了以下五种协议级别。

0 级：简单连接。只建立一个简单的端到端的传输连接，并可分段传输长报文。

1 级：基本差错恢复级。在网络连接断开、网络连接失败或收到一个未被认可的传输连接数据单元等基本差错时，具有恢复功能。

2 级：多路复用。允许多条传输共享同一网络连接，并具有相应的流量控制功能。

3 级：差错恢复和多路复用。是 1 级和 2 级协议的综合。

4 级：差错检测、恢复和多路复用。在 3 级协议的基础上增加了差错检测功能。

（3）典型的传输层协议

SPX：顺序包交换协议，是 Novell NetWare 网络的传输层协议。

TCP：传输控制协议，是 TCP/IP 参考模型的传输层协议。

3.6　会话层以上高层协议

会话层、表示层和应用层是 OSI 模型中面向信息处理的高层，对这三层的功能实现目前还没有形成统一的标准。在 TCP/IP 这个事实上的网络体系结构中，高层只有应用层，没有设置会话层和表示层。

3.6.1　会话层

会话层也称为对话层或会晤层。该层利用运输层提供的服务，组织和同步进程间的通信，提供会话服务、会话管理和会话同步等功能。如图 3-20 所示。

图 3-20　会话层协调端-端系统通信时的服务请求和应答

会话层不参与具体的数据传输，仅提供包括访问验证和会话管理在内的建立和维护应用程序间通信的机制，如服务器验证用户登录便是由会话层完成的。

（1）会话服务

会话层服务包括会话连接管理服务、会话数据交换服务、会话交互管理服务、会话连接同步服务和异常报告服务等。会话服务过程可分为会话连接建立、报文传送和会话连接释放三个阶段。

（2）会话控制

从原理上说，OSI 中的所有连接都是全双工的。

会话层通过令牌来进行会话的交互控制。令牌是会话连接的一个属性，表示使用会话的独占权，拥有令牌的一方才有权发送数据。令牌是可以申请的，各个端系统对令牌的使用权可以具有不同的优先级。

（3）会话同步

所谓同步就是使会话服务用户对会话的进展情况都有一致的了解，在会话被中断后可以从中断处继续下去，而不必从头恢复会话。

会话层定义的同步点有主同步点和次同步点两类。

3.6.2 表示层

这一层主要处理流经端口的数据代码的表示方式问题，主要包括如下服务。

（1）数据表示

解决数据的语法表示问题，如文本、声音、图形图像的表示，即确定数据传输时的数据结构。

（2）语法转换

为使各个系统间交换的数据具有相同的语义，应用层采用的是对数据进行一般结构描述的抽象语法，如使用 ISO 提出的抽象语法标记 ASN.1。表示层为抽象语法指定一种编码规则，便构成一种传输语法。

（3）语法选择

传输语法与抽象语法之间是多对多的关系，即一种传输语法可对应于多种抽象语法，而一种抽象语法也可对应于多种传输语法。所以传输层应能根据应用层的要求，选择合适的传输语法传送数据。

（4）连接管理

利用会话层提供的服务建立表示连接，并管理在这个连接之上的数据传输和同步控制，以及正常或异常地释放这个连接。

3.6.3 应用层

应用层位于 OSI 参考模型的最高层，它通过使用下面各层所提供的服务，直接向用户提供服务，是计算机网络与用户之间的界面或接口。应用层由若干面向用户提供服务的应用程序和支持应用程序的通信组件组成。为了向用户提供有效的网络应用服务，应用层需要确立相互通信的应用程序或进程的有效性并提供同步，需要提供应用程序或进程所需要的信息交换和远程操作，需要建立错误恢复的机制以保证应用层数据的一致性。应用层为各种实际应用所提供的这些通信支持服务统称为应用服务组件（Application Service Element，简称 ASE）。

不同的 ASE 使得各种实际的应用能够方便地与下层进行通信。其中，最重要的 3 个 ASE 分别是关联控制服务组件（Association Control Service Element，简称 ACSE）、远端操作业务组件（Remote Operation Service Element，简称 ROSE）和传输服务组件（Reliable Transfer Service Element，简称 RTSE）。ACSE 可以将两个应用程序名关联起来，用于在两个应用程序之间建立、维护和终止连接；ROSE 采用类似远端过程调用的请求/应答机制实现远程操作；RTSE 则通过优化会话层来提供可靠的传输。

应用层提供的典型服务和协议如下：

① 文件传送、访问与管理协议 FTAM（File Transfer，Access and Management）；

② 报文处理系统协议 MHS（Message Handling System）；

③ 虚拟终端协议 VTP（Virtual Terminal Protocol）；

④ 目录服务协议 DS（Directory Service）；

⑤ 公共管理信息协议 CMIP（Common Management Information Protocol）；

⑥ 事务处理协议 TP（Transaction Protocol）；

⑦ 远程数据库访问协议 RDA（Remote Database Access）；

⑧ 制造业报文规范协议 MMS（Manufacturing Message Specification）。

3.7 现场总线通信模型

现场总线采用的通信模型大都在 OSI 模型的基础上进行了不同程度的简化，这主要是因为现场总线是应用于工业生产现场的底层网络，而工业生产现场存在大量的传感器、控制器、执行器等，它们通常相当零散地分布在一个较大范围内。对由它们组成的工业控制底层网络来说，单个节点面向控制的信息量不大，信息传输的任务相对比较简单，但实时性、快速性的要求较高。如果按照 7 层模式的参考模型，由于层间操作与转换的复杂性，网络接口的造价与时间开销显得过高，无法满足实时性和实现工业网络的低成本要求。

典型的现场总线协议模型如图 3-21 所示。它采用 OSI 模型中的三个典型层：物理层、数据链路层和应用层。在省去中间 3～6 层后，考虑现场总线的通信特点，设置一个现场总线访问子层，它具有结构简单、执行协议直观、价格低廉等优点，也满足工业现场应用的性能要求。它是 OSI 模型的简化形式，其流量与差错控制在数据链路层中进行，因而与 OSI 模型不完全一致。总之，开放系统互连模型是现场总线技术的基础。现场总线参考模型既要遵循开放系统集成的原则，又要兼顾测控系统应用的特点和要求。

7	应用层
6	
5	
4	
3	总线访问子层
2	数据链路层
1	物理层

图 3-21 现场总线协议模型图

几种典型现场总线的通信模型介绍如下。

（1）FF 现场总线模型结构

FF 现场总线模型结构采用了 OSI 模型中的三层：物理层、数据链路层和应用层，隐去了第 3～6 层，增加了一个内容广泛的用户层，其中物理层、数据链路层采用 IEC/ISA 标准。应用层有两个子层：现场总线访问子层 FAS 和现场总线信息规范子层 FMS，并将从数据短路到 FAS，FMS 的全部功能集成为通信栈（communication stack）。FAS 的基本功能是确定数据访问的关系模型和规范，根据不同要求，采用不同的数据访问工作模式。现场总线信息规范子层 FMS 的基本功能是面向应用服务，生成规范的应用协议数据。现场总线访问子层与信息规范子层的任务是完成一个进程应用到另一个应用进程的描述，实现应用进程之间的通信，提供应用接口的标准操作，实现应用层的开放性。用户层主要针对自动化测控应用的需要，定义了信息存取的统一规则，采用设备描述语言规定了通用的功能块集。

（2）Interbus 现场总线模型结构

Interbus 采用 ISO/OSI 参考模型中的物理层、数据链路层和应用层，具有强大的可靠性、可诊断性和易维护性。其采用集总帧型的数据环通信，具有低速度、高效率的特点，并严格保证了数据传输的同步性和周期性。

（3）Profibus 现场总线模型结构

Profibus 是作为德国国家标准 DIN19245 和欧洲标准 EN50170 的现场总线标准。它的参考模型采用了 OSI 模型的物理层、数据链路层。外设间的高速数据传输采用 DP 型，隐去了第 3～7 层，而增加了直接数据连接拟合，作为用户接口；FMS 型则只隐去第 3～6 层，采用了应用层。PA 型的标准目前还处于制定过程之中，与 IEC1158-2（H1）标准兼容。

（4）CAN 现场总线模型结构

CAN 只采用了 ISO/OSI 模型中的物理层和数据链路层。物理层又分为物理信令（PLS Physical Signaling）、物理媒体附件（PMA，Physical Medium Attachment）与媒体接口（MDI，Medium Dependent Interface）三部分，完成电气连接、实现驱动器/接收器特性、定时、同步、位编码解码。数据链路层分为逻辑链路控制与媒体访问控制两部分，分别完成接收滤波、超载通知、恢复管理，以及应答、帧编码、数据封装拆装、媒体访问管理、出错检测等。

（5）HART 通信模型结构

HART 通信模型由物理层、数据链路层和应用层组成。它的物理层采用 Bell 202 国际标准，数据链路层按 HART 通信协议规则建立 HART 信息格式。其信息构成包括开头码、终端与现场设备地址、字节数、现场设备状态与通信状态、数据、奇偶校验等。应用层的作用在于使 HART 指令付诸实现，即把通信状态转换成相应的信息。

习题 3

1. 说明 OSI 参考模型在现场总线控制系统中的作用。
2. 简述 OSI 参考模型各层的功能。
3. 说明物理层中常用设备的特点和选用方法。
4. 说明数据链路层中常用设备的特点和选用方法。
5. 说明网络层中常用设备的特点和选用方法。
6. 说明数据在通信模型中的传输过程。
7. 常用现场总线的通信模型和数据传输特点是什么？

第4章 Interbus 现场总线技术

4.1 Interbus 现场总线技术基础

[知识要点]
① 掌握 Interbus 现场总线特性及主要任务。
② 掌握 Interbus 现场总线的网络配置。
③ 掌握 Interbus 总线模块基本类型。

4.1.1 Interbus 总线系统的结构与组成

Interbus 总线系统主要由三部分组成：Interbus 总线控制器、Interbus 总线设备和用于 Interbus 总线设备之间以及与总线控制器连接的电缆。网络拓扑为"树"形结构，即"主干"上分出一些"枝杈"。主干为远程总线（remote bus），一个远程总线最多由 255 个远程总线段组成。距离最多可长达 12.8km。它将安装在主机系统的总线适配器与第一个总线中断模块之间，或者总线中断模块之间互连。远程总线段包括连接总线终端模块、总线终端模块和总线适配器之间的电缆，以及有关的 I/O 设备。对于铜质电缆，远程总线段的最大长度为 400m。"分支"为本地总线（local bus），由总线终端模块和 Interbus I/O 模块构成。本地总线电缆连接 I/O 设备与总线终端模块，系统结构见图 4-1。

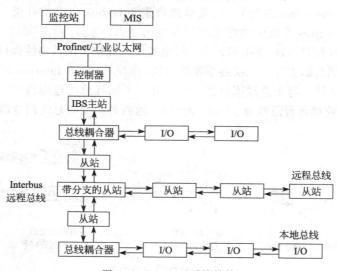

图 4-1 Interbus 系统结构

图 4-1 结构中，I/O 模块负责连接总线适配控制器和过程外围设备。它的任务是在总线适配器和传感器/执行器之间传输和接收数据，数字和模拟信号均可被输出至过程外围设备

或从过程外围设备输入。这些I/O模块及互相连接的电缆构成本地总线段。本地总线段通过总线终端模块连接在远程总线上。

Interbus总线网络的通信介质主要有铜质电缆（RS-485，传送距离400m）、光纤（聚合材质，50m；HCS，300m；玻璃光纤，2500m）、红外传输、微波、数据环，这几种通信介质可以混合使用。如果在Interbus总线使用光纤技术，则可以直接与带有光缆连接器（F-SMA连接器）的总线终端模块连接。

（1）Interbus总线控制器

总线控制器将PLC或计算机与Interbus总线系统相连。在总线控制器内部开辟一个存储区，通过该存储区，与输入设备、输出设备以及PLC控制系统进行数据交换，控制总线操作，控制设备间通信以及数据处理。

（2）Interbus总线设备

① 总线元件　一个Interbus系统包括总线控制板（主站）、总线耦合器、总线设备以及远程总线和本地总线等。总线元件如图4-2所示。

总线控制板是Interbus环形总线系统中唯一的通信主站，控制了环中的所有数据序列。它有一个输出接口（O），在该接口上，其他所有的Interbus设备都作为通信从站相连接。总线主站是以各种主机系统（工业计算机、PLC、VME总线系统、计算机系统等）中的控制板的形式提供的，能够完成主机系统和总线设备之间的数据传送、总线管理

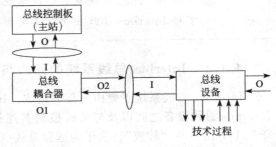

图4-2　Interbus系统拓扑元素
O—出线接口；I—进线接口

（组态、错误检测、重新组态）和总线设备之间的通信等任务，此外，主站也能够处理完整的控制程序，这要视控制板的类型而定。

完成Interbus主站的处理任务需要一定的计算能力，因此控制板中配置了一个强大的微处理器（通常是Motorola芯片），用来单独负责Interbus主站的功能。实质上，主站处理器固件共享了Interbus系统的功能及用户友好的特点。

总线耦合器进线接口（I）连接到远程总线电缆上，提供了至其出线接口（O1、O2）的通道。在实际中总线耦合器也称为总线终端模块（BK模块），它将Interbus环形系统分割成段，其自身则作为通信从站，每个总线耦合器至少含有一个远程总线进线接口（I）和一个出线接口（O），也有用于连接远程总线分支的附加接口。这两种类型的总线耦合器如图4-3所示。

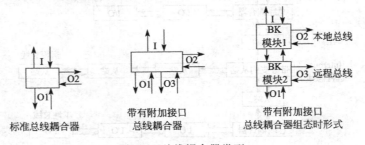

图4-3　总线耦合器类型

图4-3中标准总线耦合器通过O2接口可以连接一个本地总线段至远程总线中，而在其所连接的本地总线段中不能使用其他的总线耦合器。

Interbus 的系统部件设有基于开放型 PC 的控制板，用于 PLC 控制器的总线控制板和系统软件。

② 基于开放型 PC 的总线控制板　对于标准的 PC 总线和 VME 总线技术，Interbus 提供了不同性质的总线控制板，这些总线控制板既可以为主站工作，也可以作为 Interbus 系统的一个子站。表 4-1 提供了一部分用于 PC 总线的 Interbus 总线控制板。

表 4-1　用于 PC 总线的 Interbus 总线控制板

型号	PC 总线类型	协处理器	永久存储区	主站/从站
IBS PC ISA SC/I-T	ISA-Bus	无		主站
IBS PC 104 SC-T	PC/104-Bus			主站
IBS PC ISA SC/486DX/I-T	ISA-Bus	486DX/100MHz	16KByte NVRAM	主站
IBS PC PCI SC/486DX/I-T IBS PC ISA SC/I-T	PCI	486DX/100MHz	16KByte	主站
IBS PC CARD SC	PC 板 RS-232	无		主站
PCI 2000AX	PCI-Bus	无		主站
IBS ISA RI/I-T	ISA-Bus	无		从站
IBSS（SMA）	19#-IPC	有		从站

IBS PC ISA/PCI SC 系列产品采用高级语言（C＋＋，DEPHI）编程，用于 PC 中 ISA/PCI 总线的总线控制板，按照系统的要求可以选择带或者不带协处理器。控制板核心是一个 M68332 的 Interbus-MASTER 芯片。Interbus-MASTER 与 PC 的信息交换通过 DPM 存储器，所有的工作数据（如过程数据，命令数据）以及诊断信息都放在这个存储区里，其地址在 PC 的存储区里是固定的。总线板的电源由 PC 的供电电源提供，每个 PC 机可带 4 个 PC ISA/PCI SC 板。板上有 DIP 开关、清零按钮、远程总线接口和诊断接口（RS-232）。DIP 开关设置 PC 的 I/O 地址，清零按钮作为系统的冷启动，远程总线接口将总线控制板与第一个远程总线模块相连接。PC 可以通过提供诊断通信接口（RS-232）对总线系统进行组态、参数化、诊断等。其技术参数见表 4-2。

表 4-2　PC 总线控制板技术参数

控制系统	IBM 兼用的 PC 机 ISA/PCI 插座
Interbus 接口	2 线远程总线 9 芯 D-SUB
诊断接口	RS-232C 9 芯 D-SUB
供电电源	5V DC 2A
存储区地址	4KByte，8000 FF00h
总线模块数	512
过程数据长度	256Worte（4096 二进制 I/O）
SC 486DX	80486DX/4 100MHz 4MB DRAM
PCP 模块	62

③ 与 PLC 控制器相连的总线控制板　Interbus 是开放性的总线系统，借助于 Phoenix Contact 开发的各种总线控制板可以与市场上大多数的 PLC 控制器相连接。表 4-3 为其中一部分产品。

表 4-3　总线控制部分产品

总线控制板	PLC	数据存储方法	注释
IBS S5 DSC/I-T	Siemens S5	存储卡	CMD G4 软件
IBS S7 400 DSC/I-T	Siemens S7 400	存储卡	CMD G4 软件
IBS S7-300 DSC/I-T	Siemens S7-300	存储卡	CMD G4 软件
IBS PLC 5 DSC/I-T	Allen-Bradley PLC5	存储卡	CMD G4 软件
IBS CE 90 70 SC/I-T	GE Fanuc90-70	存储卡	CMD G4 软件

这里重点介绍用于 SIMATIC S7400 的总线控制板，其数据参数见表 4-4。

表 4-4　用于 SIMATIC S7400 的总线控制板

控制系统	Siemens SIMATIC S7400
Interbus 接口	2 线远程总线 9 芯 D-SUB
诊断接口	RS-232C 9 芯 D-SUB
供电电源	5V DC IA
在 PLC 中设定的存储区地址	24 字节 I/O 字节是 Interbus 的功能寄存器
总线模块数	512
过程数据长度	256Worte（4096 二进制 I/O）
模拟 S7 功能块	FM451FIX SPEED，完整控制
PCP 模块	62

IBS S7 400 DSC/I-T 将 Interbus 总线系统与 S7 400 控制器连接起来，当电源打开后，Interbus 的组态被自动调出，并读入存储卡参数，进入启动状态。Interbus 总线控制板执行以下任务：

a. 建立总线网络；

b. PLC 程序与 Interbus 同步运行；

c. 过程数据的预处理；

d. 用于总线操作的控制功能；

e. I/O 协议循环的控制；

f. 监视 Interbus，统计诊断，诊断显示，向主机系统报告错误。

图 4-4 所示为 IBS S7 400 DSC/I-T 的面板示意图。

总线控制器提供了 4 行 LCD 显示屏，用于显示 Interbus 的诊断信息（如工作状态、出错地点、原因和类型），同时显示屏还可以显示输入输出状态，键盘用于操作工作菜单。总线控制板是模拟 S7 的外围设备 FM451 工作的，强有力的 CMD 软件进行参数设定和组态等功能。

Interbus 主站与现场总线的数据交换是通过周期性的总线控制板上的发送和接收寄存器来完成。总线控制板与 S7 控制器的数据交换通过两个通信功能 FB-READ 和 FB-WRITE 来实现。在每个 CPU

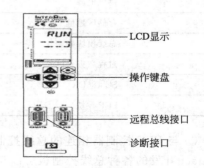

图 4-4　IBS S7 400 DSC/I-T 的面板示意图

信号周期的开始，PLC 首先通过 FB-READ 从总线控制板读入过程数据，接下去进入应用程序阶段，当应用程序执行完毕后，将产生的输出量通过 FB-WRITE 送给外部执行设备。

4.1.2　Interbus 总线模块

Interbus 的模块一般情况下分为 IP20 型控制柜模块和 IP65 现场模块。

（1）Interbus 控制柜模块

控制柜模块包括 ST 模块、Inline 通用型总线模块和 RT 独立模块。IP20 型控制柜模块部分产品如表 4-5 所示。

表 4-5　部分 IP20 产品

类型	模块种类	Interbus 接口
ST 紧凑型模块 标识示例： IBS ST 24BK IB ST 24 DI16/4	数字输入/输出模块 模拟输入/输出模块 位置控制模块 V24 通信模块 增量型计数模块 智能式控制模块 冗余输入/输出模块 总线终端模块	除 BK 终端模块外全部是本地总线，总线终端模块是远程总线模块
Inline 通用型模块（IL） 标识示例： IBS IL 24 BK IB IL 24 DI4 IB IL 120 PWR IN IB IL RS 232 IL PB BK-DIO16/16 IB IL DC AR 48/10A	数字输入/输出模块 模拟输入/输出模块 位置控制模块 V24 通信模块 增量型计数模块 智能式控制模块 分段模块和电源模块 安全模块 IL 总线耦合器 IL 伺服放大器	除 BK 终端模块外全部是本地总线，所有总线 BK 终端模块是远程总线模块
RT 独立型远程模块	数字输入/输出模块 模拟输入/输出模块 V24 通信模块 RT 控制器模块	远程总线模块

① ST 模块　ST 模块是导轨型的模块，各个模块被紧凑地安装在一个导轨上，模块之间的连接采用很短的 5 芯电缆实现，它不仅仅提供了电源，同时也提供信号传输。模块分成两组，一组为插座，另一组为电子组件，当某个模块硬件坏了之后，用户只须调换电子组件就可以了，非常方便。

每个模块上都有 LCD 显示灯，用于显示总线和模块运行状况。BK 模块式远程总线终端模块，通过 BK 模块可以引出本地总线或者下一层远程总线，它提供本地总线的电源，并能按照软件的要求开关本地总线段或者远程总线分支。

② Inline 通用型总线模块　Inline 是一种灵活性很强、体积较小、安装简单，可以用于各种总线的 I/O 系统模块。借助于模块上的接触金属片，当模块相近的插入导轨时，Interbus 信号、电源、保护电路、保险等都自动地连接起来，这样 Phoenix Contact 提供了一套完整的 Inline 模块系列，其中包括数字/模拟 I/O、供电电源模块、各种总线终端模块、智能式 IL 控制模块和各种功能模块（MUX，POS，INC V24 等）。Inline 模块的基本结构如图 4-5 所示。

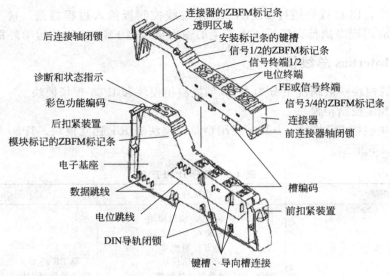

连接器的ZBFM标记条
透明区域
后连接轴闭锁
安装标记条的键槽
信号1/2的ZBFM标记条
信号终端1/2
电位终端
诊断和状态指示
FE或信号终端
彩色功能编码
信号3/4的ZBFM标记条
后扣紧装置
连接器
模块标记的ZBFM标记条
前连接器轴闭锁
电子基座
数据跳线
槽编码
电位跳线
前扣紧装置
DIN导轨闭锁
键槽、导向槽连接

图 4-5　Inline 模块的基本结构

在 Inline 站中，第一个模块总是总线耦合器模块。Inline 系列中提供了不同总线终端模块，因此，除 Interbus 现场总线外，它可以应用于其他不同的总线系统中，如 Profibus-DP、DeviceNet、以太网、CC-Link、CANopen、Profinet。

Inline 采用了"以插拔取代接线"的弹簧连接技术，所需要的接线工作量最少，安装时间可以节省 80%。Inline 连接器与电子模块分离，因此，接线可以独立于模块进行，更具有安全性。另外，在 Inline 站中使用电源模块，形成独立的 I/O 供电回路，输入电压在 24V 和 230V 之间；使用分段模块，在一个 I/O 供电回路中，建立几个分段电压回路，不同的分段模块可在 Inline 站内建立不同的保护电路或者安全电路。另外，Inline 模块提供了不同的颜色编码，用户可以通过颜色区分出模块的不同功能。例如，灰色表示 BK 模块，蓝色表示数字量输出模块，浅紫色表示数字量输入模块，深紫色表示数字量输入输出模块，绿色是模拟量输入模块，黄色是模拟量输出模块，橙色是功能模块。

③ RT 独立模块　RT 独立模块又称为 REMOTE 总线模块，主要完成比较复杂的功能和 PCP 通信，其特点是安装简单，机构扁平，是一种普遍使用在机械制造行业上的模块。

（2）Interbus 现场模块

直接安装在现场的 Interbus 模块式使分散型工业自动化的实现成为可能，自 1996 年开始，Phoenix Contact 开发了无控制柜的自动控制系统，同时开发的还有许多 IP65 以上的现场总线模块，产品 IP65/IP67 系列见表 4-6。

表 4-6　部分 IP65/IP67 产品

类型	模块种类	Interbus 接口
Field line 模块 IP65/IP67 标识示例： FLS IB M12 DI8 M12 FLS PB M12 DIO4/4 M12-2A FLM BK IB DI8 M12 FLM DIO4/4 M12-2A	模块含有一体化模块 FLS 和模块化模块 FLM 两类 其中：FLS 模块包括 Interbus 中的数字量输入输出模块 Profibus 中的数字量输入输出模块 DeviceNet 中的数字量输入输出模块 CANopen 中的数字量输入输出模块 FLM 模块包括总线终端模块（Interbus、Profibus、DeviceNet、CANopen） 数字量输入输出模块 模拟量输入输出模块	一体化模块全部是远程总线模块；模块化模块 FLM 中 BK 是远程总线模块，数字量输入输出模块以及模拟量输入输出模块则是本地总线

续表

类型	模块种类	Interbus 接口
Rugged Line 模块 IP67 标识示例： IBS RL 24 BK RB IBS RL 24 OC-LK IBS RL 24 DIO4/2/4-LK	总线终端模块 监控模块 数字输入/输出模块	全部是远程总线模块，用于恶劣工况的环境，例如焊接机器人，在 Rugged Line，BK 模块用于引出远程总线分支结构

① Field line 模块　Field line 是面向所有的现场标准的开放的 I/O 系统，具有 IP65/67 防护等级和 M12 快速方便的连接方式，它能直接安装在极其恶劣工况环境下。通过传感器接插件 M12，可以方便地与现场变送器/执行器直接连接。模块的电源可以通过安装总线提供（总长度为 50m），也可以单独从供电电源中得到，模块上具有集成的诊断 LCD 显示功能，能够直接对故障进行现场诊断，大大减少了停机时间，提高了机器的使用时间。

Field line 产品系列包括以下两类。

a. Field line Stang-Line（FLS），属于一体化解构模块，总线耦合器和输入输出模块合二为一，安装灵活方便。这类模块均为远程总线模块，目前提供了数字量输入输出模块。

b. Field line Modular（FLM），模块化结构，总线耦合器和输入输出模块可以任意组合、随意配置。这类模块中的总线耦合器是远程总线模块，数字量输入输出模块以及模拟量输入输出模块属于本地总线模块，与 Inline 模块相似。Field line 模块化模块也是一种开放型现场总线，通过与不同的现场总线终端模块的连接，如 Profibus、DeviceNet、CANopen 总线终端模块，可直接运用于各种总线。

FLM 模块采用 SPPEDCON 连接技术，通过 M12 将数字传感器/执行器连接到模块中。与传统的 M12 连接技术相比较，SPPEDCON 连接技术可以节省 90% 的安装时间。在 Field line 本地总线中，最多可连接 16 个 I/O 模块，本地总线总长度不超过 20m。此外，为了节省空间，FLM 总线终端模块本身还含有 8 个数字量输入点。

由此可见，用户可以根据所采用的总线，选择相应的一体化结构的 Field line 模块，而对于模块化结构的 Field line 模块，则可以自由选择输入输出模块，并配用适合于所采用的总线的相应的耦合器就可以了，因此 Field line 模块适合于所有的现场总线标准。

特别指出的是，模拟量模块 FLM AI4 SFM12 以及 FLM AO4 SFM12 含有 4 个模拟量的输入输出点，每一个输入信号的所有特性都被参数化了，并且每一个插入式连接器都被完全屏蔽了，同时模块可用于不同的电流或电压信号的传输，因而其通用性强，大多数的模拟量传感器和执行器都可以被连接进来，不仅减少维护工作，而且还节省开支。

② Rugged Line（RL）模块　在恶劣的工况以及对系统诊断有很高的要求时，可采用 Interbus Rugged Line（RL）模块。RL 模块采用锌浇铸的外壳，可以直接安装在焊接机器人旁边。模块每个输入输出点都具有诊断功能，当出现短路、过载的情况，模块上的 LED 指示灯马上反映出其状态，如当执行器输出发生短路或者过载时，相应的输出 LED 指示灯将以红灯指示，而正常情况下是不亮（无输出）或黄灯（有输出）。模块采用 Phoenix Contact 公司专利的连接方法 Rugged Line 接插件，既可以连接光缆，也可以连接铜缆，总线电缆同时传输电源和信号，总线连接器可根据应用的具体场合选择垂直安装或者水平安装。总线如果采用光缆时，模块中的 OPC3 芯片还带有光源强度调节器，在调试时利用 CMD 软件记录下光缆的传输质量，从而得到光缆的衰减系数，提高了在线诊断能力。

（3）Inline 产品系列介绍

本书主要以 Inline 产品系列为例，介绍相关功能模块。

① 总线终端模块和远程总线分支模块

a. 总线终端模块 总线终端模块（BK 模块）（图 4-6）可用于采用铜缆或光缆技术连接远程总线电缆。其相关特性主要包括功能、设备数量、侧板、保护、电隔离等。

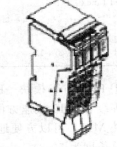

图 4-6 IBS IL 24 BK-T/U 总线终端模块

（a）功能 总线终端模块可用于放大信号（中继器功能），将系统划分为段，并可在总线运行过程中接通/关闭远程总线出口以及/或相连的站；Inline 总线终端模块形成 Inline 站的站头，将 Inline 站连接至 Interbus 远程总线上；Inline 总线终端模块从电源 UBK 中为相连设备提供通信电源 UL，并为模拟量模块提供电源 UANA。

（b）设备数量 连接至总线终端模块的最大设备数量是由以下的参数决定的：Interbus 上最大设备数量限于 512 个；连接至 Inline 总线终端模块的设备最多可达 63 个，该数量包括总线终端模块后的所有设备，即 Inline 模块和 Interbus Loop 2 模块。相连的远程总线分支上的设备数量并不影响 Inline 站设备的数量。在逻辑区总线终端模块所能提供的最大电流是有限制的（如 IBS IL24 BK-T/U：2A）。电位跳线的电流承载能力是有限制的。

（c）侧板 侧板是随总线终端模块一起交付的，侧板终止了一个 Inline 站，必须放置于站中最后一个模块之后。它无电源功能。它保护站免受 ESD 脉冲干扰，并防止用户接触到危险的触点电压。

（d）保护 总线终端模块为电源提供反极性和浪涌电压的保护。

（e）功能接地 当模块通过模块底部的 FE 弹簧安装在接地的 DIN 导轨后，它就接地了。该弹簧连接至 FE 电位跳线以及 FE 连接的终端点上。

（f）必需的附加功能 总线终端模块通过 FE 连接实现接地，以确保站的功能接地可靠，即使是 FE 弹簧脏了或被损坏了，将 FE 连接的终端点与一个接地的 FE 模块相连接。

（g）电隔离 总线终端模块中不同的电位区示例如图 4-7 所示。所谓电隔离就是远程总线进线/出线接口电压相互隔离，并与其他的站电子相互隔离。

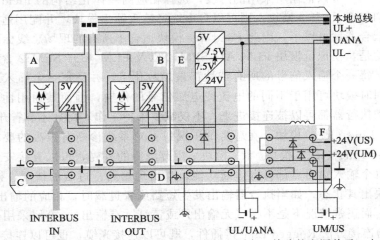

图 4-7 IBS IL 24 BK-T/U 总线终端模块中的电隔离（单独的电源单元）电位区
A—远程总线进线区；B—远程总线出线区；C—功能接地（FE）电容区；D—功能接地（FE）区；
E—总线终端模块电源 UBK 区，生成通信电源 UL 和模拟量模块电源 UANA；F—I/O 电压 UM 和 US 区

FE/FE 电容表示两个单独的隔离组。

方法 1：总线终端模块电源 UBK 和 I/O 电源 UM/US 是由单独的电源单元提供的（图 4-7）。如果电压 UBK 和 UM/US 是经一个电源模块由一个单独的电源单元提供，则也可以达

到电隔离。

方法 2：总线终端模块电源 UBK 和 I/O 电源 UM/US 是由一个电源单元提供的（图 4-8 和图 4-9）。

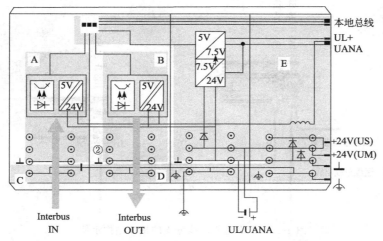

图 4-8　IBS IL 24 BK-T/U 总线终端模块中的电隔离（一个电源单元）电位区

A—远程总线进线区；B—远程总线出线区；C—功能接地（FE）电容区；D—功能接地（FE）区；
E—总线终端模块电源 UBK 区，生成通信电源 UL 和模拟量模块电源 UANA，并不与 I/O 电压 UM 和 US 相分离

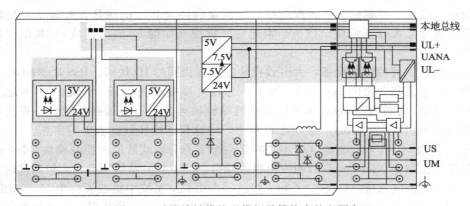

图 4-9　总线终端模块和模拟量模块中的电隔离

b. 远程总线分支模块（图 4-10 和图 4-11）　远程总线分支模块可用来从 Inline 站中引出一个远程总线分支，这就可以对系统做进一步分段，这样，举例而言，就可以形成星形结构。这个模块可用于接通或断开相连接的远程总线分支。远程总线分支模块不被计入到 Inline 站模块中。

具有远程总线分支的模块只能直接放置于总线终端模块、控制模块或者远程总线分支模块的后面。这就意味着在总线终端模块或者控制模块和远程总线分支模块之间必须无设备（没有带协议芯片或 ID 代码的模块）。

注意　如果所使用的总线终端模块的远程总线连接采用光缆技术，由于在光缆总线终端模块之后，必须直接安装一个电源模块，因此，远程总线分支模块不能直接连接在总线终端模

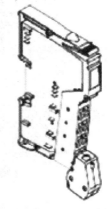

图 4-10　远程总线分支模块：
IBS IL 24RB-T

块之后。注意电源模块不是一个总线设备。可以安装 IB IL 24 PWR IN 或 IB IL 24 PWR IN/F 模块，由于这些模块不含协议芯片，因此不是一个总线设备。

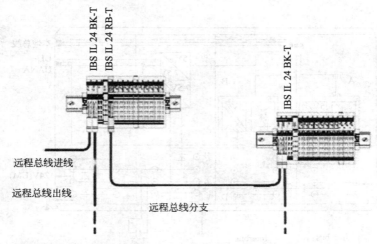

图 4-11 带有远程总线分支的拓扑结构示例

在一个 Inline 站中最多可安装 15 个远程总线分支模块。但是，不是所有的总线终端模块都支持最大的配置。

总线终端模块、控制模块、远程总线分支模块的协议芯片检测是否安装了其他的远程总线设备（远程总线分支模块）或一个本地总线模块（如输入/输出模块），其出线接口将自动配置。

无论是安装了何种总线设备，大多数模块都具有相同的 ID 代码。IBS IL 24 BK-T 模块是一个例外，它具有变化的 ID 代码。如果该总线终端模块之后安装的是一个本地总线设备，则模块的 ID 代码为 04dec；如果该总线终端模块连接了一个远程总线分支模块，则总线终端模块的 ID 代码为 12dec。在组态过程中，注意具体模块数据表中的信息。

② 控制模块　Inline 控制器（图 4-12）是一个带有分布式智能的控制模块。Inline 控制器是远程现场控制器（RFC）系列的一个组成部分。当 Inline 站使用 Inline 控制器时，则变成了一个分散式控制系统（DCS）。Inline 控制器在 Inline 系统中集成了一个 IEC61131 可编程 PLC CPU。Inline 控制器可以实现分布的输入/输出点直接信号处理。它也能形成一个独立的 Interbus 子网络，独立处理自动化任务。

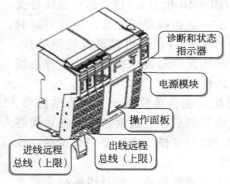

图 4-12 Inline 控制器示例 ILC200IB

③ 供电模块　电源模块和电源分段模块可为站提供 I/O 电压，电源分段模块是电源模

块的补充。电源分段模块用于在一个主回路中形成不同的段。有不同类型的模块用来满足用户的需求，见表 4-7。

表 4-7　供电模块一览表

名称	类型	提供	保险丝	诊断（总线设备）	熔断区
IB IL 24 PWR IN	电源模块	UM/US	无	无	无
IB IL 24 PWR IN/M			无	无	无
IB IL 24 PWR IN/F			有	无	主回路
IB IL 24 PWR IN/2-F			有	无	主回路和分段回路
IB IL 24 PWR IN/F-D			有	有	主回路
IB IL 24 PWR IN/2-F-D			有	有	主回路和分段回路
IB IL 24 PWR IN/R		U24V UL/UANA /UM/US	无	无	无
IB IL 24 PWR IN/PS			无	无	无
IB IL 120 PWR IN		UL	无	无	无
IB IL 230 PWR IN			无	无	无
IB IL 24 SEG	电源分段模块	US	无	无	无
IB IL 24 SEG/F			有	无	分段回路
IB IL 24 SEG/F-D			有	有	分段回路
IB IL 24 SEG-ELF			有（电子）	有	分段回路

注意　保护电源！电源应该从外部保护，独立于所使用的电源模块。在电源接通时，请不要更换模块！在拆卸模块之前，确保整个站的电源已断开。在重新接通电源之前，确保整个站已经重新装配好。

a. 电源模块　电源模块用来为站内部的电位跳线提供所需要的电压。在一个站内可以使用多个供电模块，这意味着不同回路可进行电隔离，在站内可以形成不同的电压区域（例如：24V DC 和 230V AC）。

所有的电源模块都是用来提供主电压和/或分段电压的。此外，IB IL 24 PWR IN/R 和 IB IL 24 PWR IN/PS 模块可用于提供 24V 电源 UBK。由此电源生成通信电源和模拟电源。当电位跳线 UL 达到最大电流负载能力时，这些模块可用于再注入通信电源。

电压范围：在一个 Inline 站内，工作电压可以为 24V DC、120V AC 或 230V AC，这取决于电源模块。

注意　使用新电源模块形成不同的电压区域，为了在一个站内使用不同的电压区域，必须为每个区域使用一个新的电源模块。

危险电压：当拆卸电源模块时，金属触点可自由接触到。使用 120V AC 或 230V AC 电源模块，应该假设存在危险电压，在拆卸模块之前必须断开电源。

电位跳线：电源模块为电压的再输入中断了所有电位跳线，并重新生成所有的电位跳线。

电隔离：电源模块可在站内形成电隔离的 I/O 区域。

功能接地：当 24V 电源模块通过模块底部的 FE 弹簧安装在接地的 DIN 导轨后，它就接地了。该弹簧连接至 FE 电位跳线以及 FE 连接的终端点上。如果前面的模块是一个 24V 的电源模块，则当电源模块插入到此模块时，就连接至站中的 FE 电位跳线。

必需的附加功能：接地（24V DC）120V AC 和 230V AC 电压区域中断了在总线终端

模块上通过附加功能接地连接到 FE 的 FE 跳线。因此，在不同电压区的 24V DC 电源模块必须通过 FE 连接，重新实现功能接地连接，以确保本站的功能接地可靠，即使是 FE 弹簧脏了或被损坏了。为此，将 FE 连接的终端点与一个接地的 FE 模块相连接。保护接地（120V AC/230V AC）电源连接器中的 PE 终端点将 120V AC 和 230V AC 模块连接到保护接地（PE）上，该终端点与贯穿于整个 120V AC 或 230V AC 电压区域的 PE 电位跳线相连接。

b. 电源分段模块　电源分段模块只用于 24V DC 区域内。电源分段模块用于在主回路中构建局部回路（分段回路）。在不带保险丝的电源分段模块中，主回路 UM 和分段回路 US 之间的连接建立，必须使用跳线或者开关，带保险丝的电源分段模块则会自动建立此连接。

UM 主回路 UM 的电位跳线并不会在电源分段模块中中断。分段回路 US 的电位在电源分段模块处从电位跳线中分接出来。

US 电源分段模块中断了前一个模块电位跳线中的分段回路 US。

功能接地：当该模块通过模块底部的 FE 弹簧安装在接地的 DIN 导轨后，它就功能接地了。该弹簧连接至 FE 电位跳线以及 FE 连接的终端点上。当在前面的模块上连接一个电源分段模块，则该电源分段模块就连接到站中的 FE 电位跳线上。

④ 输入/输出模块

a. 模拟量和数字量信号模块的一般信息　对于低电平信号，有不同功能的模块可供选择，包括模拟量和数字量信号输入/输出模块、计数器模块、定位模块、安全模块。

这些模块尺寸不同，允许用户以模块化方式来建立站以满足应用需求。

在低电压层则提供了数字信号输入/输出模块和带有电隔离中继换向触点的模块。

（a）保护　系统过载保护是由电源模块中的保险丝提供的，或者由外部保险丝提供。预连接保险丝的额度不得超过最大负载电流。I/O 模块的最大允许负载电流参见具体模块数据表。

（b）接地（FE 或 PE）　当模块连接到前一个模块时，通过电位跳线就连接到功能接地（24V DC 区域）或者保护接地（120V AC 或 230V AC 区域）。

（c）电压区域　在不同的电压区域中有不同的 I/O 模块，这取决于电源模块，可以在 24V DC、120V AC 或 230V AC 的电压下操作。为了在一个站内使用不同的电压区域，必须为每个区域使用一个新的电源模块。

b. 模拟量信号模块

（a）屏蔽　模拟量模块的连接器带有特殊的屏蔽连接以屏蔽电缆。

（b）参数化　模拟量信号模块是在交货时进行预设置配置的，一些模块可以通过 Interbus 输出数据字来对其他配置进行参数化。

（c）数据形式　模拟量信号模块的测量值和相应的输出值是用不同的数据格式表示的，这可以视所使用的模块及其配置而定。这些格式在具体模块数据表中给出。

（d）输入数据字中的诊断　模拟量输入模块在其全量程内具有过量程检测功能。断路在 4～20mA 范围内指示。当使用连接热电偶和热电阻传感器的模块时，也报告断路。

（e）扩展诊断　一些数据格式支持扩展诊断。欲确定具体模块是否具有扩展诊断，可参考具体模块数据表。

⑤ 安全模块　IB IL 24 SAFE 1 安全模块是为在 Inline 站 24V 区域内使用而设计的，它可以作为紧急停车安全继电器、安全门监控器或者开关条和安全垫的二级开关设备使用。根据接线的方式，将满足不同的安全类别。

⑥ 功能模块　功能模块可以提供以下需求：

计数（IB IL CNT）；定位（IB IL SSI，IB IL INC）；V.24 设备的整合（IB IL RS 232，IB IL RS 485）。

⑦ 电机启动模块　不同的电机启动模块可通过 Interbus 对标准三相电机进行直接开关、保护和监控。

电机启动模块作为电机的电子单向启动器，最大可达 1.5kW（2.01hp）/400V AC；电机启动模块作为电机的电子双向启动器，最大可达 1.5kW（2.01hp）/400V AC；电机启动模块作为电机的机电单向启动器，最大可达 3.7kW（4.958hp）/400V AC。

以上模块具有以下附件：电源连接器；电源动力桥；制动模块；手持操作面板；热敏电阻模块。

特征：电机保护；通过 Interbus 对电机电流参数化；电机电流监控；快速停车；主电压最大可达 400V AC 或 520V AC（在机电版本中无公差）；名义输出功率为 1.5～3.7kW（2.01～4.958hp），视版本而定；手持操作面板模式；可以扩展成带有制动功能；使用所连接的热敏电阻模块监视热电机。

连接：在电机启动模块上可以连接电源输入、远程电缆、电机输出、手持操作面板模式和制动模块。

保护接地（PE）：电机启动模块通过电源连接连接到保护接地。

在 Inline 站中，电机启动模块必须安装在 24V DC 区域，放置于此区域主回路的起始部分。

⑧ Interbus Loop 2 分支模块　Loop 2 分支模块用来在 Inline 站中整合一个 Loop 2 分支及其模块。Loop 2 分支模块把 Interbus 信号转化成 Loop 2 总线物理信号，并提供电压。在 Loop 2 中，电源和数据是通过两芯的、绞合的及非屏蔽电缆传送的（图 4-13）。

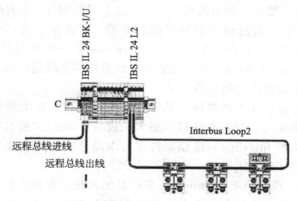

图 4-13　Interbus Loop2 拓扑示例

Loop 2 可以近站点就近直接与传感器和执行器连接。单独的 I/O 模块具有 IP67 防护等级，它们之间使用两芯的非屏蔽 Loop 电缆进行连接。模块采用 QUICKON 连接方法连接。在 Loop 2 产品系列中包括数字量和模拟量输入输出模块和电机启动器。

⑨ 安装环分支模块　安装环分支模块（也叫耦合模块）可用来在站内整合一个安装环及其模块。安装环被用来将分布在楼宇服务应用中的传感器和执行器形成网络。安装环设备使用两芯的、绞合的及屏蔽电缆进行连接，最多可连接 32 个安装环设备，可以同时为相连的设备传送数据和电源。

⑩ AS-i 网关　这些模块可用来将一个 AS 接口系统整合到 Inline 站中。连接 Inline 站的总线可在相当长的距离内传送复杂参数、程序和 I/O 数据，而 AS-i（IEC62026-2）检测

分布的数字传感器和执行器信号。AS-i 网关能对 AS-i 系统进行完全的启动和诊断。应用程序将 AS-i 网关作为一个 I/O 设备，将 I/O 信息透明地映射在其他系统中。它使参数和诊断数据可以进行双向交互。

⑪ Inline 站结构示例　图 4-14 带有电机启动器模块和 24V DC 模块的 Inline 站示例。

4.1.3　Interbus 总线网络配置

Interbus 现场总线网络是德国 Phoenix Contact 公司的产品。Interbus 总线符合国际标准 IEC61158（欧洲标准 EN50254），它支持 4096 输入/输出点，适用于各种形式的传感器、执行器，具有准确故障定位、详实故障信息的自我诊断功能，并提供可视化的组态软件。

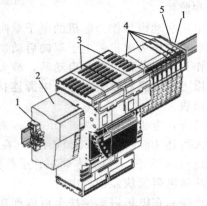

图 4-14　Inline 站结构示例
1—终端紧固件；2—总线耦合器或控制模块；
3—电机启动器模块；
4—24V DC 模块（例如，I/O 模块）；
5—侧板（站的末端）

Interbus 总线网络的通信采用 Interbus 协议，规定连入网络的现场设备全部微机化，传输的信号为数字信号，传输速率为 500Kbps，分布式 I/O 站数最多为 256，远程总线段电缆长度最大为 400m，主控制模板到最后远程总线模块最远距离可达 12.8km，本地总线最大长度 10m。主要采用集总帧的传输协议，以提高数据的传输效率。采用主从控制的数据存取方式。总线控制器作为主站，各种现场设备只能作为从站构成逻辑环，只有当主站要求时，才同主站按主从方式与自己交换信息。

Interbus 总线系统主要由三部分组成：Interbus 总线控制器、Interbus 总线设备、用于 Interbus 总线设备之间以及与总线控制器连接的电缆。网络拓扑为"树"形结构，即"主干"上分出一些"枝杈"。主干为远程总线（remote bus），一个远程总线最多由 255 个远程总线段组成。距离最长达 12.8km。它将安装在主机系统的总线适配器，与第一个总线中断模块相连，以及总线中断模块之间互连。

远程总线段包括连接总线终端模块、总线终端模块和总线适配器之间的电缆以及有关的 I/O 设备。对于铜质电缆，远程总线段的最大长度为 400m。"枝杈"为本地总线（local bus），由总线终端模块和 Interbus I/O 模块构成。本地总线电缆连接 I/O 设备与总线终端模块网络拓扑结构见图 4-2。

总线控制器将 PLC 或计算机与 Interbus 总线系统相连。在总线控制器内部开辟一个存储区，通过该存储区，与输入设备、输出设备以及 PLC 控制系统进行数据交换、控制总线操作、控制设备间通信以及数据处理。

4.2　Interbus 现场总线的自动控制系统

[知识要点]

通过学习本节知识，能组一个简单的 Interbus 控制系统。

① 掌握 Interbus 控制系统的组成和特点。

② 熟悉监控（HMI）和控制软件。

4.2.1　自动化系统

（1）自动控制系统的组成

提高生产效率是制造企业提升企业竞争力的关键，如何提高生产率，对自动控制系统有何要求，一直是制造业考虑的一个关键问题。Phonix Contact 公司针对这一现象，提出了一种基于开放性通信平台的模块化自动控制系统，并且已经在生产实际中得到广泛的应用，其先进性、经济性和可靠性已经得到了实践的证明。事实表明将这种技术应用于汽车制造业，可减少 25% 的厂房面积、70% 系统部件的库存量和 90% 的安装调试时间，使生产率和经济效益得到了显著的提高。

模块化自动控制系统将现代通信技术和计算机技术与工业控制技术有机地结合起来，实现了开放性、模块化和基于国际标准的全方位控制系统。它包含了具有 IEC61158 国际标准的现场总线技术——Interbus，基于 PC 技术的控制系统，控制系统与工业以太网连成一体，通过开放的 OPC 技术实现了控制系统与企业管理之间的数据传输接口。该系统提供了一个开放式的通信平台，可满足自动控制系统所需要的所有通信要求，同时模块化自动控制系统具有强大的继承能力，除了 Interbus 现场总线，其他的总线系统也能和以太网进行数据交换，各种不同生产厂生产的模块也可以通过开放的接口、智能化的软件工具集成为无缝的一体。

模块化自动控制系统实现了二维（垂直和横向）的数据通信，提供了具有国际标准的高效率开放式模块化自动控制解决方案。模块化自动控制系统由 6 部分组成，包括 I/O 系统、控制系统、驱动、网络、操作与监控（HMI）、控制软件。

（2）Interbus 的命名规则

对 Interbus 总线系统而言，存在一整套的命名规则，其结构为：

IBS/IB	系列	电压	任务/功能	输入/输出点的数量	连接方法	扩展

IBS 表示 Interbus（远程总线设备），IB 表示 Interbus（本地总线设备）。

例如：IB IL24 DI2 模块，这是一个本地总线模块，属于 Inline 产品系列，需要提供 24V 电压，带两个数字量输入点。

4.2.2　控制技术

（1）控制系统

目前，越来越多的自动控制技术采用工业 PC 作为开放性的硬件平台，工业 PC 不仅作为监控、数据存储之用，而且与各种 PC 控制板相结合，形成了自成一体的控制器，并通过 Interbus 和以太网结合，使得 PC 成为连接工业装置与控制室的桥梁，它将现场 I/O 的信息传输到通信的世界中去。工业 PC 与 PC WORX 自动化软件（以后章节中详细介绍）以及与以太网结合在一起，形成了一个完整的控制系统。控制系统是以 PC 与 Windows 为基础的控制器平台，包括嵌入式 PLC、插槽式 PLC 以及软 PLC，采用以太网的接口以及 IEC61131 的编程语言。为适应不同要求的解决方案，Phoenix Contact 公司提供了 200 系列、300 系列以及 400 系列的控制器，以适应低、中、高档控制要求，见表 4-8。

表 4-8　控制器产品系列

型号	性能	系列
ILC200IB ILC200UNI FC200 PCI-IB	ILC200IB/UNI 是 Interbus 远程总线主/从模块，带有 RS-232 接口（PS/2）进行编程，属于智能式分散控制器。FC200 PCI-IB 是 PCI 总线控制板，是 Interbus 主站，性能相当。特征如下： PC WORX 控制软件 1KB 指令表 1.3ms 384KB RAM（程序）（32K 条指令） 330KB 的数据内存 集成 Flash 存储器，用于保存项目 8KB NVRAM（FC200 PCI-IB 为 16KB NVRAM） 4 快速数字输入（50kHz）/2 直接输出 4096 Interbus I/O ILC200UNI 对现场总线中立，通过与不同的总线耦合器相连，使用于相应的现场总线中	200 系列
ILC350ETH ILC350PN FC350 PCI-ETH FC350 PCI-PN	Interbus 主站，性能介于 ILC200 与 RFC430 之间 PC WORX 控制软件 Ethernet 接口（10/100Mbps） 1KB 指令表 0.5ms 1MB RAM（程序）（85K 条指令）；2MB 数据内存 64KB NVRAM，可替换的闪存卡（用于项目或者单独得文件）；直接集成输入输出（直接的 12 输入/4 输出，包括快速 I/O：8/2） ILC350 PN 是 Profinet IO 的控制器	300 系列
ILC370ETH 2TX-IB ILC370PN 2TX-IB	集成了以太网、Profinet、Interbus 从站和 Interbus 接口的控制器；带有 RS-232 接口（PS/2）进行编程，属于智能式分散型控制器。特征如下： PC WORX 控制软件 1KB 指令表 0.3ms 2MB RAM（程序）（170K 条指令）；4MB 数据内存 96KB NVRAM，8192 Interbus I/O	300 系列
RFC 430 ETH-IB RFC 450 ETH-IB	Interbus 主站，PC WORX 控制软件（通过 Ethernet 或者 V2.4） 支持 Ethernet TCP/IP（10/100Mbit） 1KB 指令表 0.1/0.03ms 2/8MB RAM（程序）（170/680K 条指令）；4/16MB 数据内存 96KB NVRAM，可插拔闪存存储卡（项目），直接 I/O（5I/3O），可自由编程的 COM 接口，8192 Interbus I/O	400 系列
控制面板 CP3XXETH CP 306ETH CP 310ETH CP 312ETH	带以太网口的 Interbus 主站，IEC61131 运行系统 1KB 指令表 0.5ms 接口包括一个以太网接口 10/100BASE-T；一个 Interbus 总线接口，一个 RS-232 编程接口，直接 I/O（4 输入/4 输出） 内存包括 1MB 程序内存，2MB 数据内存，64KB NVRAM，可插拔的闪存存储卡 32/64MB（项目） PC WORX 控制软件（编程通过以太网实现） CP 306ETH 为 152.4mm（6in）显示器（320×240 像素）；CP 310ETH 为 254mm（10in）显示器（640×480 像素）；CP 312ETH 为 305.8mm（12in）显示器（800×600 像素） HMI 软件为 ProVisIT	300 系列
S-MAX406CE	一体化控制器，Interbus 主站，IEC61131 运行系统 1KB 指令表 0.05ms 接口包括两个以太网接口 10/100MBASE-T；两个 USB 接口，一个 Interbus，两个 PS/2 接口，一个 CRT 接口，总线接口，无直接的 I/O 内存包括 8MB 程序内存（大于 680K 条指令），16MB 数据内存，96KB NVRAM，可插拔的闪存存储卡 32/64MB（项目） PC WORX 控制软件（编程通过以太网实现） S-MAX406CE 为 152.4mm（6in）显示器（640×480 像素） HMI 软件为 ProVisIT	400 系列

　　所有的控制系统均采用 PC WORX 软件进行编程，ILC200IB 是一种智能式小型从/主式控制器，它既可以独立工作，也可以作为 Interbus 总线一个从站工作。这样构成的控制系统是一个现代化分散型控制系统，通过与不同的总线耦合器（Interbus、Profibus、DeviceNet、Ethernet、CANopen）相连接，ILC200UNI 的性能等同于 ILC200IB，能应用于相应的现场总线中，同时也将 Inline 站应用于标准的现场总线中。FC 板可插入 PC 中，直接与 Interbus 现场总线连接，并按照所编写的应用程序执行控制任务，这样在 PC 就可以将监控和控制任务分开了，减轻了 PC 中的 CPU 的负担，也提高了可靠性。FC 板可用在带有 ISA 或 PCI 的 PC 上，如 FC200 PC-IB 和 FC350 PCI-ETH。

　　ILC350ETH 的控制性能介于 ILC200IB 和 RFC 430 ETH-IB 之间，它是独立的 Interbus 主站。ILC350PN 是 Phoenix Contact 公司推出的 Profinet I/O 控制器。它不仅可以作为 Interbus 的主站，也可以作为 Profinet I/O 控制器连接至 Profinet 网络中，如图 4-15 所示。ILC370ETH 2TX-IB 是一款高性能 Inline 控制器，比 ILC350ETH 控制器具有更高的数据处理速度、更多的程序及数据存储空间，可满足不断提高的控制性能需求，ILC370ETH 2TX-IB 是 Interbus 主/从站，通过集成的以太网接口，控制器可使用符合 IEC61131 指令的开发工具 PC WORX 进行设置和编程，数据可通过 OPC 标准接口交换，并可实现控制器之间的通信。开放的 TCP/IP 通信模块可用于与任何支持 TCP/IP 协议的设备或系统进行数据交换，该 Inline 控制器还可以通过 Interbus 总线接口，实现与其他控制系统的实施同步。

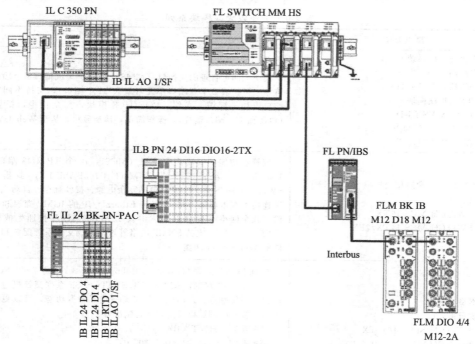

图 4-15　ILC350PN 应用于 Profinet 中

　　RFC 控制器是一种高性能的独立式控制器，可安装在标准导轨上，通过以太网接口，可以在任何地方完成编程、调试、诊断、监控等工作，采用 OPC-Server 的技术使得 RFC 控制器方便地与任何监控软件相连接。RFC 430/450 ETH-IB 可作为 ILC200IB 以及 ILC370ETH 2TX-IB 的主站，实现控制的分散化。

　　控制面板 CP3XXETH 将控制系统、操作面板以及 Interbus 和 Ethernet 有机地结合在一个设备中，控制面板带触摸屏和软件盘，其防护等级为 IP65，特别适合应用于有可视化和操作界面需求的设备。目前，AX 中能提供 CP 306ETH、CP 310ETH、CP 312ETH 型号产品。CP3XXETH 操作系统为 WindowsCE，控制软件采用 PC WORX，可视化软件采用 ProVisIT。

S-MAX406CE 是较新的一体化控制器，它可以将工业 PC、PLC 和 Interbus 主站集成一体，是集控制、操作和监控以及通信为一体的高端控制系统。S-MAX406CE 操作系统为 WindowsCE. NET，PLC 运行系统为 ProConOS3.3（CE/RT），可视化运行系统为 ProVis-IT2.0，采用的 OPC-Server，通过 TCP/IP 与 OPC 客户端进行数据交换，计划推出运动控制器，可作为一个配置选项提供给用户。

(2) 网络工程

现代的分散型控制技术不仅对通信提出了更高的要求，例如，传输介质简单、安装调试方便以及能够保证迅速的实时性的采样时间，而且对实现工业网络的硬件接口也有了新的要求，各个组成工业网络的功能模块也必须具有自动分频率、按实际需要进行数据传输的功能以及连接 Internet 的接口。而与 Internet 进行通信的最好办法就是 Ethernet TCP/IP，目前 Ethernet 技术已经在自动化领域得到了广泛的应用。Phoenix Contact 公司提供了一整套安装在控制柜中的 Factory Line 工业以太网模块，这些工业以太网模块满足操作方便、具有良好的诊断功能、强大的抗电磁场干扰的性能，并能方便地安装在工业导轨上。同时以 Web 技术为基础的网络管理软件——Factory Management，可方便地为每个网络模块分配 IP 地址，并监控模块的运行情况。工业以太网模块系列见表 4-9。

表 4-9　工业以太网模块系列

模块类型	性能
模块化交换机系统 标识示例： FL SWITCH MM HS FL TX（扩展模块） FL IF 2TX VS-RJ-D FL IF TX/POF100-F FL IF 2FX SC-D	模块化的可管理的交换机（MMS）带 4 个集成槽（8 个端口）的首站，可扩展 2 个 8 端口单元（最大 24 个端口），支持不同类型的接口模块、铜缆、光缆、POF/HCS 模块，冗余供电，报警触点（电源监控、端口监控），操作简单，诊断显示，基于 Web 的管理
带管理功能的紧凑型交换机 标识示例： FL SWITCH MCS 16TX FL SWITCH MCS 14TX/2FX	带管理功能的紧凑型交换机（MCS），16 个 TP-RJ45 端口（10/100Mbps），集成 2 个光缆端口（100BASE-FX，多模），FL SWITCH MCS 系列交换机包括冗余电源、报警触点、自动识别和交叉连接等基本功能，MCS 支持 Ethernet/IP 的 IGMP 探视和多点传输，冗余网络结构（生成树协议 IEEE802.1D 和快速生成树协议 IEEE802.1W），支持 SNMP 网络管理，集成支持系统配置和诊断功能的 Web Server 功能
基本型交换机 标识示例： FL SWITCH SF8（16）TX FL SWITCH SF7（15）TX/FX FL SWITCH SF6（14）TX/2FX	8/16TP-RJ45 端口（10/100Mbps），集成 1 或 2 个 FO 端口（100Mbps，全双工，SC-D），FL SWITCH SF 系列交换机包括冗余电源、报警触点、自动识别和交叉连接等基本功能，可以更加方便地对系统进行调试以及监控运行情况等。 扁平安装（H×T×B） 8 端口：80mm×130mm×30mm 16 端口：80mm×200mm×30mm 在接线柜内使用，即插即用，这种交换机性能优越，抗干扰性强，可适应各种工业环境，目前有 8 种类型可选择使用
以太网交换机 FL SWITCH 标识示例： FL SWITCH 5TX FL SWITCH 8TX FL SWITCH 4TX/FX	10/100Mbps 自适应交换机，含 4/8 个 RJ45 端口，具有自动交叉连接、电气隔离报警触点以及连接状态指示等基本功能。该模块即插即用，FL SWITCH 4TX/FX 含有一个玻璃光缆端口（多模）

续表

模块类型	性能
模块化 Hub 系统 FL HUB10BASE-T 和 FL HUB AGENT	具有诊断功能，IP 地址的设置、管理和监控由网络管理软件来实现，HUB AGENT 可带有 4 FL HUB（每个含 4 个端口），即最多可扩展 20 个端口。FL HUB AGENT 具有综合 Web 服务功能，可访问 SNMP
以太网/Interbus 网关 FL IBS SC/I-T	FL IBS SC/I-T 是 Ethernet 与 Interbus 的网关，通过这个模块将 Interbus 与 Ethernet 直接连接起来，Interbus 的 CMD 软件可以通过 Ethernet 对 Interbus 操作并下载。模块的管理也通过网络管理软件。FL IBS SC/I-T 具有 Web 服务器功能，它是 Interbus G4 主站。在 Profinet 中，它作为 Proxy 将 Interbus 集成到 Profinet 中
以太网耦合器 标识示例： FL IL24 BK 和 FL IL24BK-B（以太网） FL IL24 BK-PN（Profinet） FL IL24 BK ETH/IP（Ethernet/IP）	以太网 Inline 耦合器将 I/O 层与以太网层连接在一起，包括与 Ethernet、Profinet 和 Ethernet/IP 的连接。 　FL IL24 BK 是 Inline I/O 系统的终端模块，通过这个 Inline I/O 系统的终端模块可以直接与 Ethernet 模块相连接，这样 Inline I/O 模块的信息可以直接与 Ethernet 进行交换。FL IL24 BK 后面可带有 63 个 Inline 模块，它支持 PCP 通信，Modbus/TCP 协议，DDI 或 OPC。FL IL24 BK 具有 Web 服务器的功能，通过 SNMP 进行管理，而 FL IL24BK-B 这种基本型不具有 Web 服务器的功能。 　FL IL24 BK-PN 为 Profinet 总线耦合器，FL IL24 BK ETH/IP 为 Ethernet/IP 总线耦合器
串口服务器 标识示例： FL COM SERVER RS232 FL COM SERVER RS232	串口服务器将串口（RS-232 或 RS-485）设备连接到以太网中，宽度 22.5mm，10/100BASE-TX 自动交叉，AC/DC（1±20%）V 冗余电源，3 路隔离（VCC/V.24，RS-485/Ethernet）；基于 Web 管理的配置，支持所有的通用的网络协议，PPP 协议（12 位密码编码），支持 Modbus TCP

　　在工业以太网中，需要有一个网络管理软件来对工业网络的模块进行组态和监控，Factory Inline 提供的是 Factory Managemer，它通过 BootP 对以太网模块进行地址设置，通过 TFTP 可将固化软件下载。系统的管理采用 SNMP 技术，这样无需任何的附加软件工具就能对模块和网络模块进行诊断和管理。

4.2.3　软件介绍

（1）PC WORX 软件

　　PC WORX 软件是控制软件的一个先进的开发工具，采用 PC WORX 可实现按 IEC61131-3 和 IEC61131-5 进行编程的自动控制以及 Interbus 总线的组态、诊断、监控的任务。最新的 PC WORX 版本是 5.0，集成了 IEC61131 编程、现场总线组态和系统诊断功能，如图 4-16 所示。

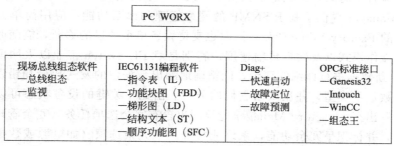

图 4-16　PC WORX 控制软件

PC WORX 支持多种 IEC61131 语言，包括指令表（IL）、功能块图（FBD）、梯形图（LD）、结构文本（ST）、顺序功能图（SFC）以及可选用的机器顺序功能图（MSFC）等。IEC61131 的基本语言 IL、FBD 和 LD 可以直接而自由地进行交叉编译，同时，交叉编译表为编程人员显示了在应用程序中所用到的变量和功能块的情况。

集成的总线组态器可以完成系统的整个总线结构的设计，并且可以对连接到 Interbus 上的所有设备进行组态。它防止了数据被多次生成，所有信号数据，例如设备名称、类型等都可以在编程环境中获得。此外，所有设备数据都符合 XML 格式（ISO15745），有利于设备库的更新。

由于允许执行联机的更改，因此用户也能实时地向控制系统下载更多的更改，甚至在系统运行期间向控制系统下载程序而不用在程序更新时停止控制系统。集成在 PC WORX 中的 OPC 接口提供与图形化系统连接的标准接口，如 WinCC、Intouch、组态王监控软件等。

具体组态编程将在下面章节详细描述。

（2）CMD 组态软件

Interbus CMD 是 Interbus 系统的一套完整的软件工具，借助于 CMD 软件，用户可以方便地实现 Interbus 总线系统全部的设计、方案制定、现场调试和维修诊断的任务。

在项目设计过程中，它可以作为总线组态软件，设置输入/输出信号的物理地址与逻辑地址的对应表。在现场调试过程中，借助于其监控功能，通过设备的参数设定，对各种功能进行测试。当系统运行时，又可以提供总线运行状况的全部信息。值得一提的是，CMD 软件中还包含了过程数据预处理功能，即微型 PLC 功能，其特点为可以对一些实时性要求很高的输入/输出信号进行及时的处理，采样周期在 1ms 以下。

CMD 应用于所有的基于 PLC 的总线控制板的控制，一般是采用 RS-232 接口与总线控制板连接，对于带以太网接口的控制板，也可以应用以太网接口。它运行于普通的 PC 和 Windows 操作系统，另外 CMD 还可以与 EPLAN 电气线路设计软件相连。CMD 可产生 ASCII 的数据文本，提供给其他的编程程序。CMD 除了将现场的输入/输出数据通过总线控制板送给上级 PLC 外，也可以通过 OPC 接口传送给监控软件或高级编程语言。

（3）Factory Manager

Factory Manager 是可视化的网络管理工具，用于控制环境中工业以太网的组态和诊断。在对工业以太网进行组态时，Factory Manager 可以集中对设备进行配置，对设备 IP 地址和其他组态参数进行管理，同时网络中的以太网设备可以清晰地表达出来。在网络组态过程中，系统同时也建立了网络数据库，可用于网络管理中后续工作，如组态、操作和诊断，这样既节省了时间，又杜绝了数据不一致所产生的错误。

Factory Manager 提供了基于 SNMP 的网络管理和诊断功能，应用简单方便。其诊断功能支持所有的 Factory Inline 产品，同时也支持设备单个端口的诊断，能随时检查网络连接完好、设备操作模式以及数据传输速度，特别是对 FL Switch 工业以太网模块，系统能够对 SNMP 诊断数据进行详细的评价，能精确地测出数据包的发送数量和错误类型，以及错误数据包的数量和类型，并反映出它们的分布。由此，关键的设备状态可以在设备出现故障前就能检测出来。Factory Manager 能检测出含有冗余选项任务（冗余管理器或者备用模式）的设备，并标识呈冗余功能，系统能检查出该冗余选项（如电源或数据传输）是否有效。

此外，Factory Manager 软件与诊断软件 Diag+ 有机地集成在一起，实现了对整个控制网络进行有效的诊断，同时它也能集成 I/O 配置器（I/O Configurator），用于启动 FL24BK（-B）总线耦合器。

Factory Manager 能有效地对工业以太网 Factory Line 进行管理，其功能如表 4-10 所示。

表 4-10　**Factory Manager 网络管理功能和性能特征**

组态	诊断
通过集成的 Boot Server 分配 IP 参数 支持 SNMPV1 网络管理 能检测采购员网络上已有的网络设备 可以将网络组态输出为 doc、xls 或 txt 文件 输入/输出设备规范，用户可以很简便的对设备进行创建或修改 多个设备同时进行组态 防止 IP 冲突	设备状态监控 设备信息的详细描述 报警和事件日志（如 SNMP 陷阱、BootP 消息，网络扫描） 各个端口传输参数的状态信息 数据包的类型、大小统计以及错误包的类型以及错误原因统计 可以通过 DDI 检测到 Phoenix Contact 其他网络产品（如 RFC ETHDSC7ET 等）

（4）通用诊断软件 IBS Diag+

IBS Diag+ 是一个通用型的 Interbus 总线诊断软件，是加速 Interbus 现场调试、快速诊断的有效工具。所有 Interbus 总线系统及其运行信息都可以通过 Diag+ 得到。Diag+ 可以作为独立的诊断集成在设备或系统的可视化软件中。由于图形设计时的 Diag+ 可以在低分辨率下运行，因此 Diag+ 也可以应用于小型手持诊断系设备中。

IBS Diag+ 的诊断可以通过 Interbus 主站上的任意接口（即以太网，V.24 或 ISA/PCI 总线）来完成，这样，通过使用一个 Interbus 主站，就可以在任何点对控制系统网络中的任意控制系统实现诊断。当然，这是在相关安全程序的前提下实现的，如图 4-17 所示。

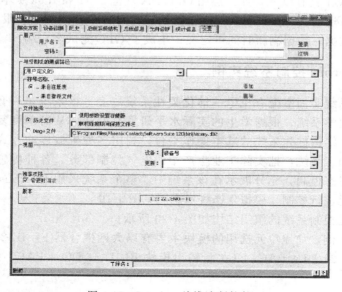

图 4-17　Interbus 总线诊断软件

(5) IBS OPC Server

Interbus OPC 服务器 IBS OPC Server，用于分布式 Interbus 网络和应用程序之间的数据交换。采用 OPC 技术，Interbus 技术提供了自动化标准数据接口，控制软件与应用之间不需要专用的软件实现连接。OPC 服务器为 PC 应用程序（如 SCADA/MES 系统）的读写访问提供控制系统过程数据。

IBS OPC Server 应用于 Windows NT。Windows2000 和 Windows XP 操作系统中，Interbus数据可以通过直接内存访问（MPM），串口（V2.4）或以太网（TCP/IP）进行交换。

IBS OPC Server 软件界面见图 4-18。

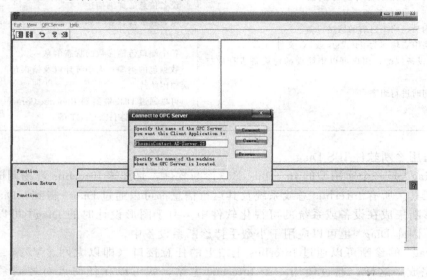

图 4-18　IBS OPC Server 软件

IBS OPC Server 具有以下特征：遵循 OPC DA 规范 2.04 和 1.0a 版本，支持 OPC 标准功能以及所有的可选的接口；同时支持多个控制板；网络兼容性（远程服务器）；自动地从组态工具中接收数据；数据刷新时间可定义；集成了 OPC 测试客户端。

4.2.4　Interbus 控制系统实例

某学院现场总线实训室配有机电一体化柔性系统一套。该系统是一套完整、灵活、模块化、易扩展的教学系统，根据学生的实际水平研发并制造，从简单到复杂，从零部件到整机。采用铝合金结构件为系统的基本操作平台，利用多种机械传动方式模拟完成现代化装配过程的柔性加工系统，把实际工业生产中的电气控制部分、各种传感器和现代化生产中的工业总线、组态控制，充分展示在该系统中。整个系统采用 Interbus 控制系统对生产线的 9 个工作单元进行控制。模拟生产线示意图见图 4-19。

上述 9 个单元控制系统的组织结构如图 4-20 所示。

以加盖单元为例，加盖单元选用的模块主要有以太网耦合器 FL IL 24 BK-PAC、开关量输入模块 IB IL 24 DI 4-PAC、开关量输出模块 IB IL 24 DO 4-PAC、控制软件采用 PC WORX3.0。

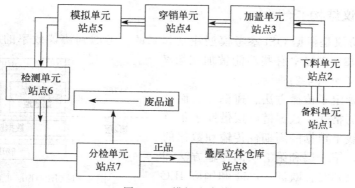

图 4-19　模拟生产线

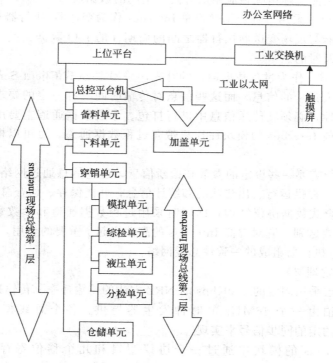

图 4-20　控制系统组织结构

4.3　Interbus 传输协议

[知识要点]

① 掌握 Interbus 传输协议的结构。

② 掌握 Interbus 传输方法。

4.3.1 协议结构

Interbus 的协议是根据 OSI 参考模型建立起来的。考虑到协议效率的因素，只采用了 1、2 和 7 层。第 3～6 层中有些功能被加在第 7 层中了。具体含义如图 4-21 所示。

第 1 层不仅确定了传播方法、速率等．而且也确定了信息流的格式。数据链路层借助于集总帧协议，实现总线上数据的周期性传输和数据的完整性和可靠性。第 1 层和第 2 层的传输方法和协议已定为德国 19825、欧洲 50254 和国际 IEC 标准。紧跟在数据链路层的是应用层的 Interbus

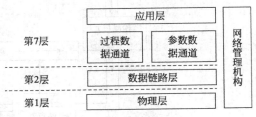

图 4-21 Interbus 现场总线协议

模块的数据访问，按照实际情况在应用层有两个不同的数据通道。

① 过程数据通道 采用过程数据通道是 Interbus 作为变送器/执行器总线的特点，通过这个通道实现控制器与现场变送器执行器之间的周期性的 I/O 数据交换。而且这种数据交换时间是恒定的、及时的。

② 参数数据通道 作为过程数据通道的补充，采用主-从式 Client-Server 的信息传输方法。这种传输用于大数量的信息，而这些信息对传输时间没有一定的要求。但为了保证传输的正确性和可靠性，必须在传送信息中进行打包。参数数据通道主要用于总线设备的初始化和参数化。一般 Interbus 的模块往往只带有过程数据通道。也可以根据实际的要求增加参数数据通道。

Interbus 的运行需要一些设定的参数和诊断信息，这些信息通过网络管理机构来实现，它协调各层的信息，提供运行、出错状况和统计信息，并能保存、检查总线组态的情况。

Interbus 的复合式数据协议结构，即同时采用过程数据通道和参数数据通道，是与其他总线相比较的重要区别。它对提高 Interbus 的高性能起了重要的作用，构成了由控制器、智能设备和变送器/执行器组成的一致性总线网络。

（1）第 1 层（物理层）

Interbus 物理层采用固定的 500Kbps 的 NRZ 方法的传输速率。传输采用两线导线的方法。500kHz 的节拍由一个 16MHz 的时钟发生器提供。各个总线模块的时钟同步由 Interbus 的协议中约定的同步信号来实现。

信息帧在 Interbus 的模块中通过一个协议逻辑和几个移位寄存器来工作。一个 Interbus 的模块内部结构由图 4-22 表示。

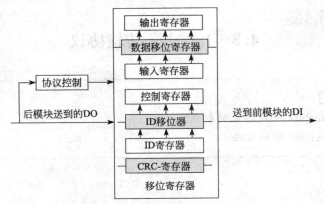

图 4-22 Interbus 模块的内部结构

① 数据移位寄存器　根据模块的特性存在接收输入/输出数据的输入/输出寄存器。当主站发出输出数据到各模块时，在同一个周期同时接收输入数据。数据寄存器的长度为 4～64 位。

② 辨识移位寄存器　每个总线模块都有一个存放模块辨识数据的辨识寄存器。在一个辨识周期中，Interbus 环路的所有模块中的辨识信息都被读出。主站根据这些信息可以辨识每个模块和总线网络结构并对 I/O 数据进行设置地址。ID 的输出寄存器（控制寄存器）可以根据主站的要求对现场总线进行控制。

③ CRC 寄存器　CRC 寄存器在数据检测时间对传输的数据进行检验，确定数据是否正确。

所有寄存器都是并联连接，并工作在不同的工作阶段中。Interbus 模块的数据长度由移位寄存器的长度来决定。

（2）第 2 层（数据链路层——集总帧协议）

数据链路层完成 Interbus 协议的周期运行。协议的工作由 SL 和 CR 信号的电位来决定不同的工作周期和阶段，见图 4-23。

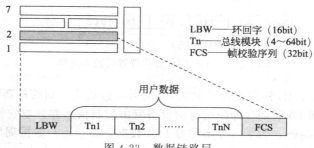

图 4-23　数据链路层

识别周期和数据周期有着本质的区别，同时，这些周期中的数据移位阶段和数据完整性检查阶段也同样存在本质区别。在识别周期（ID 周期）中，Interbus 设备通过协议控制切换至 Interbus 数据环中的 ID 寄存器，这样，主站能识别出所有的设备。在数据周期中，主站将 SL 信号置零，通过数据移位寄存器使 Interbus 环封闭。就协议处理而言，数据周期和识别周期之间是没有区别的，其不同之处仅仅是 SL 信号的状态以及正在进行数据传输的寄存器的数量和类型，用户数据是在数据移位阶段（CR 信号为 0）进行传输的。

一旦进行用户数据传输，CR 信号就会将系统转换至数据存储阶段或 FCS（帧校验序列）阶段，在这个运行阶段，数据被保存下来并遵循 CCITT 规定，采用 CRC 多项式进行求和校验。

总线主站通过 ID 周期的信息来确定 Interbus 系统中所有数据的总量，主站在每个周期开始时做的第一件事情，就是发送一个环回字来检查环中的数据量，以核实移位寄存器中的数据是否依然有效。环回字是一个特殊的 16bit 数据，它在 ID 周期中被用来监测数据移位阶段是否结束。图 4-24 所示为数据以集总帧形式在每个周期中进行传输。

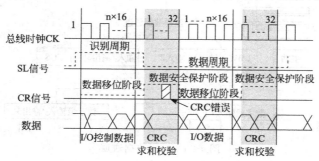

图 4-24　Interbus 协议中的运行阶段

用于Interbus的集总帧传输方法是一种无冲突的TDMA传输方法（TDMA是指时分多址）。根据集总帧中每个设备的功能，为其移位寄存器读/写分配相应的时间片。传输时间就是时间片的总和，这样计算起来就非常简便，在每个Interbus系统是一个能得到保证的值。集总帧方法还确保了所有设备的过程映像都是一致的，这是因为所有的输入输出数据都是在相同的采样点获得的，而所有的输出数据也要同时为所有设备所接收。

采用集总帧协议，Interbus中的数据交换将按以下的顺序进行（图4-25）：

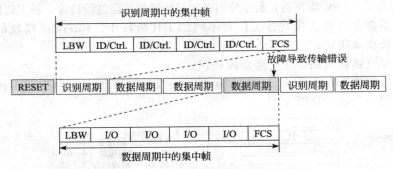

图4-25 采用集中帧协议进行数据交换

① 所有设备复位，ID移位寄存器加载ID编码（包括监测到的最新错误）；

② 主站开始处理ID周期（即向所有的设备发出控制信息并读取它们当前的ID编码）；

③ 主站评估ID编码，为了向设备传输I/O数据，开始运行数据周期；

④ 如果在数据周期中主站或设备监测出错误，那么主站就会启动一个识别周期对错误源进行定位；

⑤ 可能会启动附加的ID周期，重新调整网络配置（例如关闭故障总线段），以处理已监测到的错误。

（3）第7层（应用层）

应用层分成数据通道分层和应用接口分层。数据通道分层又分过程数据通道和参数数据通道。

① 过程数据通道 通过过程数据通道可以直接访问周期性传输的过程数据。其特点是能够快速、有效地传输现场信号。现场信号一般具有简单的字长，但实时性强，反应快。应用程序（PLC语言）可经过这个通道得到现场输入状态的映照表，同时直接访问和调用这些数据。这样如果将一个控制器通过Interbus读入现场数据，与通过并联的I/O数据板读入现场数据方法相比较，几乎没有什么区别。输出数据的送出也是同样。应用程序将输出数据放在一个约定的存储区（映照区）里，然后通过过程数据通道送入现场的执行器上（图4-26）。

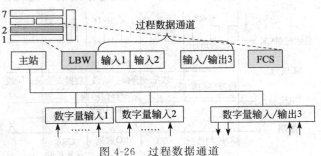

图4-26 过程数据通道

② 参数数据通道　除了过程数据通道，Interbus 中还有参数数据通道，它的作用是在两个总线模块向进行非周期性的复杂的数据传输。在参数数据通道传输的信息往往无实时性的要求，同时只当系统请求时才进行运作，如图 4-27 所示。

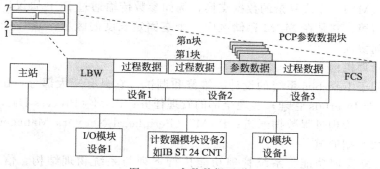

图 4-27　参数数据通道

这些数据的访问通过第 7 层的 PMS（Peripherals Message Specification）的服务程序完成。由于采用了 PCP（Peripherals Communication Protocol）的方法，因此在 Interbus 中凡是采用参数数据通道的模块都称为 PCP 模块。PCP 协议相当于 OSI 第 7 层，形成了参数通道的软件基础。PCP 在 3 个层中对应关系如图 4-28 所示。

应用	
应用层接口（ALI）	网络管理接口（NMI）
外围消息规范 LMS（第 7 层）	外围网络管理 PNM7
低层接口 LLI（第 3～6 层）	
外围数据链路 PDL（第 2 层）	

图 4-28　PCP 在 OSI 模型中的对应关系

PDL 先将参数数据分割成数据单元，然后又重新组成一个整体。整个工作在 OSI 模型的第 2 层完成，参数通道的宽度由 PCP 的软件来制定。

PMS 实现 PMS 服务的结构，并以 PCP 服务程序（图 4-29）的形式提供给用户。每个 PCP 的服务都通过 Client-Server 的模式进行。

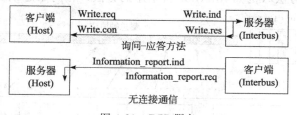

图 4-29　PCP 服务

ALI（Application Layer Interface）是用户接口。它描述了 Interbus 的确定软件，通过这个接口可以调用 PCP 服务程序。严格地说，这一层已属于用户的范围，不属于 OSI 第 7 层了。

（4）应用接口层（Application Program Interface，API）

作为过程数据通道和参数数据通道的控制应用，这里采用 API 接口。在控制器与总线控制板之间采用 MPM 存储器（Multiport-Memory）作为硬件的接口。

用户通过信号接口（SGI）可以对 Interbus 运行状态进行操作，例如启动 Interbus 系统，关断某个总线模块等。这样控制器可以通过约定的存储器中每个位的定义，发出命令或请求信号给 Interbus 模块。

信箱接口（MXI）完成复杂的数据交换，例如参数传输通过 PCP 协议，整个待交换的数据通过一个信箱，它是在 MPM 存储区中一个有固定长度的区域。MXI 产生一个用硬件令牌方法的访问协议。

（5）网络管理机构

网络管理用于 Interbus 系统的设计、维修和调试。它只有三大部分：IBSM（Interbus Management，即 Interbus 管理）实现全部的管理任务；PDM（Process Data Management，即过程数据管理）管理过程数据通道；PNM7（Peripheral Network Manager，即外围网络管理）管理参数数据通道。

IBSM 有系统管理功能。系统管理功能执行下列与系统物理结构、信息传输有关的任务：

① 启动/停止 Interbus 的运行；

② 系统清零；

③ 连接/关断总线段；

④ 检测系统的组态状况。

PNM7 有通信管理、组态管理和检错管理功能。这三个管理功能用于参数数据通道。通信管理功能建立两个总线模块之间，通过参数数据通道进行数据传输时的逻辑连接。组态管理功能可以通过 PCP 的服务程序，对每个总线模块进行组态。检错管理功能指出 PCP 通信过程中的状况。

用户接口提供网络管理接口（NMI），这个接口可以通过 API 得到。

4.3.2　Interbus 传输方法的构成和原理

（1）集总帧协议

变送器/执行器层的一个重要任务是通过简单、便宜的总线接口将各设备连接起来，进行近似实时双工性（同时读入/写出）的数据传输。为了实现这种要求，就需要采用不同于面向信息的传输方法。面向过程数据的传输方法完全能满足变送器/执行器层的要求。一种面向过程数据的传输方法（例如 Interbus 所采用的方法）称为集总帧协议，见图 4-30。

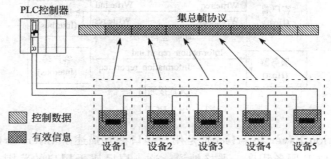

图 4-30　面向过程数据的传输方法：集总帧协议

在面向过程数据的传输方法下，所有变送器和执行器的信号都被放在一个通信帧内，这个通信帧称为集总帧。在这种情况下，整个包括所有设备的系统只有一个协议，所有也只需要一个帧信息（控制信息）。帧信息包括一个启动信息（LOOPBACK）、数据安全/结束信息。在集总帧中，系统带的设备越多，传输效率也就越高，因为此时有效信息与控制信息的比例也越高。

在集总帧协议中，整个系统只有一个循环运行的通信帧。对于主站来讲，带有 I/O 信息的所有设备被看作一个"逻辑"设备。现场设备的地址正好对应于通信帧中的数据在协议中的物理位置。这样就不需要给现场设备进行设置地址了，总线的管理得到了简化。同时其设备占有数据大多数是固定的，并在运行中不会改变。所以这种协议很符合用于变送器/执行器层上设备的情况。如编码器占有 24 位长度，这长度在系统运行时不会改变。这样通过确定总线带设备的个数，就能知道协议的长度，并因此知道传输的时间，那么每个设备就能保证得到一个恒定的采样时间。所以可以认为集总帧具有实时性。

Interbus 采用的传输方法核心就是集总帧协议。集总帧协议可以在低传输速率的情况下提供一个高效率、快速、近似恒定周期的全双工式信息传输。而且采用的集总帧协议的总线接口电路，可以简单地通过移位寄存器技术来实现。

通过采用集总帧协议和物理环形网络，总线系统不必进行设置地址和按址传输的方法，这就意味着 Interbus 的设备可以简单地安装，迅速地进行现场调试，对每个模块进行硬件设置地址（DIP 开关）的工作被省去了。这个优点特别体现在当总线模块损坏被掉换时，不用重新设址，当然不会发生地址重叠现象。

为了实现集总帧协议的传输方法，Interbus 工作方法像一个字间分布的闭环的移位寄存器。各个不同的现场设备串联在一起，并与一个主站相连接。在 Interbus 系统中，总线设备是一个带有 Interbus 接口（移位寄存器）的从站，其移位寄存器的长度取决于总线设备中数据的长度。目前数据长度可从 0 位到 512 位中选择。

Interbus 的主站又可称为总线控制板，其作用是对整个 Interbus 进行控制、组态和诊断，并有一个 I/O 数据堆栈，保存了全部的输入/输出数据。当总线运行时，主站发出输出信号到现场外围设备，同时接收现场外围设备的输入信号。

（2）Interbus 模块的建立

首先，每个模块内部都有数个进行数据通信的移位寄存器，移位寄存器的长度取决于模块 1-I/O 数据的长度。

输入移位寄存器接收从输入外围设备发出的输入信号。与输入移位寄存器相并联的还有输出移位寄存器和 CRC 移位寄存器。输出移位寄存器首先获得 I/O 数据堆栈的输出信号，送往一个缓冲器，然后被相应的输出外围设备所接收。CRC 移位寄存器工作于传输数据检验的时候，校验数据是否正确。

以上三个移位寄存器工作在数据传输周期，除此之外，主站为了了解总线系统组成情况，如有多少个现场总线模块被连接起来，其 I/O 数据的长度是多少，还需要一个识别移位寄存器，这样在识别周期中就能通过识别移位寄存器掌握现场总线的组态情况。与识别移位寄存器并联还存在一个控制寄存器，主站通过这个控制移位寄存器来控制各个现场总线模块的运行。

Interbus 的协议运行于数据传输周期还是识别周期，由环路中的选择开关来决定。

（3）识别号的组成

当系统进入运行时，主站首先启动识别周期（ID 周期），了解多少和怎么样的模块被连接起来了。每个从站（总线模块）也都有一个 16 位长的识别寄存器。这个寄存器描述了总线模块的设备种类、字长、数据类型以及模块工作情况。

识别移位寄存器的 0~7 位表示设备类型，见表 4-11。通过将各设备分类的方法，主站可将从站按其功能排列。例如，输入/输出信号可以按数字量或模拟量，分别安排在不同的数据堆栈上。这个功能对 PLC 或控制系统特别有利。

表 4-11　识别移位寄存器的 0～7 位所表示的设备类型

ID 7	ID 6	ID 5	ID 4	ID 3	ID 2	ID 1	ID 0	设备类型
0	0	0	0	X	X	0	0	数字式远程总线设备，无数据
0	0	0	0	X	X	0	1	数字式远程总线设备，带输出数据
0	0	0	0	X	X	1	0	数字式远程总线设备，带输入数据
0	0	0	0	X	X	1	1	数字式远程总线设备，带输入/输出数据
0	0	1	1	X	X	X	X	主站
0	0	1	0	X	X	0	0	数字式远程总线设备，无输入/输出数据
0	0	1	0	X	X	0	1	数字式远程总线设备，带输出数据
0	0	1	0	X	X	1	0	数字式远程总线设备，带输入数据
0	0	1	0	X	X	1	1	数字式远程总线设备，带输入/输出数据
0	0	1	1	X	X	0	0	模拟量远程总线设备，无输入/输出数据
0	0	1	1	X	X	0	1	模拟量远程总线设备，带输出数据
0	0	1	1	X	X	1	0	模拟量远程总线设备，带输入数据
0	0	1	1	X	X	1	1	模拟量远程总线设备，带输入/输出数据
0	0	X	X	X	X	0	0	模拟量本地总线设备，无输入/输出数据
0	0	X	X	X	X	0	1	模拟量本地总线设备，带输出数据
0	0	X	X	X	X	1	0	模拟量本地总线设备，带输入数据
0	0	X	X	X	X	1	1	模拟量本地总线设备，带输入/输出数据
1	0	X	X	X	X	0	0	数字量本地总线设备，无输入/输出数据
1	0	X	X	X	X	0	1	数字量本地总线设备，带输出数据
1	0	X	X	X	X	1	0	数字量本地总线设备，带输入数据
1	0	X	X	X	X	1	1	数字量本地总线设备，带输入/输出数据
1	1	0	X	X	X	0	0	本地总线设备，带 2 个字长 PCP 数据
1	1	0	X	X	X	0	1	本地总线设备，带 4 个字长 PCP 数据
1	1	0	X	X	X	1	0	本地总线设备，带 N 个字长 PCP 数据，保留
1	1	0	X	X	X	1	1	本地总线设备，带 1 个字长 PCP 数据
1	1	1	X	X	X	0	0	远程总线设备，带 2 个字长 PCP 数据
1	1	1	X	X	X	0	1	远程总线设备，带 4 个字长 PCP 数据
1	1	1	X	X	X	1	0	远程总线设备，带 N 个字长 PCP 数据，保留
1	1	1	X	X	X	1	1	本地总线设备，带 1 个字长 PCP 数据

　　主站必须知道在整个 Interbus 系统中每个模块占有多少个数据寄存器，例如一个模块有 16 位输入量和 32 个输出量，那么这个模块在总线占有 4 个字长。注意，一个模块有不同的输入和输出量，模块中数据寄存器的长度要取大的。因为模块中的输入和输出移位寄存器是并联连接的，不可能寄存器有不同的长度。识别寄存器的 8～12 位表示数据的字长，见表 4-12。数据长度可从 1 位到 64 位。

表 4-12　识别寄存器 8～12 位表示的数据字长

ID12	ID11	ID10	ID9	ID8	说明
0	0	0	0	0	无数据
0	0	0	0	1	1 个字长
0	0	0	1	0	2 个字长
0	0	0	1	1	3 个字长
0	0	1	0	0	4 个字长
0	0	1	0	1	5 个字长
0	0	1	1	0	8 个字长
0	0	1	1	1	9 个字长
0	1	0	0	0	半个字节
0	1	0	0	1	1 个字节
0	1	0	1	0	1 个半字节
0	1	0	1	1	3 字节
0	1	1	0	0	1 位
0	1	1	0	1	2 位
0	1	1	1	0	6 个字长
0	1	1	1	1	7 个字长
1	0	0	0	0	保留
1	0	0	0	1	26 个字长
1	0	0	1	0	16 个字长
1	0	0	1	1	24 个字长
1	0	1	0	0	32 个字长
1	0	1	0	1	10 个字长
1	0	1	1	0	12 个字长
1	0	1	1	1	14 个字长
1	1	X	X	X	保留

Interbus-CLUB 确定识别号的分配。如果一个设备具有 Interbus 的接口,那么这个设备就有一个识别号。如果有新类型的设备,必须与 Interbus-CLUB 联系,以得到新的识别号。识别寄存器中 0～12 位是通过硬件固定设置的,在总线运行中不会改变。

识别寄存器的最高 13～15 位起总线管理作用。在总线运行时,这些位的状态反映了动态出错状况,所以这些位不能由硬件设置。

当总线系统运行出现错误时,在识别周期中,总线主站得到模块中识别寄存器第 13～15 位的状态信息,就能知道出错的地点。识别寄存器第 13～15 位的状态表示见表 4-13。

表 4-13　识别寄存器第 13～15 位状态表示

ID15	ID14	ID13	说明
X	X	1	重组态请求
X	1	X	CRC 错误
1	X	X	模块出错

第 13 位的状态表示一个 Interbus 总线终端模块向主站发出一个重组态的请求信号，这主要用在一些具有所谓重组态键的总线设备，在某段时间被系统隔断后，重新与系统相连接。如果用户启动这个重组态键后，就将 CRC 错误清除，并提供给主站 CRC 错误的原因。

第 14 位的状态表示发生 CRC 错误的模块号码。如果 Interbus 系统发生了一个 CRC 错误，主站通过一个识别周期以及第 14 位的状态就能确定哪个模块出现了错误。

第 15 位表示模块供电出错。如果模块无供电电源，这位一直为高。只有当模块的供电电源恢复正常时，这一位才为零。

从以上知，模块中的识别寄存器提供了总线系统各个模块的所有信息。主站通过识别周期获得了系统的组态、运行状态等重要信息。

（4）控制数据

因为集总帧协议采用全双工传输方法，所以主站在识别周期中接收各总线模块识别寄存器内容的同时，也向从站发出控制信息，以便随时控制系统的运行。在识别周期中，控制数据被送入控制寄存器里。

主站通过第 8 和第 9 位可以恢复连接本地/远程总线模块，而通过第 10 和第 11 位可以关断/连接本地/远程总线模块。这特别有用于维修时，用户将某总线段关断，以后又可以通过系统清零将此段重新连接上。

如果第 15 位值为 1，那么其他控制字不起作用。这用于首次开机时主站还不知系统组成状况的时候。控制字的初始值全为零，如果某些功能需要执行时，那么控制寄存器中相应的位设置为 1，通过识别周期送入相应的总线模块上。

除了识别码、控制数据之外，在识别码的规定中还有一个 16 位长的 loopbackword 定义，主站通过分析 loopbackword 可以知道识别周期中的数据是否正确工作了。为此目的，主站在运行中首先发出 loopbackword，然后等待作为最后反馈信息的 loopbackword 的信号。loopbackword 有特别的编码 A510H 到 A51FH。注意，loopbackword 的第 15 位必须为 1。

（5）识别周期的运行方法

主站通过识别周期可将各识别寄存器的数据读入，并进行处理，从而知道实际系统的组成。与此同时传输相应的错误和控制信息。

当启动系统时，首先主站进入识别周期。主站的选择器将各总线设备中的识别寄存器连在 Interbus 的环路里，所有被连接的总线模块传播它的识别码内容。

其运行步骤是：loopbackword 作为第一个信息首先被主站移位到环路里，此后主站发出控制信息。当主站发出 loopbackword 的同时，各个总线模块中的识别移位寄存器也将信息送往主站，这就是所谓全双工制通信方法。数据读入（模块中的识别码送往主站）和数据写出（主站的控制信息传到各模块）同时进行。

在环形系统中，最后一个总线模块直接与主站的接收器相连接，这样最后一个总线模块的识别寄存器的内容首先被送入主站，而第一个总线模块的识别寄存器的内容最后被送入主站。总线模块的识别寄存器的内容以识别码表的形式，按逆顺序存储在主站数据堆栈中。识别周期结束后，识别码表的内容将由主站进行分析，并确定多少个总线模块被连接在环路里。根据识别码在表中的位置，主站可以知道每个总线模块在环路中的物理位置。同时，因为识别码还包含了模块类型、种类、字长、字类的信息，所以经过识别周期，主站能够清楚地知道 Interbus 的组态。

识别周期一般在系统启动和系统发生错误时运行。

（6）数据周期的运行方法

主站通过识别周期确定了系统组态后，数据周期进入运行状态。选择器将各模块中的数据移位寄存器连接在环路里。数据周期也按全双工制传输方法工作。在数据周期里，主站发送输出信号（OUT 数据）到从站，同时输入信号（IN 数据）从从站传送到主站。输出信号首先被放在主站的数据堆栈里。与识别周期一样，在数据周期中，首先主站移位 loopbackword 信号到环路里，然后依序将 OUT 数据送出，同时接收 IN 数据。当主站得到 loopbackword 反馈信号后，表示一个数据循环周期结束。

在识别周期以后，主站知道了每个模块在环路中的物理性置，所以它可以给每个模块设地址，并将数据堆栈中的输出信号写入相应的总线模块上，与此同时读入总线模块的输入数据，并存放在数据堆栈的相应的位置上。在数据周期开始前，输出数据紧跟在 loopbackword 的后面，而在数据周期结束后，输入数据按次序放在反馈回来的 loopbackword 的前面。

通过识别周期，主站根据每个模块在环路中的物理位置给予一定的地址，这样就免去了 Interbus 总线模块硬件设址的工作。这对实践中安装、调试和维修带来了很大的好处。安装时，只要将各模块简单地用总线的连接件连接起来就行了。系统启动以后会自动组态，主站自动地将输入输出数据放进其相应的位置。

如果模块损坏时，用户可马上调换，不需先对新的模块硬件进行设址。而采用面向信息的传输方法时，必须注意模块调换时，硬件设置的地址是否正确。如果硬件设置的地址不正确或地址重叠，面向信息的传输方法就不能正确地运行，会引起很长的设备停机时间。

（7）Interbus 协议的专用信号的组成

在 Interbus 系统中，两个总线模块之间的数据通信是通过两根导线进行的。每个总线模块从接收的比特流中得到一些选择，控制协议不同工作阶段的信号。这些信号通过二线以二进制比特流代码的形式传输。可分为以下几种：总线节拍（时钟，CK 信号）；数据（数据信号）；选择信号（SL 信号）；控制信号（CR 信号）；清零信号（RC 信号）。

① 总线节拍（CK）　为了实现同步传输的目的，每个模块都有个时钟，产生一个同步的时钟信号，控制总线系统同步运行。

② 选择信号（SL）　借助于 SL 信号，使得主站可以对数据周期和识别周期进行选择：SL 信号 LOW 的状态，表示数据周期处于运行状态；SL 信号 HIGH 的状态，表示识别周期处于远行状态。除此之外，SL 信号也能给出导线断路出错指示。主站只能在数据和识别周期中改变 SL 信号的状态。清零以后，SL 信号处于 LOW 状态。

③ 控制信号（CR）　无论是数据周期还是识别周期，在每个周期运行时都分成两个阶段：数据比特流和 CRC 校验比特流。CR 信号的状态确定循环周期运行时在什么阶段。CR 信号 LOW 表示工作于数据比特流阶段，反之，CR 信号 HIGH 表示工作于 CRC 校验比特流阶段。此状态的改变必须与数据或 CRC 校验比特流的第一个节拍的上升沿同步。在 CRC 校验阶段工作时，当 CRC 出错时，通过将 CRC 信号强置"零"，可以通知主站 CRC 出错的信息。

④ 清零信号（RC）　当 Interbus 总线系统发生错误时，RC 信号可以将所有的总线模块设置到一个安全状态（初始状态）。

（8）Interbus 协议的运行

下面将着重讲述 Interbus 系统的协议运行方法。在 Interbus 协议中，信号都有自己的状态表示，并以比特的方式通过两线导体进行传输。

简单地说，Interbus 协议分成两个周期：数据传输周期和识别传输周期，每个周期又分成两个阶段：数据移位阶段和数据校验阶段。在数据移位阶段，信号从主站移入总线设备，总线设备的信号被送入主站。在数据校验阶段中，CRC 的校验方法检查数据传输是否正确。

数据传输周期和识别传输周期通过 SL 的信号状态来区别。当 SL 信号为 HIGH 时，每个总线模块通过选择开关与识别移位寄存器相连接，这时 Interbus 的环路由识别移位寄存器组成。当 SL 信号被主站设为 LOW 时，每个总线模块通过选择开关与数据移位寄存器相连接，这时 Interbus 的环路由数据移位寄存器组成。数据传输周期和识别传输周期对协议运行来说是一样的，只不过 SL 的信号传输数据的种类、长度不同而言。

当周期类型确定后，主站开始传送数据，即信号通过总线导线一位一位地从一个总线模块到另一个总线模块。每一个 CK 节拍移动一位信号。

根据识别周期的信息，主站知道了 Interbus 系统由多少个总线设备构成。为了检测传输的数据量是否与移位寄存器的长度一致，主站首先发送一个 loopbackword。loopbackword 在识别周期中作为数据序列的结束信号。在数据周期中，当数据传输完毕时，主站检查最后的数据是否是 loopbackword 信号，如果一致，表示系统基本上正常运行，但是数据是否正确传输了，还必须通过检验 CRC 来判断。

数据的总长加上 16 位 loopbackword 信号，构成了传输数据序列的总长。在主站将这些数据序列输送出以后，loopbackword 信号也必须移送给所有的总线模块。这也意味着数据序列的传输结束了。在传输数据序列的时候，CR 信号为 LOW。

如果主站得到数据序列结束的 loopbackword 信号后，主站马上置 CR 信号为"HIGH"，进入 CR 校验阶段。如果得到的 loopbackword 信号不正确时，就产生一个 loopbackword 出错误信号。这个错误表示所传送的位数与构成系统的移位寄存器的长度不一致或 loopbackword 在传输过程中发生错误信号。这时，系统不进入 CR 检测，而马上重新进行识别周期的数据序列阶段的传输，通过识别周期，主站设法得到出错的原因。

在 CR 信号改变后，每个总线模块通过选择器与输出口上的 CRC 发生器相连接。在后续的 16 位总线时钟节拍，每个总线模块仅从其输出口传输 CRC 清零码（校验码）到下一个总线模块的输入端上。注意，不是一个完整的 CRC 信号传输经过所有的总线模块，而是每个总线模块其本身产生的 CRC 数值送到下一个总线模块的 CR 检验器上。CR 检验器可将接收到的 CRC 数值与本身计算得到 CRC 数值进行比较，如果一致，表示这两个模块之间没有传输错误，反之，出现传输错误。在继续的后 8 位总线时钟节拍中，CR 信号被置为"LOW"，模块送出 CRC 检测错误信号。这就是说，CR 给出检查状态信号。通过这个方法，每个总线模块进行了一段距离的传输安全检测工作，即前一个模块到自己的输入口。现在总结如下。

① 在 CRC 序列（FCS）阶段中，首先的 16 位时钟节拍将 CRC 的检测数值从一个总线模块送往下一个总线模块；

② 在下续的 4 位时钟节拍中（17～20），每个总线模块通过改变 CR 状态从"HIGH"到"LOW"将 CRC 的错误状态表示出来；

③ 不管 CR 和 SL 的信号状态如何，在 21～24 的时钟节拍中接收输出信息。如果 SL 信号为 HIGH，表示数据周期在运行，这些输出信息是送入外部设备的信号。SL 信号为 LOW，表示识别周期在运行，这些输出信息是控制信息。如果 CR 信号为 HIGH，表示没有 CRC 检验错误，数据是正确的可以接收。反之，CR 信号为 LOW，表示出现 CRC 检验错误，数据将被放弃；

④ 在移位寄存器的第 25～28 位的 CRC 序列时钟节拍中得到输入信息，不管系统处于什么状态，输入信息必须被接收，因为数据完整性的检测在下一个周期结束后才进行，通过这些输入信息，可以知道在传输发生错误的时候，系统得到的还是最新的信号。

在 CRC 序列阶段后，又开始一个新的数据序列阶段。采用两线导线传输方法是每两个模块中仅有两根传输线。Interbus 的协议信号必须按照传输方法进行编码。

Interbus 的系统连接方法也可以看作许多个点对点连接的串联。每个总线模块都有一个接收器，接收上一个模块的信号，同时都有一个发送器，将本身的信号送入下一个总线模块。所以 Interbus 系统用的传输导线又可称为 DO（数据输出从主站发送）和 DI（数据从从站发出）。

Interbus 协议的数据传输通过 8 位编码方法进行。整个集总帧分成以 8 位编码为单位，以与 UART 相似的电报帧的形式在两个总线模块之间的输入和输出导线上进行传输。

这里有两种不同的电报格式：状态电报信息；数据电报信息，其区别在于电报的长度。每个电报类型都有一个前缀，数据电报信息还附加一个数据字节。

状态电报的作用在于当传输休息时，传输 SL 信号的状态。交换状态电报信息采用这种方法，使得 SL 信号近似与所有总线模块并行运行。

状态电报由 5 位前缀信息组成，包括启动位和停止位。在启动位和停止位之间，第 2 位是反相的 SL 信号位。第 3 位无意义，第 4 位为 1 时，表示这个电报信息是状态电报，不存在有效信息。

数据电报传输两个总线模块之间的有效信息，数据电报帧除了 5 位前缀信息外，还有 1 个数据字节。

与状态电报帧一样，前缀信息包括启动位和停止位。在启动位和停止位之间，第 2 位是反相的 SL 信号位。第 3 位是反相的 CR 信号位。第 4 位为 0 时，表示后面跟随着 8 位数据。

每个总线模块的协议逻辑电路确定电报信息的流程。第 2 和第 3 位（SL 和 CR 信号）的传送不经过移位寄存器，而是直接送入总线模块的发送器。所以一个新的电报传输到下一个模块被延迟一个节拍，在这时刻首先接收 SL 和 CR 状态信号，数据通过移位寄存器传输。

SL 和 CR 信号不通过移位寄存器来传输，而是相对于通过与移位寄存器并联带有 1.5 节拍延迟时间的导线进行传输。这两种不同的电报方式，将由接收器通过校验来区别。校验方法是：

① 检验信号改变是上升沿还是下降沿；

② 检验启动信号的状态；

③ 检验停止信号的状态。

如果这些检验正确，那么电报内容是有效的。

内部时钟节拍发生器的频率为 16MHz，所以通过分频技术 Interbus 的协议可在三种不同的速率下工作：

① 2Mbps（从 2001 年后将采用）；

② 500Kbps（标准速率）；

③ 125Kbps（特殊用途）。

每个模块都有一个 16MHz 的频率发生器，通过分频提供一个固定的 500Kbps。因为各个模块的频率发生器是互相独立的，所以两个相邻模块之间的内部时钟会产生相位差或者微小的频率偏差。为了保证一个总线模块能够接收到前一个总线模块的数据，接收器和发送器的内部节拍必须同步。每个总线模块采用同样高速的 16MHz 的频率，基本上能够保证模块工作于同步的状态下。

协议中比特信号流在不同工作阶段的转换，是通过一个协议规定的同步位置的时钟节拍来完成的。这个同步位置在两个 Interbus 电报的启动/停止码中。

如果接收器得到一个 Interbus 电报产生的信号沿变化，这时产生内部时钟的计数器被置为零，接收器在半个节拍后开始接收数据。在停止码得到后，一个新的接收器的同步由接收到的下一个启动码来实现。

因为在二线制传输方法中不存在清零导线，所以清零的功能必须通过协议中所谓的连接监视方法来实现。其方法是：Interbus 协议不断地产生数据/状态电报信息，如果发出一个电报后的一段时间得不到新的有效的电报内容，系统开始计算数据传输停止时间，当这时间超过允许时间时，则发出一个清零信号。

（9）数据安全保护

在所有的串联数据传输方法中，如何保证数据传输的正确性是一个非常重要的问题。各种不同的传输方法都采用某种保证数据正确性的方法，借助于这种方法协议可以得到传输出错的信息，并采取某种纠正的措施。

保证数据传输正确性的方法可以是简单的奇偶校得 CRC 方法。Interbus 采用了一套完整的检验方法来实现数据的完整性和传输的正确性。下面 5 个方法得到了应用：

① 检查 SL 和 CR 信号；

② 检查 loopbackword 信号；

③ 检查 CRC 字；

④ 监视传输时间（WATCHDOG）；

⑤ 停止码信号。

通过这些措施的采用，使得 Interbus 的数据传输达到了很高的安全性。衡量数据正确度是高还是低的重要标准，是所谓的 Hamming-Distanz。其计算公式是：

$$d = e + 1 \tag{1}$$

式中，e 表示能够被明确指出错误的校验码个数。例如，当采用奇偶校方法，每一个错误只要改变一个校验码就可以识别，就是说 $e = 1$。

根据 Hamming-Distanz 计算公式 $d = 2$，所以说奇偶校方法具有 Hamming-Distanz2。

如果一个数据中有一位信息变化了，校验码必须改变 3 位的信息，才能区别两个同样有效的内容不同的数据信息。这种方法称为 Hamming-Distanz4。Interbus 采用 Hamming-Distanz4 的方法，也就是说在一个循环周期中 3 个任意的位错误可以被指出。

在 Interbus 中，译码字由数据和校验码组成。

① 检查 SL 信号　通过检测 SL 信号主站，知道系统的传输线是否断开。在一个 Interbus 周期的开始，SL 信号首先被主站置为高。通过状态电报 SL 信号，从一个总线模块传送到另一个总线模块，这样主站在一定的延迟时间后在它的输入端接收到这个信号。如果主站在它的接收端得到从高到低的状态改变后，它就重新置发送器的状态为低。

主站从发出 SL 的高电平信号到重新在输入端接收到这个信号的时间，称为总线延迟时间。这个时间取决于总线模块的信号延迟和总线导线的传输时间。

在一个数据序列中 SL 信号的状态一直被监视着。SL 信号的高低表示那个周期（识别/数据）在运行。而且在一个周期运行之中，SL 信号的状态不得改变。如果在一个周期运行之中，SL 信号的状态被改变了，则表示总线出错，出错的状态被存储在模块里。

在监视 SL 信号的同时，数据序列中 CR 信号也被监视。CR 信号区别是数据还是 CRC 序列，同时在一个序列中其状态也不应改变。

② 检查 loopbackword　loopbackword 是一个与所有识别码不同的 16 位的特定数据码。在传输周期中，主站首先发送 loopbackword 到与主站连接的第 1 个总线模块。在

loopbackword 信号的后面，跟随了主站发给连接在总线系统中的总线模块的所有输出信号，而在反馈的 loopbackword 信号之前，将每个总线模块中的输入信号移入主站，因此主站在 loopbackword 后面首先发出的是最后一个总线模块的输出信号。在一段总线延迟之后，得到的是最后一个总线模块的输入信号。在主站发送出所有的输出信号后，便等待着 loopbackword 信号的到来。当它重新得到 loopbackword 信号后，主站比较这两个信号，如果这两个信号一致，表示 Interbus 系统的传输数据的长度与系统中移位寄存器的长度一致。loopbackword 的数值没有改变。在这种情况下，主站置 CR 信号为低，转入 CRC 序列。如果 loopbackword 的数值被改变了，则表示 Interbus 系统存在着或多或少的总线模块与实际的系统组态不一致。在这种情况下，主站不转入 CRC 序列，而是转入识别周期检查是否缺少总线模块或总线模块太少。

③ R 检测　在串联数据传输中，不仅对通信媒介的抗干扰是一个重要的需解决的问题，而且保证数据传输的正确性也是一个重要的任务，所以几乎所有的总线系统都采用复杂的数据传输安全方法。例如面向字符的协议中往往采取长度/横向奇偶校的方法。这种方法比较简单，容易实现，能检测单/双重错误，并能进行局部的校正。

采用面向比特的传输协议的总线系统应用 CRC 循环冗余编码。CRC 码检错方法是将要发送的数据比特序列当作一个多项式 $f(x)$ 的系数，发送端首先将这个多项式除以一个由 CCTT 定义的多项式 $G(x)$，求得一个余数多项式。将余数多项式加到数据多项式 $f(x)$ 的后面，形成新的多项式 $f(x)$。这个新的多项式发送到接收端。接收端得到这个多项式后，也除以同样的多项式 $G(x)$，得到一个计算的余数多项式。如果这两个余数多项式一致，表示传输无错误；反之表示传输出错。Interbus 在 CR 检验中采用 16 位的多项式：

$$G(x) = x^{16} + x^{12} + x^5 + 1$$

$G(x)$ 多项式的初始值为 FFFFhex。CRC 校验码的生成采用二进制模二算法，即异或运算。CRC 校验码生成器的 2^1 位在 A 的位置与数据移位寄存器中的比特位进行异或运算，其结果被移向 2^{16} 位的位置，同样也在 B 和 C 的位置与 2^5、2^{12} 位信息进行异或运算，其结果分别被移向 2^4、2^{11} 位的位置。

带有 16 位 CRC 校验码的检错能力很强，能检查下列错误：

a. 全部单个错；

b. 全部离散的 2 位错；

c. 全部的错误的奇数个数；

d. 全部长度小于 16 位的突发错误。

(10) 系统复位

一个工业控制系统运行的时刻，操作人员应能够将系统每时每刻复原到一个预定的状态，即安全状态。同时系统在发生故障时，也能自动地汇到一个安全的位置。这就要求系统发生事故时，所有的输出信号必须置为零，这样保证事故发生时，工业设备能够毫无问题地停止工作。

为了达到这个目的，Interbus 采用一个分段复原方法。比如当导线断裂时，Interbus 的模块可通过主站或者自行地还原到设定值，即系统被清零。

通过分段复原的方法，系统不仅能回到设定值，而且还能得到出错的地点。分段复原方法是通过清零信号的不同的脉冲长短来实现。小于 $256\mu s$ 的脉冲称为短脉冲，大于 25ms 的脉冲称为长脉冲。因为二线制传输不能传输清零信号，所以清零信号是通过 Interbus 协议中的连接监视方法来进行。即在发送信息时，通过在两个模块中传输状态电报来实现。每个有效的状态电报将连接监视时钟设置为初始值。

例如当导线断开后，传输线上没有传输信号，模块在 $26\mu s$ 后（两个数据电报的传输时间）开始测量传输中断时间。如果中断时间超过 $256\mu s$，即短清零信号，所有远程终端模块关闭输出端，每个 Interbus 总线段被隔离起来了。一开始只有主站与第 1 个总线终端模块相连接。在短清零信号的时间，I/O 模块的输出信号没有被清零。

如果数据传输中断时间超过路 $25\mu s$，则为长清零信号，长清零信号除了具有与短清零信号同样的功能外，还将输出信号置为零。

借助于控制数据的第 8 和 9 位信号，主站可以有目的地将某个远程或本地总线段置为清零状态。这种清零也称为编程清零。

4.4 Interbus 组态与编程

[知识要点]
① 掌握 PC WORX 控制板的组态与编程。
② 掌握 Interbus 系统规划与设计方法。
③ 会安装与接线。
④ 能够进行 Interbus 诊断与维护。

4.4.1 PC WORX 控制板的组态与编程

模块自动控制系统提供了多种现场总线控制器（FC）以及远程现场控制器（RFC），对采用这类控制的 Interbus 总线系统，可以使用 PC WORX 控制软件对总线系统进行组态、编程和实施。这里详细介绍 PC WORX5.0 的组态和基于 IEC61131-3 标准的编程方法。PC WORX5.0 支持表 4-1 中所列出的所有控制器。

（1）总线组态

总线组态是用于定义和处理自动化环境中控制器（或控制板）及其连接的设备。总线组态分成两类，一类是离线组态，另一类是在线组态。

当总线系统不存在时，采用离线组态的方式，从软件系统模板提供的控制器开始，从设备类别中选取合适的模块，并拖至总线结构中，形成所期望的总线型拓扑结构。

在线组态是使用等待运行的实际总线系统的总线组态，为此，必须在 PC 与控制器之间建立一个有效的通信路径，在总线结构窗体中选择控制器，然后在设备细节窗体中通信页面选择缺省的通信路径，所支持的通信路径视控制器型号而定。成功地建立两者之间的通信之后，在 PC WORX 中显示出了所连接的总线系统，这里仅仅显示了设备的基本类型以及设备的标号（ID）和过程数据的长度（PDL），欲使总线的拓扑结构更为清晰，在导入到工程时需要与设备类别中的设备相关联，从而使整个总线系统中的组成结构更为清楚明了，并与实际设备系统保持一致。

模块的参数设置，比如站名、设备名、组以及选择组等，均在"设备细节"窗口中设置。

在总线组态过程中，PC WORX 提供了一个设备类型，它实质上是一个设备库，包含了在总线组态中所有可以使用的模块，并以树形结构分类显示。设备类别中的所有设备并不是保持不变，而是可以添加新的设备。与设备有关的所有数据保存在相关的设备描述文件（XML）中，如果要导入设备和类别，可以从 XML 文件直接装入数据并检查文件的语法。新的设备只有在相应的设备描述文件导入到设备类别之后，才可以使用。

（2）IEC61131-3 编程

① ProConOS　在进行 IEC61131-3 编程之前，首先介绍 ProConOS。它是一个运行于不同处理器（如 Intel、Motorala 以及 ARM）中的软 PLC 实时操作系统。PC WORX 中的 Program-WORX 就是采用 ProConOS 作为嵌入式 PLC 的操作系统。PC WORX 控制板中所用到的实时操作系统分为两类，一类用于 IPC 目标机的 Vx-orks，另一类是 M68 目标机的 VRTXsa。PC WORX 控制程序开发与执行的基本流程见图 4-31，从中可以了解到 PC WORX 过程控制开发的基本功能以及 ProConOS 的过程控制功能。

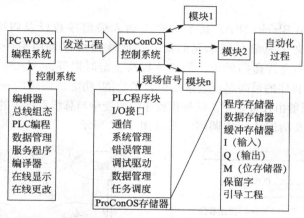

图 4-31　PC WORX 控制程序开发与执行的基本流程

② PC WORX 中的工程树　工程树是 PC WORX 程序的基础，在工程树中完成所有的编程工作，并对所编的程序进行管理。图 4-32 是一个工程树的例子，其中显示了工程树的各个组成部分：工程、程序组织单元 POU、库、硬件和实例，它们每一个都具有独立的窗体，可以通过窗体底端页面的选择按钮进行切换选择。

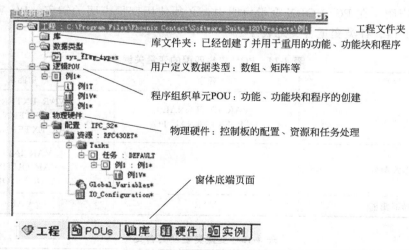

图 4-32　PC WORX 工程树

③ 程序组织单元 POU　根据 IEC61131-3，程序组织单元 POU 是 PLC 程序的基本元素，是包含了程序代码的独立的软件单元。注意：POU 的名称在工程树内必须是唯一的。

IEC61131-3 标准中含有 3 种不同的 POU 类型，其功能呈递增趋势，顺序为：功能（Function）、功能块（Function Block，FB）和程序（Program）。

每一种 POU 类型都由不同部分组成，它们包括描述部分、变量声明部分和代码本体部分。其中，变量声明部分，声明了 POU 中所有局部变量；代码本体部分则包含了选择的编程方式（如指令表、功能块等）所编写的指令。图 4-33 列出了 PC WORX 工程树中 POU 的结构。

Function 是带有多个输入参数并且只有一个输出参数的 POU。相同参数调用时，功能总是返回相同的结果，返回值必须是基本的数据类型。一个功能内可以调用另外的功能，但不能调用功能块或程序，不允许递归调用。比较典型的有标准算数运算功能、数值功能和逻辑运算功能。

功能块（Function Block，FB）是带有多个输入输出参数以及内部存储单元的 POU。功能模块的返回值取决于内部存储单元的值，功能块内可以调用另外的功能块或者功能，但是不能调用程序，不允许递归调用。例如计数器、定时器等。

程序 POU 是用户程序的最高层，通常是包含了功能/功能块调用的一个逻辑组合。程序之间不能相互调用，而只能由任务调用。任务将程序中的变量与总线系统中的过程数据相连接。

程序、功能块以及功能之间的调用关系如图 4-34 所示。

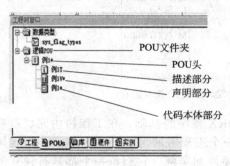

图 4-33　POU 结构

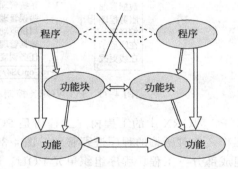

图 4-34　程序、功能块以及功能之间的调用关系

④ 变量声明　在 PC WORX 变量声明中，必须使用变量声明关键字。PC WORX 常见关键字见表 4-14。各类变量含义见表 4-15。

表 4-14　POU 中相匹配的变量关键字

变量类型	程序	功能块
全局变量	VAR_EXTERNAL VAR_EXTERNAL_PG	VAR_EXTERNAL VAR_EXTERNAL_PG VAR_EXTERNAL_FB
形式参数	—	VAR_INPUT VAR_OUTPUT VAR_IN_OUT
局部变量	VAR	VAR

表 4-15　变量类型及其含义

变量类型	说明
VAR	局部变量，只有在 POUnei 有效
VAR_INPUT	功能和功能块的输入变量，处理方式同 VAR
VAR_OUTPUT	功能和功能块的输出变量，处理方式同 VAR

续表

变量类型	说明
VAR_IN_OUT	功能和功能块的输入/输出变量，变量地址也可作为形参来传递。主要用来传递复杂的数据结构，如数据、结构等
VAR_EXTERNAL	程序和程序块的全局变量，可以在所有的 POU 之间交换数据。该变量对同一资源（硬件树）中的所有实例化 POU 都是可见的，可以访问 Interbus 过程数据
VAR_EXTERNAL_PG	程序和功能块的全局变量，但是不能在所有的 POU 之间交换数据。变量只是在程序实例中可见，在程序实例中的功能块可以访问该变量，可以访问 Interbus 过程数据
VAR_EXTERNAL_FB	功能块的全局变量，但不能在所有的 POU 之间交换数据，可以访问 Interbus 过程数据
VAR_GLOBAL	全局变量，工程的所有 POU 中都可以使用。该变量可以在 PC WORX 中的全局变量浏览器中创建。在全局变量浏览器中，所有的 VAR_EXTERNAL_……变量类型转换为 VAR_GLOBAL……变量类型

其中全局变量的概念为：如果某个变量可用于整个工程，则它被称为全局变量。全局变量必须要使用关键字 VAR_GLOBAL。在全局变量声明中，并且在每个使用它的 POU 中，用 VAR_EXTERNAL 来声明它。

如果一个变量仅能用于一个 POU 内部，则它被称为局部变量。这种情况下，在相应的 POU 的变量工作单元中，通过使用变量声明关键字 VAR，VAR_INPUT 或 VAR_OUTPUT 其中的一个被声明。

原则上，在 POU 变量声明之处及其低层的所有 POU 中，都可以对该变量进行访问（由于在功能中不能定义全局变量，因此这只适应于功能块）。功能块可以访问其上层程序中的变量，反之则不行。例如，这两个程序都可以访问全局变量（VAR_EXTERNAL），程序本身并不能访问对方的 VAR_EXTERNAL_PG 变量。程序中的功能块，可以访问程序中的 VAR_EXTERNAL_PG 变量，反之则不行。程序不能访问子程序中的 PG 或 FB 变量。

⑤ 实例化　在 IEC61131-3 中，经常会遇到"实例化"这一个术语，实例化意味着创建一次对象，并且可以多次使用。由于功能块具有内部数据区，PLC 系统为每个功能模块实例分配一个存储空间，因此需要一个实例名称，比如标准的功能块 RS，在创建时 PC WORX 赋给它的实例名称是 RS_1。

⑥ 编程语言　PC WORX 提供了多种 IEC61131-3 编程语言，包括指令表（IL）、结构文本（ST）、功能块图（FBD）、梯形图（LD）以及顺序功能图（SFC）。前两者是文本语言，后三者是图形化编程语言。具体含义见表 4-16。

表 4-16　PC WORX 中的编程语言

IEC 语言	说明
指令表（IL）	文本语言，类似于传统的 IL 语言。其代码是一个指令序列，每条指令都另起一行
结构文本（ST）	文本语言，其代码由结构和表达式组成，可以使用 "IF…THEN…ELSE"，"FOR…NEXT" 以及 "CASE" 等结构指令
功能结构（FBD）	图形化编程语言，用矩形块来表示所有的功能和功能块，功能和功能块通过连接线彼此相连，或与变量直接相连接，所连接的对象形成一个 FBD 网络
梯形图（LD）	图形化编程语言，基于传统的电路图，代码由触点和线圈组成，触点将电流从左边传递到右边，线圈将输入值保存为布尔量
顺序功能图（SFC）	图形化编程语言，类似于流程图，代码由步和转换组成，一个步可以完成多个动作，转换包含了切换到下一步的条件

⑦ 物理硬件

a. IEC 硬件模型　IEC61131 将 PLC 描述成一个自动化系统，由若干个可以相互通信的配置（PLC 基板）组成。配置中包含了一个或多个资源（CPU），任务分配给资源，而任务又能调用程序，程序由功能块和功能组成。

b. PC WORX 的硬件结构　PC WORX 控制板属于紧凑型控制器，不能在硬件上进行扩展，也就是说每个控制器中的配置和资源的数量都是已经预定义好了的。对目前所有的控制器，只允许含有一个配置和资源。资源有 3 种类型，一种是 Intel（IPC）目标机，一种是 Motorola（M68）目标机，还有一种就是 ARM（ARM）目标机。Phoenix Contact 公司所提供的控制器的资源类型具体分类见表 4-17。PC WORX 中硬件结构是在工程树中进行配置的。PC WORX3.0 以后的版本支持一个工程可配置多个控制器，如图 4-35 所示，在一个工程中配置了两个控制器。

表 4-17　控制器的资源类型分类

IPC 配置	ARM 配置	M68 配置
RFC430ETH-IB RFC430 IP ETH-IB RFC450ETH-IB	ILC350ETH ILC350PN ILC370ETH 2TX-IB ILC370PN 2TX-IB	ILC200IB ILC200UNI ILC200PCI

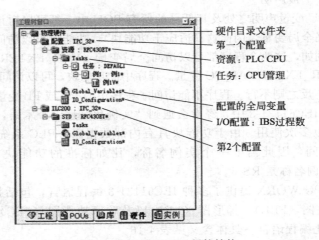

图 4-35　PC WORX 硬件结构

（3）过程数据分配

过程数据分配是指把控制板/控制系统的地址、符号或者寄存器地址分配给 Interbus 总线系统中模块的过程数据项。在 PC WORX5.0 中，通过直接拖动的方式就可以进行分配，从而将控制软硬件结合在一起。

当过程数据的分配完成以后，如果已经建立了与控制器的通信，则可以下载工程文件到控制系统的程序存储器中，然后点击"冷启动"按钮就可以运行工程。如果要求在引导控制系统后自动装入工程，那么必须把它作为引导工程写入参数化存储器中。有的控制系统提供"仿真"通信方式，比如"RFC430/450"ETH-IB，用户可以在不连接硬件的情况下，仿真测试系统控制正确与否。

4.4.2　Interbus 系统规划与设计

（1）Interbus 系统规划的基本方法

Interbus 总线系统规划基本上包含了从系统规划、安装启动到用户验收等多个步骤，具体如下：

① Interbus 总线系统及其拓扑结构的规划；

② 浪涌保护概念安装准备；

③ Interbus 设备的安装；

④ 传感器/执行器的安装；

⑤ Interbus 总线以及 24V 电缆的铺设；

⑥Interbus 总线电缆的测试；

⑦ 连接 Interbus、传感器和执行器电缆；

⑧ 电源线连接；

⑨ Interbus 总线控制板的安装和启动；

⑩ 使用 LED 和 AUTODEBUG；

⑪ Interbus 诊断工具；

⑫ Interbus 模块 IN/OUT 信号的检查（I/O 测试）；

⑬ Interbus 寻址和设备设置；

⑭ 应用程序启动和 Interbus 总线系统测试；

⑮ 在控制程序中对总线模块进行配置；

⑯ Interbus 总线系统运行；

⑰ 验收报告；

⑱ Interbus 稳定运行，Interbus 诊断和维护。

上述所有步骤可以归纳为图 4-36。第①步至第③步是系统的技术结构所要求的，在建立自动化建设方案时可以标准工具和方法予以辅助。为了保证系统能够得到高效和可靠的实施，步骤第④步和第⑤步需要有相关的软件工具支持，对标准的 PLC 总线控制板，通常是采用 CMD 软件，而对现场控制器则采用 PC WORX 进行组态、参数化、启动和测试。步骤第⑥步中需要专门工具，特别是在诊断和错误检查中需要专门工具，以准确及时地检测到错误信息，并能快速可靠地排除。

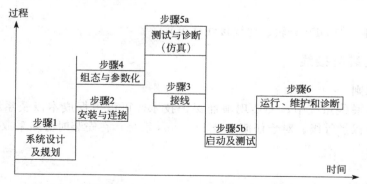

图 4-36　Interbus 系统的规划顺序图

（2）系统的设计与规划

当规划和设计 Interbus 总线系统及其拓扑结构时，必须考虑遵循相应的标准、现场条件及技术需求，同时还要考虑防护等级，即 IP 防护等级。

在设计 Interbus 总线系统时，必须非常清楚 Interbus 系统的基本规格，如设备以及输入/输出（I/O）点的最大/最小数量，此外，还必须明确以下内容：

① Interbus 总线系统所需要的周期，能满足应用需求的最长周期时间（实数周期）；

② 输入/输出点数；

③ 过程/参数配置；

④ 整个系统的跨距；

⑤ 设备之间的距离；

⑥ 设备和总线段的电流消耗。

此外，还应该考虑以下问题：

① 可以提供哪一类电压（24V、120V、230V、400V）；

② Interbus 系统是否需要冗余结构；

③ Interbus 系统及其电缆安装的位置；

④ Interbus 系统是简单网络还是需要子网；

⑤ 子网中层的构成（本地总线、远程总线或者远程总线分支）；

⑥ 使用哪一种控制系统及其编程语言；

⑦ Interbus 系统和上层控制/管理设备间如何进行数据交换，用什么介质进行连接；

⑧ 参数数据可不可以在 Interbus（通过 PCP）交换，所需要的 Interbus 设备应遵循的设备规范；

⑨ 需要满足维护和故障诊断的工具。

还有至关重要的一点，就是必须确保为 Interbus 总线系统选择正确的电缆，也就是说，为户外或室内、拖曳电缆或保护区域（易爆区或受 EMI 干扰区）选择合适的电缆。如果是在 EMI 干扰区，选择光缆会比较好。一般情况下，不提倡在同一个总线系统中使用不同芯片的总线设备。

一旦明确了以上问题和需求，就可以在可以选择的设备中选择 Interbus 设备。在规划阶段，可以对设计进行修改，除了必需的 Interbus 设备外，一般必须配置：

① 电缆和连接器；

② 电源；

③ 接线盒和路由分配器；

④ 控制柜；

⑤ 机械配件（如 DIN 导轨、地线接线柱等）。

4.4.3 安装与接线

（1）安装原则

在 Interbus 总线系统中，要实现浪涌保护技术，可以根据成本以及系统的技术要求，决定采用哪一种保护等级。对于任何一个 Interbus 系统，在安装时必须采取以下措施：

① 屏蔽；

② 接地；

③ 等电位连接；

④ EMI 保护；

⑤ 数据电缆和电源电缆分开安装；

⑥ 如果必要，使用不间断电源（UPS）。

设备接地是为了有效避免危险电压对人身或设备造成伤害，所有的 Interbus 设备必须接地，以避免可能的信号干扰。建议使用至少 2.5mm^2（14AWG）的电缆来接地，对有些安装模块可能需要更大直径的电缆。接地类型取决于模块的安装方式。如果采用 DIN 导轨安装方式，需要在模块固定于 DIN 导轨前接地端子连接到保护接地端，模块通过背后的金属夹连接到保护接地端。对于直接安装模块，则可以用安装螺钉将外壳 PE 端子与安装表面上的 PE 相连。

若电路中含有电子元器件、继电器、接触器以及电磁阀等能产生电压干扰的元器件，这些元器件应该配有过滤器、RC 元件、浪涌限制等部件。对于干扰电压，一般通过连接一个 RC 元件得到快速有效的抑制，建议 R 取值 $100\sim200\Omega$，C 取值为 $200\sim470\text{nF}$。

（2）模块安装

根据模块的类型和防护等级，Interbus 模块有多种安装方法，但是大多数模块都可以采用导轨安装或者直接安装中的一种。

① 导轨安装　安装在导轨上的模块需要一个符合 DIN EN50022 标准的 DIN 导轨，模块卡在导轨上，并用端子夹和弹簧端子卡紧。通常模块之间彼此直接相邻安装。适用导轨的安装模块有 ST 模块、Inline 模块、CT 模块（如网关模块 IBS CT24 IO GT-T）、RFC 控制器以及一些附件元件。DIN 导轨必须通过接地模式连接到保护地（PE）。当模块安装到导轨上时同时也就接地了。

② 直接安装　直接将模块用螺钉紧固于接地的安装角或者安装板上。它在现场模块和防护等级较高（IP54、IP65、IP67）的特殊模板中推荐使用。这些模块通常是安装远程总线模块、电动机启动器、Rugged Line 模块以及 Fieldline 模块。

（3）线路连接

在 Interbus 系统中，设备需要包括以下的接线：

① 总线接线；

② PE 接线；

③ 电源线的连接；

④ 传感器和驱动器的连接。

总线连接包括预装配好的总线电缆，当使用铜缆的情况下，可以根据各总线段的类型，将总线电缆划分为远程总线和安装远程总线电缆。有多种类型的远程总线电缆和安装远程总线电缆可供选择，比如适用于永久安装于电缆管道中的 IBS RBC METER、适用于高度柔性应用（可安装于柔性电缆轨道）的 IBS RBC METER/F-T 以及适用于户外及地下安装的 UV 电阻的 IBS RBC METER/E-T。

标准连接技术可以采用 D-SUB 连接器、平连接器、IP65 圆形连接器以及 M12 连接器。常见的 Interbus 总线电缆的接线方法见表 4-18。

表 4-18　常见的 Interbus 总线电缆的接线方法

总线段类型	连接方法	电缆种类
远程总线	D-SUB 连接器	6 芯远程总线电缆（3×2 双绞线，用于数据传送），屏蔽
	平连接器（MINI-COMBICON）	
	IP65 圆形连接器	
	M12 连接器	
安装远程总线	IP65 圆形连接器	9 芯安装远程总线电缆（3×2 双绞线，用于数据传送，3 根用作电源线），屏蔽
	SAB 连接器	

在本地总线段中，ST 本地总线段中是用一个专门的 5 芯 ST 扁平电缆实现模块之间的连接；而在 Inline 本地总线中，总线连接通过电位线自动完成，因此就不需要专门的总线连接；在 Fieldline 中采用 M12 连接器。

根据整个系统的设计，Interbus 模块可以集中配电，也可以是分布式配电。模块的供电必须与总线的类型相匹配，电源电缆可以独立于总线电缆，也可以包含在总线电缆内，电源电压一般是直流 24V（电压范围为直流 20～30V DC），波动为 3.6V（峰峰值）。不同总线的电源供应见表 4-19。

表 4-19　Interbus 模块的供电

总线类型	电子模块的电源
ST 本地总线	电源通过 ST 扁平电缆提供
Inline 本地总线	电源通过 Inline 电位线内部提供
Fieldline 本地总线	电源通过 Fieldline 本地总线供电电缆提供
远程总线	电源通过外接电缆提供
安装远程总线	电源由总线电缆中的专用线内部提供

Interbus 模块可以为传感器提供 1 线、2 线、3 线和 4 线连接技术，具体接法如图 4-37 所示，为执行器提供 1 线、2 线、3 线连接技术，具体接法如图 4-38 所示。

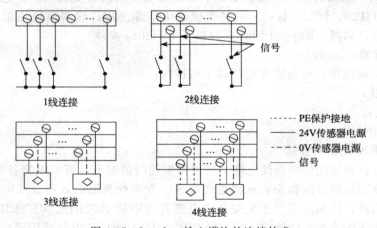

图 4-37　Interbus 输入模块的连接技术

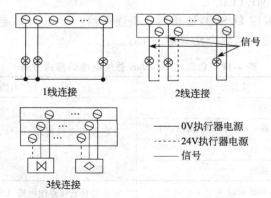

图 4-38　Interbus 输出模块的连接技术

4.4.4　Interbus 诊断与维护

（1）Interbus 诊断功能

Interbus 总线系统有强大的诊断功能，从底层的每个输入/输出模块到上层的控制板，都具有诊断显示功能。Interbus 系统状态可以根据模块上的 LED 显示直接诊断，也可以通过专门的软件进行诊断。具体能否用诊断软件进行诊断，见表 4-20。

表 4-20　分布式自动控制系统中的系统诊断

诊断层	诊断数据	能否由 Interbus 诊断
管理层	过程可视化、数据库	否
应用层	控制程序	否
	输入输出监控	能
控制板	数据流和总线监控	能
总线系统	传输介质、传输可靠性	能
I/O 模块	传感器/执行器的连接，传输功能	能
传感器/执行器	信号检测	在某种程度上可以
	启动	否

Interbus 强大的诊断功能，是由其特殊的网络结构和传输协议构成的，Interbus 是一个环形系统，与线形系统相比，在错误诊断功能方面具有更大的优势。Interbus 诊断功能体现在整个 Interbus 总线系统的各个模块上，比如总线模块、总线控制板、总线的各个智能设备中。Interbus 还对光缆传输具有控制功能，能自动监测出光缆传输的能量，并根据光缆传输的质量给出不同的显示状态。

Interbus 为用户的现场诊断提供了多种渠道，可以分为硬件和软件两个方面。具体划分见图 4-39。

在图 4-39 中，硬件诊断指不借助任何软件工具，仅凭借控制板上的 LCD 显示屏和 Interbus 模块上的 LED 指示灯进行诊断，此方法用于简单的故障排除。软件诊断采用专业的 Diag⁺ 软件，通过 RS-232、以太网、ISA 或者 PCI 接口对 Interbus 系统进行诊断。

图 4-39　Interbus 诊断接口

（2）Interbus 硬件诊断

① G4 控制器诊断　G4（第四代）之后 Interbus 控制板都配有集中诊断显示的 LCD 显示屏，显示屏下方状态表示了 Interbus 的运行状态：RUN 表示工作正常，FALL 表示总线出错，BSA 表示总线段关断。PF 表示外部设备出错，显示屏的背景颜色表示了总线运行状态：红色表示总线出错，绿色表示总线正常。

② 模块诊断　Interbus 现场总线模块上的 LED 指示灯显示总线运行状态监控的结果。传输质量的好坏都可以由 LED 颜色反映出来。不同系列的 Interbus 模块上的 LED 数量和类型并不完全相同。表 4-21 是通用诊断 LED 不同颜色代表的不同含义。

表 4-21　通用诊断 LED

LED 标识	LED 颜色	状态	含义
UL	绿	ON OFF	电子模块电源
RC	绿	ON OFF	远程总线电缆测试，检查远程总线模块的输入线是否正常

续表

LED 标识	LED 颜色	状态	含义
BA	绿	ON OFF 闪烁	总线运行状态，"RUN" 状态 总线没有启动 总线启动，即 "Active" 状态
E	红	ON OFF	本地总线分支出错
LD	红	ON OFF	本地总线段关闭
RD	红	ON OFF	远程总线出线被关闭

（3）Interbus 软件诊断

对 Interbus 总线系统来说，诊断软件是一个集中诊断功能，可以采用两种方式：控制系统程序中的用户诊断功能模块和总线诊断软件。

IBS Diag+ 是一个通用型的 Interbus 总线诊断软件，是加速现场调试、确保快速诊断的有力工具。在 PC WORX5.0 中，已经集成了 Diag+。

所有的 Interbus 运行信息都可以通过 Diag+ 得到。IBS Diag+ 启动时，可以很简便地检测到所连接的 Interbus 总线，该软件还提供了总线诊断和故障统计等功能，此外该软件还可以对总线进行操作，如启动、停止或者切断/接通设备。IBS Diag+ 的一些操作界面如图 4-40 所示。

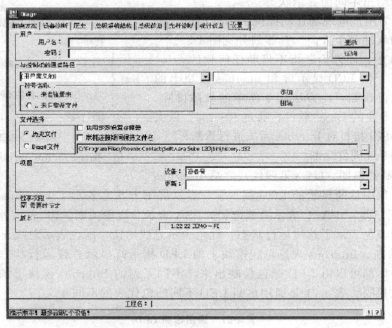

图 4-40　IBS Diag+ 软件

IBS Diag+ 故障诊断是基于知识库的，用户可以添加错误的文本记录。Diag+ 具有 ActiveX 控件，可以直接嵌入其他上位机中，比如一些可视化软件（组态王、WinCC 等），这些软件中可以访问到错误和有效状态信息，并对此进行进一步的处理。

对于工业控制网络，Phoenix Contact 推出了 Diag⁺ NetScan 诊断软件，通过该软件，在中央控制室可以得到整个控制网络的所有诊断数据，实现分布式控制网络的集中诊断。

另一个 Interbus 总线系统的专业诊断软件是 DiagNet，它是以 IBS Diag⁺ 诊断软件为基础，结合图形化软件及其标准工具软件，可以使维护人员直接在系统中得到所有相关的信息数据。

习题 4

1. Interbus 总线系统结构主要包括几部分？每一部分包含什么意义？

2. Interbus 现场模块主要产品有哪些？如何运用 Inline 模块？

3. 安装 Inline 模块时要注意哪些问题？

4. 模块化自动化控制系统由几部分组成？

5. IB IL 24 DO 4-PAC 模块是一个什么模块？

6. PC WORX 软件可以用什么方式编程？

7. IBS Diag⁺ 软件主要有什么功能？

8. 集中帧的含义是什么？Interbus 传输采用什么协议？

9. Interbus 协议的专用信号由哪几部分组成？各部分功能是什么？

10. 数据传输过程中识别号由哪几部分组成？每部分代表什么含义？

11. 简述 Interbus 协议传输过程。

12. 数据传输识别周期是如何运行的？

13. 如何保证 Interbus 传输数据的正确性？

14. PC WORX 软件变量使用时应该注意的问题是什么？

15. Interbus 系统规划的步骤有哪些？

16. Interbus 系统设计时应该首先明确哪些内容？

17. Interbus 总线系统安装时遵循的原则是什么？

18. 如何对 Interbus 总线系统进行诊断和维护？

第5章 Profibus 现场总线

5.1 Profibus 现场总线概述

[知识要点]

① 掌握 Profibus 的数据传输特性。

② 掌握 Profibus-FMS 的相关知识。

③ 掌握 Profibus-PA 的相关知识。

④ 掌握 Profibus-DP 的相关知识。

Profibus 是一种国际化、开放式、不依赖于设备生产商的现场总线标准，是一种集成了过程（H1）和工厂自动化（H2）的现场总线解决方案。采用了 Profibus 标准系统，不同厂商生产的设备不需对其接口进行特别调整就可通信，可用于高速并对时间苛求的数据传输，也可用于大范围的复杂通信场合，如图5-1所示。

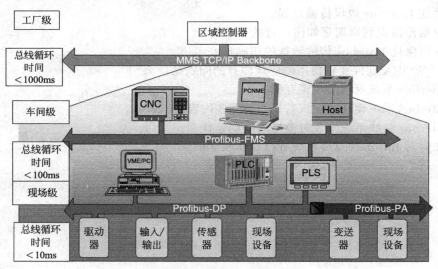

图 5-1 Profibus 应用范围示意图

Profibus 根据应用特点分为三个兼容版本，如图5-2所示。

图 5-2 Profibus 的三个兼容版本

（1）Profibus-DP（Decentralized Periphery）

Profibus-DP 应用于现场级，是一种高速、低成本通信，用于设备级控制系统与分散式 I/O 的通信。使用 Profibus-DP 模块，可取代 24V 或 4～20mA 的串联式信号传输。通过直接数据链路映像（DDLM）提供的用户接口，使得对数据链路层的存取变得简单方便，特别适用于装置一级自动控制系统与分散 I/O 之间的高速通信。在这一级，控制器如可编程控制器（PLC）通过高速串行线同分散的外设交换数据。同这些分散外设的数据交换是周期性的。中央控制器（主）读取从设备的输入信息并发回输出信息。这一级要求响应时间短，应保证总线循环时间比控制器的程序循环时间短。传输可使用 RS-485 传输技术或光纤媒介。

（2）Profibus-PA（Process Automation）

它适用于过程自动化，可使传感器和执行器接在一根共用的总线上，可应用于本征安全领域。根据 IEC61158-2 国际标准，Profibus-PA 可用双电缆总线供电技术进行数据通信，数据传输采用扩展的 Profibus-PA 协议和描述现场设备的 PA 行规，使用电缆耦合器，Profibus-PA 装置能很方便地连接到 Profibus-DP 网络。

（3）Profibus-FMS（Fieldbus Message Specification）

用于车间级监控网络，它是令牌结构的实时多主网络，用来完成控制器和智能现场设备之间的通信以及控制器之间的信息交换。它提供大量的通信服务，用来完成以中等传输速度进行的循环和非循环的通信任务，在单元一级完成通用目的的通信。FMS 与 LLI（Layer Interface）构成应用层，它包括了应用协议并向用户提供了可广泛选用的强有力的通信服务。LLI 协调了不同的通信关系并向 FMS 提供不依赖设备访问数据链路层。Profibus-FMS 可使用 RS-485 和光纤传输技术。

5.1.1　Profibus 的基本特性

Profibus 可使分散式数字化控制器从现场底层到车间级网络化。与其他现场总线相比，Profibus 的最重要优点是具有稳定的国际标准 EN50170 作保证，并经实际应用验证具有普遍性，它包括了加工制造、过程和楼宇自动化等广泛应用领域，并可同时实现集中控制、分散控制和混合控制三种方式。该系统分为主站和从站。

主站决定总线的数据通信，当主站得到总线控制权（令牌）时，没有外界请求也可以主动发送信息。在 Profibus 协议中主站也称之为主动站。

从站为外围设备，典型的从站包括输入输出装置、阀门、驱动器和测量发送器。它们没有总线控制权，仅对接收到的信息给予确认或当主站发出请求时向它发送信息。从站也称为被动站。由于从站只需总线协议的一小部分，所以实施起来特别经济。

5.1.2　Profibus 总线存取协议

① 三种 Profibus（DP、FMS、PA）均使用一致的总线存取协议。该协议是通过 OSI 参考模型第 2 层（数据链路层）来实现的。它包括了保证数据可靠性技术及传输协议和报文处理。其总线存取协议如图 5-3 所示。

② 在 Profibus 中，第 2 层称之为现场总线数据链路层（Fieldbus Data Link，FDL）。介质存取控制（Medium Access Control，MAC）具体控制数据传输的程序，MAC 必须确保在任何一个时刻只有一个站点发送数据。

③ Profibus 协议的设计要满足介质控制的两个基本要求：

a. 复杂的自动化系统（主站）间的通信，必须保证在确切限定的时间间隔中，任何一个站点要有足够的时间来完成通信任务；

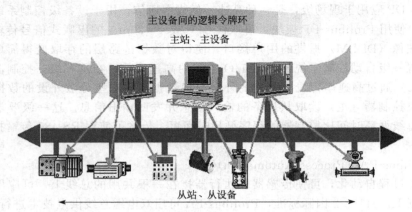

图 5-3　Profibus 总线存取协议

b. 复杂的程序控制器和简单的 I/O 设备（从站）间通信，应尽可能快速又简单地完成数据的实时传输。

因此，Profibus 总线存取协议，主站之间采用令牌传送方式，主站与从站之间采用主从方式。

④ 令牌传递程序保证每个主站在一个确切规定的时间内得到总线存取权（令牌）。令牌是一条特殊的电文，它在所有主站中循环一周的最长时间是事先规定的。在 Profibus 中，令牌只在各主站之间通信时使用。

⑤ 主站得到总线存取令牌时可与从站通信。每个主站均可向从站发送或读取信息，因此，可能有以下三种系统配置：

a. 纯主-从系统；

b. 纯主-主系统；

c. 混合系统。

⑥ 图 5-3 以一个由 3 个主站、7 个从站构成的 Profibus 系统为例。3 个主站之间构成令牌逻辑环。当某主站得到令牌报文后，该主站可在一定时间内执行主站工作。在这段时间内，它可依照主-从通信关系表与所有从站通信，也可依照主-主通信关系表与所有主站通信。

令牌环是所有主站的组织链，按照主站的地址构成逻辑环。在这个环中，令牌在规定的时间内按照地址的升序在各主站中依次传递。

⑦ 在总线系统初建时，主站介质存取控制 MAC 的任务是制定总线上的站点分配并建立逻辑环。在总线运行期间，断电或损坏的主站必须从环中排除，新上电的主站必须加入逻辑环。

⑧ 第 2 层的另一重要工作任务是保证数据的可靠性。Profibus 第 2 层的数据结构格式可保证数据的高度完整性。

⑨ Profibus 在第 2 层按照非连接的模式操作，除提供点对点逻辑数据传输外，还提供多点通信，其中包括广播及选择广播功能。

5.1.3　Profibus 协议模型及结构

Profibus 协议模型与 ISO/OSI 协议模型的关系如图 5-4 所示。在这个模型中，每个传输层都处理各自规定的任务，Profibus 现场总线只使用第 1 层（物理层）、第 2 层（数据链路层）和第 7 层。

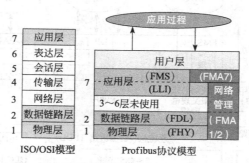

图 5-4　Profibus 协议模型与 ISO/OSI 协议模型的关系图

（1）Profibus 各层功能

① Profibus 的第 1 层 PHY　第 1 层规定了线路介质、物理连接的类型和电气特性。Profibus 通过采用差分电压输出的 RS-485 实现电流连接。在线性拓扑结构下采用双绞线电缆。在树形结构中还可能用到中继器。

② Profibus 第 2 层　有 3 个子层，分别为 MAC、FLC、FMA1/2。

a. 第 2 层的介质存取控制（MAC）子层，描述了连接到传输介质的总线存取方法。Profibus 采用一种混合访问方法。由于不能使所有设备在同一时刻传输，所以在 Profibus 主设备（masters）之间用令牌的方法。

b. 第 2 层的现场总线链路控制（FLC）子层，规定了对低层接口（LLI）有效的第 2 层服务，提供服务访问点（SAP）的管理和与 LLI 相关的缓冲器。

c. 第 2 层的现场总线管理（FMA1/2），完成第 2 层（MAC）特定的总线参数的设定和第 1 层（PHY）的设定。FLC 和 LLI 之间的 SAPs，可以通过 FMA1/2 激活或撤销。

③ Profibus 第 3～6 层　第 3～6 层在 Profibus 中没有具体应用，但是这些层要求的任何重要功能，都已经集成在"低层接口"（LLI）中。例如，包括连接监控和数据传输的监控。

④ Profibus 第 7 层　有 3 个子层，分别为 LLI、FMS 和 FMA7。

a. 第 7 层的现场总线低层接口（LLI），将现场总线信息规范（FMS）的服务映射到第 2 层（FLC）的服务。除了上面已经提到的监控连接或数据传输，LLI 还检查在建立连接期间用于描述一个逻辑连接通道的所有重要参数。可以在 LLI 中选择不同的连接类型，主-主连接或主-从连接。数据交换既可是循环的，也可是非循环的。

b. 第 7 层的现场总线信息规范（FMS）子层，用于通信管理的应用服务和用户的用户数据（变量、域、程序、事件通告）分组。借助于此，才可能访问一个应用过程的通信对象。FMS 主要用于协议数据单元（PDU）的编码和译码。

c. 第 7 层的现场总线管理（FMA7）与第 2 层类似，FMA7 保证 FMS 和 LLI 子层的参数化以及总线参数向第 2 层（FMA1/2）的传递。在某些应用过程中，还可以通过 FMA7 把各个子层的事件和错误显示给用户。

⑤ Profibus ALI　它位于第 7 层之上的应用层接口（ALI），构成了到应用过程的接口。ALI 的目的是将过程对象转换为通信对象。转换的原因是每个过程对象都是由它在所谓的对象字典（OD）中的特性（数据类型、存取保护、物理地址）所描述的。

（2）Profibus 协议结构

Profibus 协议结构是根据 ISO7489 国际标准，以开放式系统互联网络作为参考模型。该模型共有 7 层，Profibus 协议结构如图 5-5 所示。

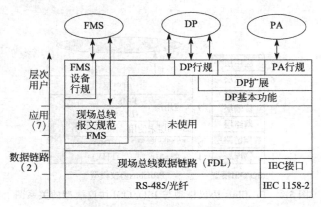

图 5-5　Profibus 协议基本结构示意图

Profibus-DP 使用第 1 和第 2 层和用户接口，第 3 至第 7 层不定义。这种结构能保证快速和有效的数据传送。直接式数据链路转换器（DDLM）提供的用户接口，使得对第 2 层的存取变得简单方便。在用户接口中定义了用户和系统使用的应用功能，以及各种 Profibus-DP 装置的装置特性。

Profibus-FMS 定义 1、2 和 7 层。应用层由 FMS（Fieldbus Message Specification）和 LLI（Lower Layer Interface）组成，FMS 包括应用协议，并为用户提供强有力的通信服务功能选择。

LLI 完成各种通信联系，并为 FMS 提供对策 2 层的存取。策 2 层（FDL，Fieldbus Data Link）实现总线存取控制和数据安全。

Profibus-PA 使用扩展的 Profibus-DP 数据传输协议。此外，PA 应用文件软件包（Profile）定义现场装置的特性。根据 IEC1158-2 标准及传输技术，现场装置可通过总线供电，并能安装在本征安全防爆场合。使用电缆耦合器，Profibus-PA 装置能容易地连接到 Profibus-DP 网络。

Profibus-DP 和 Profibus-FMS 系统使用了同样的传输技术和统一的总线访问协议，因而这两套系统可在同一根电缆上同时操作。

5.1.4　Profibus 传输技术

在现场总线中，数据和电源的传送必须在同一根电缆上。而单一的传输技术不可能满足所有的要求，因此 Profibus 提供了三种数据传输类型：用于 DP 和 FMS 的 RS-485 传输；用于 PA 的 IEC1158-2；光纤（FO）。

（1）用于 DP 和 FMS 的 RS-485 传输技术

由于 DP 与 FMS 系统使用了同样的传输技术和统一的总线访问协议，因而这两套系统可在同一根电缆上同时操作。RS-485 是 Profibus 最常用的一种传输技术，这种技术通常称为 H2，采用屏蔽双绞铜线电线，适用于需要高速传输、设施简单而又便宜的各个领域。

① RS-485 传输技术的基本特性如表 5-1 所示。

表 5-1　RS-485 传输技术的基本特性

网络拓扑	线性总线。两端有有源的总线终端电阻。短截线的波特率≤1.5Mbps
传输速率	9.6Kbps～12Mbps
介质	屏蔽双绞电缆，也可取消屏蔽，取决于环境条件（EMC）
站点数	每段 32 个站，不带转发器。带转发器最多可到 127 个站
插头连接器	最好为 9 针 D 型插头连接器

② RS-485 传输设备的安装要点

a. 全部设备均与总线连接。

b. 每个分段上最多可接 32 个站（主站或从站）。

c. 每段的头和尾各有一个总线终端电阻，确保操作运行不发生误差。两个总线终端电阻必须一直有电源，如图 5-6 所示。

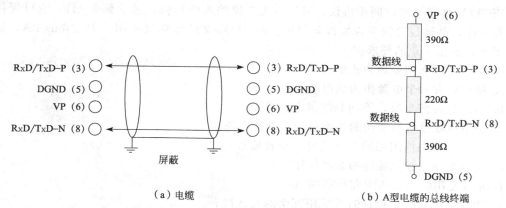

（a）电缆　　　　　　　　　　　　（b）A型电缆的总线终端

图 5-6　Profibus-DP 和 Profibus-FMS 的电缆接线和总线终端电阻

d. 当分段站超过 32 个时，必须使用中继器连接各总线段。串联的中继器一般不超过 4 个，如图 5-7 所示。

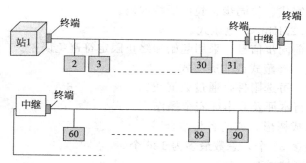

图 5-7　每个分段上最多可接 32 个站（主站或从站）

＊注：中继器没有站地址，但被计算在每段的最多站数中

e. 电缆最大长度取决于传输速率。一旦设备投入运行，全部设备均需选用同一传输速度，可选用 9.6Kbps～12Mbps。电缆的最大长度取决于传输速度，而传输速率与长度的关系如表 5-2 所列。

表 5-2　传输速率与长度的关系

传输速率/Kbps	9.6	19.2	93.75	187.5	500	1200	1500
长度/m	1200	1200	1200	1000	400	200	100

f. A 型号电缆参数

阻抗：135～165Ω，电容：<30pF/m，回路电阻：111Ω。

线规：0.64mm，导线面积：>0.34mm^2。

g. RS-485 传输技术的 Profibus 网络最好使用 9 针 D 型插头。

h. 当连接各站时，应确保数据线不要拧绞。系统在高电磁发射环境（如汽车制造业）

下运行应使用带屏蔽的电缆，屏蔽可提高电磁兼容性（EMC）。

i. 超过 500Kbps 的数据传输速率对应避免使用短截线段，应使用市场上现有的插头，可使数据输入和输出电缆直接与插头连接，而且总线插头连接可在任何时候接通或断开，而并不中断其他站的数据通信。

（2）用于 PA 的 IEC1158-2 传输技术

IEC1158-2 是一种位同步协议，可进行无电流的连续传输，通常称为 H1，它可保持其本质安全性，并通过总线对现场设备供电。IEC1158-2 的传输技术用于 Profibus-PA，能满足化工和石油化工业的要求。

① 传输是以下列原理为依据的：

a. 每段只有一个电源作为供电装置；

b. 当站收发信息时，不向总线供电；

c. 每站现场设备所消耗的为常量稳态基本电流；

d. 现场设备的作用如同无源的电流吸收装置；

e. 主总线两端起无源终端线的作用；

f. 允许使用线形、树形和星形网络；

g. 为提高可靠性，设计时可采用冗余的总线段；

h. 为了调制的目的，假设每个布线站至少需用 10mA 基本电流才能使设备启动，通信信号的发生是通过发送设备的调制，从 ±9mA 到基本电流之间。

② IEC1158-2 传输技术特性

a. 数据传输：数字式、位同步、曼彻斯特编码。

b. 传输速率：31.25Kbps，电压式。

c. 数据可靠性：前同步信号，采用起始和终止限定符避免误差。

d. 电缆：双绞线、屏蔽式或非屏蔽式。

e. 远程电源供电：可选附件，通过数据线。

f. 防爆型：能进行本征及非本征安全操作。

g. 拓扑：总线型或树形，或两者相结合。

h. 站数：每段最多 32 个，总数最多为 126 个。

i. 中继器：最多可扩展至 4 台。

③ IEC1158-2 传输设备安装要点

a. 分段耦合器将 IEC1158-2 传输技术总线段与 RS-485 传输技术总线段连接。耦合器使 RS-485 信号与 IEC1158-2 信号相适配。它们为现场设备的远程电源供电，供电装置可限制 IEC1158-2 总线的电流和电压。

b. Profibus-PA 的网络拓扑有树形和线形结构，或是两种拓扑的混合，如图 5-8 所示。

c. 现场配电箱仍继续用来连接现场设备，并放置总线终端电阻器。采用树形结构时，连在现场总线分段的全部现场设备都并联地接在现场配电箱上。

d. 建议使用下列参考电缆，也可使用更粗截面导体的其他电缆。

电缆设计：双绞线屏蔽电缆

导线面积（额定值）：$0.8mm^2$（AWG18）

回路电阻（直流）：44W/km

阻抗（31.25kHz 时）：100W±20%

39kHz 时衰减：3dB/km

电容不平衡度：2nF/km

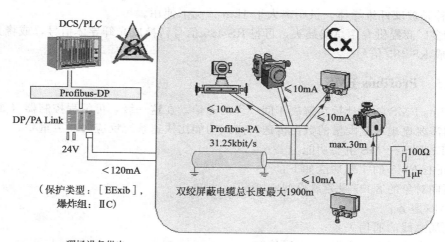

现场设备供电： Ex区：max.10 Non-Ex区：max.30

图 5-8 Profibus-PA 的网络拓扑结构

e. 主总线电缆的两端各有一个无源终端器，内有串联的 RC 元件，$R=100\text{W}$，$C=1\text{mF}$。当总线站极性反向连接时，它对总线的功能不会有任何影响。

f. 连接到一个段上的站数目最多是 32 个。如果使用本征安全型及总线供电，站的数量将进一步受到限制。即使不需要本征安全性，远程供电装置电源也要受到限制。

g. 线路最长长度的确定，根据经验先计算一下电流的需要，从表 5-3 中选用一种供电电源单元，再根据表 5-4 中线的长度选定哪种电缆。

表 5-3 标准供电装置（操作值）

型号	应用领域	供电电压/V	供电最大电流/mA	最大功率/W	典型站数	备注
Ⅰ	EEx ia/ib ⅡC	13.5	110	1.8	8	假设每个设备耗电 10mA
Ⅱ	EEx ib ⅡC	13.5	110	1.8	8	
Ⅲ	EEx ib ⅡB	13.5	250	4.2	22	
Ⅳ	不具有本征安全	24	500	12	32	

表 5-4 IEC1158-2 传输设备的线路长度

供电装置	Ⅰ 型	Ⅱ 型	Ⅲ 型	Ⅳ 型	Ⅴ 型	Ⅵ 型
供电电压/V	13.5	13.5	13.5	24	24	24
所需总电流/mA	≤110	≤110	≤250	≤110	≤250	≤500
$Q=0.8\text{mm}^2$的导线长度/m	≤900	≤900	≤400	≤1900	≤1300	≤650
$Q=1.5\text{mm}^2$的导线长度/m	≤1000	≤1500	≤500	≤1900	≤1900	≤1900

h. 如果外接电源设备，根据 EN50020 标准带有适当的隔离装置，将总线供电设备与外接电源设备连在本征安全总线上是允许的。

（3）光纤传输技术

① Profibus 系统在电磁干扰很大的环境下应用时，可使用光纤导体，以增加高速传输的距离。

② 可使用两种光纤导体：一种是价格低廉的塑料纤维导体，供距离小于 50m 情况下使

用；另一种是玻璃纤维导体，供距离大于 1km 情况下使用。

③ 许多厂商提供专用总线插头，可将 RS-485 信号转换成光纤导体信号，或将光纤导体信号转换成 RS-485 信号。

5.1.5 Profibus-FMS

Profibus-FMS 的设计旨在解决车间一级的通信。在这一级，可编程控制器（如 PLC 与 PC）之间需要比现场更大量的数据传送，高级功能比快速系统反应时间更重要。

（1）Profibus-FMS 主要功能

Profibus-FMS 的主要功能如下：

① 面向对象的客户/服务器模型；

② FMS 服务；

③ 现场总线的通信关系；

④ 点对点或者选择广播/广播通信；

⑤ 带可调监视时间间隔的自动连接；

⑥ 本地和远程网络管理功能；

⑦ 主站和从站设备单主或多主系统配置；

⑧ 每项服务的数据最多为 20 字节。

（2）Profibus-FMS 应用层

Profibus-FMS 应用层提供了用户使用的通信服务。有了这些服务才可能存取变量、传送程序并控制执行，而且可传送事件。Profibus-FMS 应用层包括以下两个部分：

① 现场总线信息规范（Fieldbus Message Specification，FMS） 描述通信对象和应用服务；

② 低层接口（Lower Layer Interface，LLI） 用于将 FMS 适配到第 2 层。

（3）Profibus-FMS 通信模型

Profibus-FMS 利用通信关系将分散的应用过程统一到一个共用的过程中。在应用过程中，可用来通信的那部分现场设备称为虚拟现场设备 VFD（Virtual Field Device）。在实际现场设备与 VFD 之间建立一个通信关系表，通信关系表是 VFD 通信变量的集合，如零件数、故障率、停机时间等。VFD 通过通信关系表完成对实际现场设备的通信。

（4）通信对象与通信字典（OD）

FMS 面向对象通信，它确认 5 种静态通信对象，即简单变量、数组、记录、域和事件，还确认两种动态通信对象：程序调用和变量表。

每个 FMS 设备的所有通信对象都填入该设备的本地对象字典（OD）中。对于简单设备，对象字典可以预先定义。涉及复杂设备时，对象字典可在本地或远程组态和加载。静态通信对象填入静态对象字典中，动态通信对象填入动态对象字典中。每个对象都有唯一的索引，为避免非授权存取，每个通信对象可选用存取保护。对象字典包括下列元素：

① 头 包含对象字典结构的有关信息；

② 静态数据类型表 所支持的静态数据类型列表；

③ 变量列表的动态型表 所有已知变量表列表；

④ 动态程序列表 所有已知程序列表。

对象字典的各部分只有当设备实际支持这些功能时才提供。它们可由设备的制造者预定义或在总线组态时指定。FMS 能识别五种通信对象：

① 简单对象；

② 数组（一系列相同类型的简单变量）；

③ 记录（一系列不同类型的简单变量）；

④ 域；

⑤ 事件。

逻辑寻址是 FMS 通信对象寻址的优选方法，用一个 16 位无符号数短地址（索引）进行存取。每个对象有一个单独的索引，作为选项，对象可以用名称或物理地址寻址。

为避免非授权存取，每个通信对象可选存取保护，只有用一定的口令才能对一个对象进行存取，或对某设备组存取。在对象字典中，每个对象可分别指定口令或设备组。此外，可对存取对象的服务进行限制（如只读）。

（5）Profibus-FMS 行规

FMS 提供了广泛的功能来满足它的普遍应用。在不同的应用领域中，具体需要的功能范围必须与具体应用要求相适应。设备的功能必须结合应用来定义，这些适应性定义称之为行规。行规提供了设备的可互换性，保证不同厂商生产的设备具有相同的通信功能。FMS 行规做了如下定义，括号中的数字为 Profibus 用户组织提供的文件号。

① 控制间通信（3.002）　这一通信行规定义了用于 PLC 控制器之间通信的 FMS 服务。根据控制器的等级，对每个 PLC 必须支持的服务、参数和数据类型做了规定。

② 楼宇自动化（3.011）　此行规用于提供特定的分类和服务作为楼宇自动化的公共基础。行规描述了使用 FMS 的楼宇自动化系统如何进行监控、开环和闭环控制、操作员控制、报警处理和档案管理。

③ 低压开关设备（3.032）　这是一个以行业为主的 FMS 应用行规，规定了通过 FMS 通信过程中低压开关设备的应用行为。

5.1.6　Profibus-PA

从本质上来说，Profibus-PA 是 Profibus-DP 在现场级的通信扩展。它采用的总线机制（数据传输技术）能够满足过程工业本征安全以及系统和产品互操作性的要求，保证处于危险环境中的变送器和执行器与中央自动化系统的通信。

Profibus-PA 适用于 Profibus 的过程自动化。PA 将自动化系统和过程控制系统与压力、湿度和液位变送器等现场设备连接起来，PA 可用来替代 4～20mA 的模拟技术。

Profibus-PA 具有如下特性：

① 适合过程自动化应用的行规，使不同厂家生产的现场设备具有互换性；

② 增加和去除总线站点，即使在本征安全地区也不会影响到其他站；

③ 在过程自动化的 Profibus-PA 段与制造业自动化的 Profibus-DP 总线段之间通过耦合器连接，并可实现两段间的透明通信；

④ 使用与 IEC1158-2 技术相同的双绞线完成远程供电和数据传送；

⑤ 在潜在的爆炸危险区可使用防爆型"本征安全"或"非本征安全"。

（1）Profibus-PA 传输协议

Profibus-PA 采用 Profibus-DP 的基本功能来传送测量值和状态，并用扩展的 Profibus-DP 功能来制定现场设备的参数和进行设备操作。Profibus-PA 第 1 层采用 IEC1158-2 技术，第 2 层和第 1 层之间的在 DIN19245 系列标准的第四部分做了规定。在 IEC1158-2 段传输时，报文被加上起始和结束界定符，如图 5-9 所示。

物理层报文协议			
前同步	起始界定符	PbSDU序列（FDL报文）	结束界定符
1～8字节	1字节	1～256字节	1字节

图 5-9　总线上 Profibus-PA 数据传输

（2）Profibus-PA 设备行规

Profibus-PA 行规保证了不同厂商所生产的现场设备的互换性和互操作性，它是 Profibus-PA 的一个组成部分。PA 行规的任务是选用各种类型的现场设备真正需要通信的功能，并提供这些设备功能和设备行为的一切必要规格。

目前，PA 行规已对所有通用的测量变送器和其他选择的一些设备类型做了具体规定，这些设备有测压力、液位、温度和流量的变送器；数字量输入和输出；模拟量输入和输出；阀门；定位器。

5.1.7 Profibus-DP

Profibus-DP 用于现场层的高速数据传送，中央控制器通过高速串行线与分散的现场设备（如 I/O、驱动器、阀门等）进行通信，多数数据交换是周期性的。除此之外，智能化现场设备还需要非周期性通信，以进行配置、诊断和报警处理。

（1）Profibus-DP 的基本功能

中央控制器周期地读取从设备的输入信息并周期地向从设备发送，输出信息环时间必须要比中央控制的程序循环时间短。除周期性用户数据传输外，Profibus-DP 还提供了强有力的诊断和配置功能，数据通信是由主机和从机进行监控的。

Profibus-DP 的基本功能如图 5-10 所示。

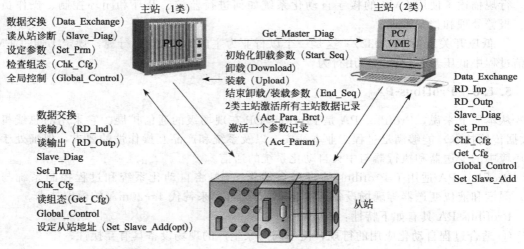

图 5-10 Profibus-DP 的基本功能

① 传输技术　RS-485 双绞线双线电缆或光缆波特率为 9.6Kbps～12Mbps。

② 总线存取　各主站间令牌传送，主站与从站间数据传送。支持单主或多主系统、主-从设备，总线上最多站点数为 126。

③ 通信　点对点（用户数据传送）或广播（控制指令），循环主-从用户数据传送和非循环主-主数据传送。

④ 运行程式

运行：输入和输出数据的循环传送。

清除：DPM1 读取 DP 从站的输入信息，并使输出信息保持为故障-安全状态。

停止：只能进行主-主数据传送。

⑤ 设备类型

第一类 DP 主站（DPM1）：中央可编程控制器，如 PLC、PC 等。

第二类 DP 主站（DPM2）：可进行编程、组态、诊断的设备。

DP 从站：带二进制或模拟输入、输出的驱动器、阀门等。

⑥ 同步　控制指令允许输入和输出的同步。

同步模式：输出同步。

锁定模式：输入同步。

⑦ 诊断功能　经过扩展的 Profibus-DP 诊断，能对故障进行快速定位。诊断信息在总线上传输并由主站采集。诊断信息分三级。

本站诊断操作：诊断信息表示本站设备的一般操作状态，如温度过高，电压过低。

模块诊断操作：诊断信息表示一个站点的某具体 I/O 模块出现故障（如 8 位的模块）。

通道诊断操作：诊断信息表示一个单独的输入输出位的故障（如输出通道 7 短路）。

⑧ 可靠性和保护机制　所有信息的传输在海明距离 $HD = 4$ 进行。

DP 从站带看门狗定时器。

DP 从站的输入输出存取保护。

DP 主站上带可变定时器的用户数据传送监视。

（2）Profibus-DP 系统行为

Profibus-DP 的系统行为主要取决于 DPM1 的操作状态，这些状态是由本地或总线的配置设备所控制的，主要有以下三种状态：

① 停止　在这种状态下，DPM1 和 DP 从站之间没有数据传输；

② 清除　在这种状态下，DPM1 读取 DP 从站的输入信息，并使输出信息保持在故障安全状态；

③ 运行　在这种状态下，DPM1 处于数据传输阶段，循环数据通信时，DPM1 从 DP 从站读取输入信息，并向 DP 从站写入输出信息。

（3）Profibus-DP 行规

行规对用户数据的含义做了具体说明，并且具体规定了 Profibus-DP 如何用于应用领域。利用行规可使不同厂商所生产的不同零部件互换使用。下列 Profibus-DP 行规是已更新过的，括弧内的数字是文件编号。

① NC/RC 行规（3.052）　描述如何通过 Profibus-DP 对操作机器人和装配机器人进行控制。根据详细的顺序图解，从高级自动化设施的角度描述机器人的运动和程序控制。

② 编码器行规（3.062）　描述带单转或多转分辨率的旋转编码器、角度编码器和线性编码器与 Profibus-DP 的连接，这些设备分两种等级定义了基本功能和附加功能，例如标定、中断处理和扩展的诊断。

③ 变速传动行规（3.072）　传动技术设备的主要生产厂商共同制定了 PROFIDRIVE 行规。此行规规定了传动设备如何参数化，以及如何传送设定值和实际值，这样不同厂商的传动设备可以互换。此行规包括对速度控制和定位的必要的规格参数，规定基本的传动功能，而又为特殊应用扩展和进一步发展留有余地。

④ 操作员控制和过程监视行规（HMI）（3.082）　规定了操作员控制和过程监视设备（HMI）如何通过 Profibus-DP 连接到更高级的自动化设备上。此行规使用扩展的 NRbus-DP 功能进行通信。

（4）Profibus-DP 的扩展功能

DP 扩展功能是对 DP 基本功能的补充，与 DP 基本功能兼容。DP 扩展功能允许非循环的读写功能，并中断并行于循环数据传输的应答。另外，对从站参数相测量值的非循环存取，可用于某些诊断或操作员控制站（2 类主站，DPM2）。有了这些扩展功能，Profibus-

DP 可满足某些复杂设备的要求。例如过程自动化的现场设备、智能化操作设备和变频器等，这些设备的参数往往在运行期间才能确定，而且与循环性测量值相比很少会变化。因此，与高速周期性用户数据传送相比，这些参数的传送具有低优先级。

DP 扩展功能可选，DP 扩展实现通常采用软件更新的办法。扩展的功能如下。

① DP 主站（DPM1）与 DP 从站间的扩展数据传输　1 类 DP 主站（DPM1）与 DP 从站间的非循环通信功能，是通过附加的服务存取点 51 来执行的。在服务序列中，DPM1 与从站建立的连接称为 MSAC-C1，它将 DPM1 与从站之间的循环数据传送紧密联系在一起。连接建立成功之后，DPM1 可通过 MSCY-C1 连接进行循环数据传送，通过 MSAC-C1 连接进行非循环数据传送。

② 带 DDLM 读写的非循环读写功能　这些功能用来读或写访问从站中任何所希望的数据，采用第 2 层的 SRD 服务，在 DDLM 读/写请求传送之后，主站用 SRD 报文查询，直到 DDLM 读/写响应出现。其用户数据传输如图 5-11 所示。

③ 报警响应　Profibus-DP 的基本功能允许 DP 从设备通过诊断信息向主设备自发地传送事件，新增的 DDLM-Alarm-Ack 功能被直接用来响应从 DP 从设备上收到的报警数据。

图 5-11　Profibus-DP 用户数据传输

④ DMP2 与从站间的扩展数据传输　DP 扩展允许一个或几个诊断或操作员控制设备（DPM2）对 DP 从站的任何数据块进行非循环读/写服务。这种通信是面向连接的，称为 MSAC-C2。新的 DDLM-Initiate 服务用于在用户数据传输开始之前建立连接，从站用确认应答（DDLM-Initiate）确认连接成功。

通过 DDLW 读写服务，现在连接可用来为用户传送数据了。在传送用户数据的过程中，允许任何长度的间歇。需要的话，主设备在这些间歇中可以自动插入监视报文（Idle-PDUs），这样，MSAC-C2 连接具有时间自动监控的连接。建立连接时 DDLM-Initiate 服务规定了监控间隔。如果连接监视器监测到故障，将自动终止主站和从站的连接。还可再建立连接或由其他伙伴使用。从站的服务访问点 40~48 和 DPM2 的服务访问点 50 保留，为 MSAC-C2 使用。

（5）电子设备数据文件（GSD）

Profibus 设备具有不同的性能特征，特性的不同在于现有功能的不同或可能的总线参数，例如波特率和时间的监控不同。这些参数对每种设备类型和每家生产厂来说均各有差别，为达到 Profibus 简单的即插即用配置，这些特性均在电子数据单中具体说明，有时称为设备数据库文件或 GSD 文件，标准化的 GSD 数据将通信扩大到操作人员控制一级。使用 GSD 所作的组态工具，可将不同厂商生产的设备集成为同一总线系统中，如图 5-12 所示。

DP 从站和 1 类 DP 主站的 GSD 文件，包含这些 DP 部件特有的设备特性。GSD 文件具有标准化特征，如预定义的 "DP 关键字" 和固定的文件格式（语法），因此，不需使用特殊的工具就可以编辑 Profibus 标准的 GSD 文件。

在最初的系统组态阶段，GSD 文件允许检查 Profibus 设备数据的合理性、有效性和正确性，这样可以避免 DP 设备在连接运行时可能出现的错误。

① 安装一个新的 GSD 文件　为了安装一个新的 GSD 文件，打开硬件组态工具 HW-Config。在菜单条中，选择 OPTIONS->INSTALLNEW * . GSEFILES…（这里的 GSE 即 GSD 文件！），当想要增加一台新的 DP 设备到 Profibus-DP 系统配置中而正在使用的组态工具还不能识别此设备时，必须新安装此设备的 GSD 文件。

在 STEP7 中保存此新建立的 GSD 文件在…\ siemens \ Step7 \ S7data \ GSD 文件夹，或类似位图文件的相关象形图文件…\ siemens \ Step7 \ S7data \ NsbmP 文件夹中。

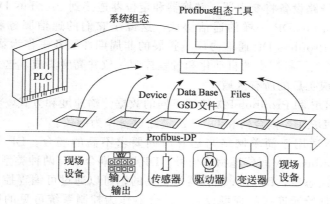

图 5-12　电子设备数据的开放式组态

② 输入一个站的 GSD 文件　STEP7 把 Profibus-DP 系统配置的所有 DP 设备的 GSD 文件保存在项目中。这样，从 STEP7 组态工具那里就获得很大的自由度，即可以从这个 STEP7 组态工具中传送此 STEP7 项目到另一个组态工具，并在那里处理它，即使此组态工具还未安装这个新的 DP 设备的 GSD 文件也如此。

③ GSD 文件的格式　GSD 文件是一个 ASCII 文本文件，由标识符 "♯ Profibus-DP" 开始，随后指定此设备所支持的所有参数，如 vendor_Name(M)，Revision(M)，Protocol_Ident(M) 等。

其名称格式如下：

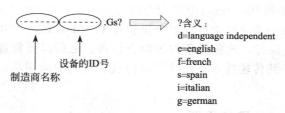

例如：wend23cl. gsd

所有这些参数都应由设备制造商提供，并以电子设备数据单的形式交付给用户。

④ GSD 文件的结构　GSD 文件可分为以下 3 个部分：

a. 总规范　包括生产厂商和设备名称、软硬件版本情况、波特率、监视时间间隔、总线插头的信号外配；

b. 与 DP 主设备相关的规范　包括适用于主站的各项参数，如允许从站个数、上载/下载能力；

c. 与 DP 从设备的相关规范　包括与从设备有关的所有规范（例如 I/O 通道的数量和类型、诊断测试的规格及 I/O 数据的一致性信息）。

所有 Profibus-DP 设备的 GSD 文件均按 Profibus 标准进行了符合性试验，在 Profibus 用户组织的 WWW Server 中有 GSD 库，可自由下载，网址为：http//www. Profibus. com。

每种类型的 DP 从设备和每种类型的 1 类 DP 主设备一定有一个标识号。主设备用此标识号识别哪种类型设备连接后不产生协议的额外开销。主设备将所连接的 DP 设备的标识号，与在组态数据中用组态工具指定的标识号进行比较，直到具有正确站址的正确的设备类型连接到总线上后，用户数据才开始传送，这可避免组态错误，从而大大提高安全级别。

（6）Profibus-PA 与 DP 的连接

通过耦合器或链路设备将变送器、转换器和定位器连接到 Profibus-DP 网络。Profibus-PA 协议使用同 Profibus-DP 一样的通信协议，这源于它们的通信服务和电文一致。事实上，Profibus-PA＝Profibus-DP 通信协议＋扩展的非周期性服务＋作为物理层的 IEC1158，称之为 H1，它使得工厂各层次的自动化和过程控制一致并高度集成。这意味着使用一种协议的不同种类来集成工厂的所有区域。

由于 Profibus-DP 和 Profibus-PA 使用不同的数据传输速度和方式，为使它们之间平滑地传输数据，使用 DP/PA 耦合器和 DP/PA 链路设备作为网关。

DP/PA 耦合器适用于简单网络与运算时间要求不高的场合。DP/PA 耦合器用于在 Profibus-DP 与 Profibus-PA 间传递物理信号。DP/PA 耦合器有两种类型：非本质安全型和本质安全型。系统组态后，DP/PA 耦合器是可见的，可以通过可编程控制器或自动化系统直接访问或分配地址给所连接的现场设备。耦合器作为控制系统可见的网关，所有参数改变通过 Profibus 系统自动进行，系统采用单一协议的不同种类。

Profibus-PA 现场设备可以通过 DP/PA 链路设备连接到 Profibus-DP。DP/PA 链路设备应用在大型网络，此时依赖网络复杂程度和处理时间要求的不同，不止一个链路设备连接到 Profibus-DP。DP/PA 链路设备一方面作为 Profibus-DP 网络段的从站，同时作为 Profibus-PA 网络段的主站耦合网络上所有的数据通信。这意味着在不影响 Profibus-DP 性能的情况下，将 Profibus-DP 与 Profibus-PA 结合起来。DP/PA 链路设备可以作为所有标准 Profibus-DP 的主站，由于每个链路设备可以连接多台现场设备，而链路设备只占用 Profibus-DP 的一个地址，因此整个网络所能容纳的设备数目大大增加。依赖网络复杂程度和处理时间要求的不同，不止一个链路设备连接到 Profibus-DP 上。

（7）Profibus-FMS 和 Profibus-DP 的混合操作

FMS 和 DP 设备在一条总线上进行混合操作是 Profibus 的一个主要优点，两个协议也可以同时在一台设备上执行，这些设备称为混合设备。之所以可能进行混合操作，是因为 FMS 和 DP 均使用统一的传输技术和总线存取协议，不同的应用功能是通过第 2 层不同的服务访问点来分开的。

5.1.8　Profibus-DP 通信设置

Profibus-DP 通信设置和编程都在 STEP V5.2 软件下进行。通常先进行组态和设置，建立主站系统，如采用 S7-300 主站，再在 S7-300 的 CPU 中建立一个 Profibus-DP 网络，设立通信参数，如网络地址、通信频率、通信方式、通信字节、通信区域等参数，再保存和下载到 S7-300 的 CPU 中。在主站系统下，选择 Profibus-DP 网络，组态 DP 网络的从站。先将从站或从站类型的设备挂到 DP 网络上，如将主设备作为从站，需进行专门设置，再设置从站的网络地址、通信速率、通信方式、通信字节、通信区域等参数，然后保存和下载到相应的从设备中。最后对主设备和从设备分别进行编程和下载，调试通过后，Profibus-DP 网络可正式运行。

5.1.9　Profibus 在工厂自动化系统中的应用

典型的工厂自动化系统应该是三级网络结构，基于现场总线的 Profibus-DP/PA 控制系统位于工厂自动化系统中的底层，即现场级与车间级。现场总线 Profibus 是面向现场级与车间级的数字化通信网络。

（1）现场设备层

主要功能是连接现场设备，如分散式 I/O、传感器、驱动器、执行机构、开关设备等，完成现场设备控制及设备间的联锁控制。主站（PLC、PC 机或其他控制器）负责总线通信管理及所有从站的通信。总线上所有设备生产工艺控制程序存储在主站中，并由主站执行。

（2）车间监控层

车间级监控用来完成车间主生产设备之间的连接，如一个车间三条生产线主控制器之间的连接，完成车间级设备监控。车间级监控包括生产设备状态在线监控、设备故障报警及维护等。通常还具有诸如生产统计、生产调度等车间级生产管理功能。车间级监控通常要设立车间监控室，在操作员工作站配打印设备。车间级监控网络可采用 Profibus-FMS，它是一个多主网，这一级数据传输速度不是最重要的，而要能够传送大容量信息。

（3）工厂管理层

车间操作员工作站可通过集线器与车间办公管理网连接，将车间生产数据送到车间管理层。车间管理网作为主网的一个子网，通过交换机、网桥或路由等连接到厂区骨干网，将车间数据集成到工厂管理层。

车间管理层通常所说的以太网，即 IEC802.3TCP/IP 的通信协议标准。工厂骨干网可根据工厂实际情况，采用如 FDDI 或 ATM 等网络。

5.2　Profibus-DP 控制系统的组建

[知识要点]
① 掌握 Profibus 控制系统的组成。
② 掌握 Profibus-DP 控制系统的组成。
③ 掌握 S7-200 作为从站的条件。

5.2.1　Profibus 控制系统的组成

（1）1 类主站

1 类主站指 PLC、PC 或可作 1 类主站的控制器。1 类主站完成总线通信控制与管理。

（2）2 类主站

① PLC（智能型 I/O）　PLC 可作 Profibus 上的一个从站。PLC 自身有程序存储功能，PLC 的 CPU 部分执行程序并按程序驱动 I/O。作为 Profibus 主站的一个从站，在 PLC 存储器中有一段特定区域作为与主站通信的共享数据区。主站可通过通信间接控制从站 PLC 的 I/O。

② 分散式 I/O（非智能型 I/O）　通常由电源、通信适配器、接线端子组成。分散式 I/O 不具有程序存储和程序执行功能，通信适配器部分接收主站指令，按主站指令驱动 I/O，并将 I/O 输入及故障诊断等逐处返回给主站。通常分散型 I/O 是由主站统一编址，这样在主站编程时使用分散式 I/O 与使用主站的 I/O 没有什么区别。

驱动器、传感器、执行机构等现场设备，即带 Profibus 接口的现场设备，可由主站在线完成系统配置、参数修改、数据交换等功能。至于哪些参数可进行通信及参数格式，由 Profibus 行规决定。

5.2.2 Profibus 控制系统配置的几种形式

（1）根据现场设备是否具备 Profibus 接口划分

① 总线接口型　现场设备不具备 Profibus 接口，采用分散式 I/O 作为总线接口与现场设备连接。这种形式在应用现场总线技术初期容易推广。如果现场设备能分组，组内设备相对集中，这种模式会更好地发挥现场总线技术的优点。

② 单一总线型　现场设备都具备 Profibus 接口。这是一种理想情况，可使用现场总线技术，实现完全的分布式结构，可充分获得这一先进技术所带来的利益。就目前来看，这种方案设备成本会较高。

③ 混合型　现场设备部分具备 Profibus 接口，这将是一种相当普遍的情况。这时应采用 Profibus 现场设备加分散式 I/O 混合使用的办法。无论是旧设备改造还是新建项目，希望全部使用具备 Profibus 接口现场设备的场合可能不多，分散式 I/O 可作为通用的现场总线接口，是一种灵活的集成方案。

（2）根据实际应用需要划分

根据实际需要及经费情况，通常有如下几种结构类型。

① 结构类型 1　以 PLC 或控制器作 1 类主站，不设监控站，但调试阶段配置一台编程设备。这种结构类型，PLC 或控制器完成总线通信管理，从站数据读写。从站远程参数化工作。

② 结构类型 2　以 PLC 或控制器作 1 类主站，监控站通过串口与 PLC 一对一地连接。这种结构类型，监控站不在 Profibus 网上，不是 2 类主站，不能直接读取从站数据和完成远程参数化工作。监控站所需的从站数据只能从 PLC 控制器中读取。

③ 结构类型 3　以 PLC 或其他控制器作 1 类主站，监控站连接在 Profibus 总线上。这种结构类型，监控站在 Profibus 网上作为 2 类主站，可完成远程编程、参数化及在线监控功能。

④ 结构类型 4　使用 PC 机加 Profibus 网卡作 1 类主站，监控站与 1 类主站一体化。这是一个低成本方案，但 PC 机应选用具有高可靠性、能长时间连续运行的工业级 PC 机。对于这种结构类型，PC 机故障将导致整个系统瘫痪。另外，通信厂商通常只提供一个模板的驱动程序、总线控制、从站控制程序。监控程序可能要由用户开发，因此应用开发工作量可能会较大。

⑤ 结构类型 5　PC 机＋Profibus 网卡＋SOFTPLC 的结构形式。如果将方案中的 PC 机换成一台紧固式 PC 机（Comopact Comfuter），系统可靠性将大大增强，足以使用户满意。但这一台监控站与 1 类主站一体化控制器工作站，要求它的软件完成如下功能：支持编程，包括主站应用程序的开发、编辑、调试；执行应用程序；从站远程参数化设置；主从站故障报警及记录；主持设备图形监控画面设计、数据库建立等监控程序的开发、调试；设备在线图形监控、数据存储、统计及报表等功能。

近来出现一种称为 SOFT PLC 的软件产品，是将通用型 PC 机改造成一台由软件（软逻辑）实现的 PLC。这种软件将 PLC 的编程（IEC1131）及应用程序运行功能，和操作员监控站的图形监控开发、在线监控功能集成到一台紧固式 PC 机上，形成一个 PLC 与监控站一体的控制器工作站。

⑥ 结构类型 6　使用两级网络结构，这种方案充分考虑了未来扩展需要。比如要增加几条生产线即扩展出几条 DP 网络，车间监控要增加几个监控站等，都可以方便地进行扩展。

5.2.3　Profibus-DP 控制系统的组成

Profibus-DP 允许构成单主站或多主站系统，这就为系统配置组态提供了高度的灵活性。在同一总线上最多可连接 126 个站点。系统配置的描述包括站点数目、站点地址和输入输出数据的格式、诊断信息的格式以及所使用的总线参数。每个 Profibus-DP 系统可包括以下 3 种设备类型。

（1）1 级 DP 主站（DPM1）

1 级 DP 主站是中央控制器，它在预定的周期内与分散的站（如 DP 从站）交换信息。典型的主设备包括可编程控制器 PLC 和个人计算机 PC。如用 S7-300 作为主站，其外形如图 5-13 所示，其模块示意如图 5-14 所示。

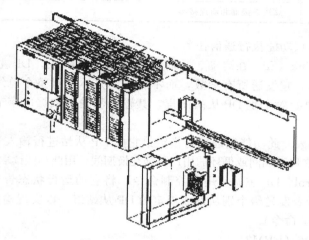

图 5-13　S7-300 模块外形图

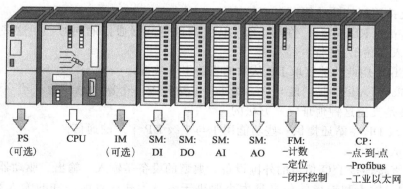

图 5-14　S7-300 模块示意图

S7-300 模块各部分功能如表 5-5 所示。

表 5-5　S7-300 模块各部分功能

信号模块（SM）	• 数字量输入模块：24V DC，120/230V AC
	• 数字量输出模块：24V DC，继电器
	• 模拟量输入模块：电压，电流，电阻，热电偶
	• 模拟量输出模块：电压，电流

续表

接口模块（IM）	IM360/IM361 和 IM365 可以用来进行多层组态，它们把总线从一层传到另一层
占位模块（DM）	DM370 占位模块为没有设置参数的信号模块保留一个插槽。它也可以用来为以后安装的接口模块保留一个插槽
功能模块（FM）	执行"特殊功能"： • 计数 • 定位 • 闭环控制
通信处理器（CP）	提供以下的联网能力： • 点到点连接 • Profibus • 工业以太网
附件	总线连接器和前连接器

它使用如下的协议功能执行通信任务。

① Set_Prm 和 Chk_Cfg 在启动、重启动和数据传送阶段，DP 主站使用这些功能发送参数集给 DP 从站。它发送所有参数，而不管它们是不是对整个总线普遍适用或是不是对某些场合特别重要。对个别 DP 从站而言，其输入和输出数据的字节数在组态期间进行定义。

② Data_Exchange 此功能循环地与指定给它的 DP 从站进行输入和输出数据的交换。

③ Slave_Diag 在启动期间或循环的用户数据交换期间，用此功能读取 DP 从站的诊断信息。

④ Global_Control DP 主站使用此控制命令，将它的运行状态告知给各 DP 从站。此外，还可以将控制命令发送给个别从站或规定的 DP 从站组，以实现输出数据和输入数据的同步（Sync 和 Freeze 命令）。

（2）2 级 DP 主站（DPM2）

2 级 DP 主站是编程器、诊断和管理设备。除了已经描述的 1 级主站的功能外，2 级 DP 主站通常还支持下列特殊功能：

① RD_Inp 和 RD_Outp 在与 1 级 DP 主站进行数据通信的同时，用这些功能可读取 DP 从站的输入和输出数据；

② Get_Cfg 用此功能读取 DP 从站的当前组态数据；

③ Set_Slave_Add 此功能允许 2 级 DP 主站分配一个新的总线地址给一个 DP 从站。当然，此从站是支持这种地址定义方法的。

此外，2 级 DP 主站还提供一些功能用于与 1 级 DP 主站的通信。

（3）DP 从站

DP 从站直接连接 I/O 信号的外围设备，典型的设备是输入、输出、驱动器、阀、操作面板等。其中，输入和输出的信息量大小取决于设备形式，目前允许的输入和输出信息，最多不超过 246 字节。DP 从站只装载此从站的参数，并组态它的 DP 主站交换用户数据。DP 从站可以向此主站报告本地诊断中断和过程中断。

Profibus-DP 的结构可分为单主站系统和多主站系统。

① 单主站系统 在单主站系统中，在总线系统操作阶段，只有一个活动主站。图 5-15 为一个单主站系统的配置图，PLC 为一个中央控制部件。单主站系统可获得最短的总体循环时间。

Profibus-DP 单主系统的典型循环时间，如图 5-16 所示。

② 多主站系统 由于按 EN50170 标准规定的 Profibus 节点在第 1 层和第 2 层的特性，一个 DP 系统也可能是多主结构。实际上这就意味着一条总线上连接几个主站节点，在一个

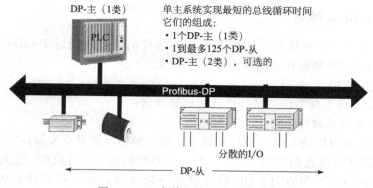

图 5-15　一个单主站系统的配置图

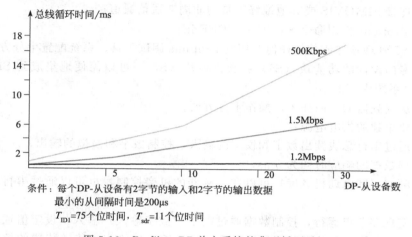

图 5-16　Profibus-DP 单主系统的典型循环时间

总线上 DP 主站/从站、FMS 主站/从站和其他的主动节点或被动节点也可以共存。多主站配置中，总线上的主站与各自的从站构成相互独立的子系统，或是作为网上的附加配置和诊断设备，如图 5-17 所示，任何一个主站均可读取 DP 从站的输入输出映象，但只有一个主站（在系统配置时指定的 DPM1）可对 DP 从站写入输出数据，多主站系统的循环时间要比单主站系统长。

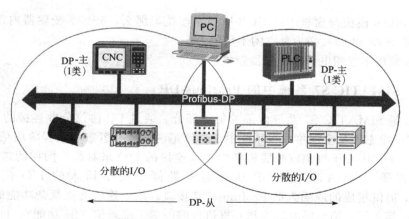

图 5-17　Profibus-DP 多主站系统

5.2.4 Profibus 模板

Profibus 模板是一个可选件,用户采用这一选件后,可以通过 Profibus-DP 串行总线 (SINEC L2-DP),对变频器和总线模块等进行控制。

Profibus 模板的特点:

① 通过 Profibus 总线系统可进行快速的周期通信;

② Profibus 支持的波特率可达 12Mbps;

③ 采用 Profibus-DP 协议最多可以控制 125 台变频器(带有重发器);

④ 符合 EN50170 规范的要求,保证串行总线系统的通信是开放的,它可以与串行总线上其他的 Profibus-DP/SINEC L2-DP 外围设备一起使用,数据格式符合 VDI/VDE 规范 3689 "变速传动装置的 Profibus Profile";

⑤ 具有连接 SIMOVIS 或其他维修工具的非周期通信通道;

⑥ 支持 Profibus 控制命令 SYNC 和 FREEZE;

⑦ 使用 S7 管理软件或其他任何专用的 Profibus 调试工具,系统配置十分方便;

⑧ 采用专门设计的功能块 (S5) 和软件模块 (S7),可以简便地集成到 SIMATIC S5 或 S7 的 PLC 系统中;

⑨ 模板从变频器的正面插入,操作十分方便;

⑩ 不需要单独的供电电源;

⑪ 可以通过串行总线读出数字和模拟的输入,控制数字和模拟的输出;

⑫ 对过程数据的响应时间为 5ms;

⑬ 输出频率(和电动机速度)可以在变频器的机旁控制,也可以通过串行总线进行远程控制;

⑭ 可以实现多节点运行,控制数据通过端子(数字输入)输入,设定值通过串行总线输入 [另一种方法是,设定值由机旁信号源(模拟输入)给定,传动装置的控制通过串行总线进行];

⑮ 所有的变频器参数都可以通过串行链路进行访问;

⑯ Profibus 模板安装在变频器的正面,推入轻便,为了拔出模板,必须拉开固定在底板上的卡子。

说明:只有在变频器断电时,才允许把 Profibus 模板插入变频器,或从变频器上拔出该模板。

如果 Profibus 模板与面板上的 SUB-D 插座连接,那么,6SE32 变频器内部的 RS-485 连接端子(端子 23 和 24)必须是空闲不用的。

Profibus 模板不能用电缆与变频器连接。

5.2.5 SIMATIC S7 系统中的 Profibus-DP

Profibus 是 SIMATIC S7 系统内部的集成部分,通过 DP 协议分散连接的 I/O 外围设备,由 STEP7 组态工具全部集成在系统中。这就是说,已在组态和编程阶段把分散的 I/O 设备作为类似于在中心子机架或扩展机架中本地连接的 I/O 来对待。同样的道理适用于故障、诊断和报警,SIMATIC S7 DP 从站起着类似于集中插入的 I/O 模块的作用。 SIMATIC S7 提供集成的或插入的 Profibus-DP 接口,用于连接有更复杂功能的现场设备。由于 Profibus 第 1 层、第 2 层的特性和一贯执行的内部系统通信 (S7 功能),可以将编程装置 (PG)、PC、HMI 和 SCADA 等设备与 SIMATIC S7 Profibus-DP 系统连接。

（1）SIMATIC S7 系统中的 DP 接口

在 SIMATIC S7-300 和 SIMATIC S7-400 系统中有两种类型 Profibus-DP 接口：

① 集成在 CPU 上的 DP 接口（CPU315-2、CPU414-3、CPU 316-2、CPU 318-2、CPU412-1、CPU412-2、CPU413-2、CPU414-2、CPU 416-2、CPU416-3 和 CPU 417-4）；

② 通过 IM（接口面板）或 CP（通信处理器）的 DP 接口（IM467，IM467-FO，CP443-5 和 CP342-5）。

DP 接口的特性数据随着 CPU 的特性数据而变化。表 5-6～表 5-9 列出了插入 CPU 的和集成在 SIMATIC S7-300、S7-400 系统中的两类 Profibus-DP 接口的主要技术特性。从组态和程序存取的立场看，通过 DP 连接的分散 I/O 如同集中式的 I/O 一样（CP342-5 除外），相反，CP342-5DP 接口的运行不依赖于 CPU。DP 用户数据的交换由用户程序内的特殊功能调用（FC）来管理。

表 5-6　在 S7-300 系统中插入的 Profibus-DP 接口的技术数据

模板	CP342-5		CP342-5	
MLFB 号（订单参照）	6GK7342-5DAO0-OXAO 6GK7342-5DAO1-OXAO		6GK7342-5DAO2-OXAO	
运行方式	DP 主站	DP 从站	DP 主站	DP 从站
波特率/Kbps	9.6～1500	9.6～1500	9.6～1200	9.6～1200
最大 DP 从站数	64	—	64	—
最大模块数	—	32	—	32
输入字节/从站	最大 240		最大 240	
输出字节/从站	最大 240		最大 240	
作为从站的输入字节	—	最大 86	—	最大 240
作为从站的输出字节	—	最大 86	—	最大 240
连续的数据模块（字节）	最大 240	最大 86	最大 240	最大 128
可用的输入区域（字节）	最大 240	—	最大 240	—
可用的输出区域（字节）	最大 240	—	最大 240	—
最大参数数据/从站（字节）	242		242	
最大组态数据/从站（字节）	242		242	
最大诊断数据/从站（字节）	240		240	
交叉通信支持	无	无	无	无
固定总线循环时间	无	无	无	无
SYNC/FREEZE	无	无	无	无

表 5-7　集成在 S7-300 上的 Profibus-DP 接口的技术数据

模板	CPU315-2DP		CPU315-2DP		CPU315-2DP	
MLFB 号（订单参照）	6ES7315-2AF01-OABO 6ES7315-2AF02-OABO		6ES7315-2AF03-OABO		6ES7315-2G00-OABO	
接口数	2（对 MPI 只用第 1 接口）		2（对 MPI 只用第 1 接口）		2（对 MPI 只用第 1 接口）	
运行方式	DP 主站	DP 从站	DP 主站	DP 从站	DP 主站	DP 从站
波特率/Kbps	9.6～1200	9.6～1200	9.6～1200	9.6～1200	9.6～1200	9.6～1200
最大 DP 从站数	64	—	64	—	64	—

模板	CPU315-2DP		CPU315-2DP		CPU315-2DP	
最大模块数	512	32	512	32	512	32
输入字节/从站	最大 122	—	最大 244	—	最大 244	—
输出字节/从站	最大 122	—	最大 244	—	最大 244	—
作为从站的输入字节	—	最大 122	—	最大 244	—	最大 244
作为从站的输出字节	—	最大 122	—	最大 244	—	最大 244
连续的数据模块（字节）	最大 32	最大 32	最大 32	最大 32	最大 32	最大 32
可用的输入区域（K 字节）	1	—	1	—	2	—
可用的输出区域（K 字节）	1	—	1	—	2	—
最大参数数据/从站（字节）	242	—	244	—	244	—
最大组态数据/从站（字节）	242	—	244	—	244	—
最大诊断数据/从站（字节）	240	—	240	—	240	—
交叉通信支持	无	无	有	有	有	有
固定总线循环时间	无	—	有	—	有	—
SYNC/FREEZE	无	无	有	无	有	无

模板	CPU318-2DP		
MLFB 号（订单参照）	6ES7318-2AF00-OABO		
接口数	2		
	第 1 接口	第 2 接口	第 1 和第 2 接口
运行方式	DP 主站	DP 从站	DP 主站
波特率/Kbps	9.6～1200	9.6～1200	9.6～1200
最大 DP 从站数	32	125	—
最大模块数	512	1024	32
输入字节/从站	最大 244	最大 244	
输出字节/从站	最大 244	最大 244	
作为从站的输入字节	—		最大 244
作为从站的输出字节	—		最大 244
连续的数据模块（字节）	最大 128	最大 128	最大 32
可用的输入区域（K 字节）	2	8	—
可用的输出区域（K 字节）	2	8	—
最大参数数据/从站（字节）	244	244	—
最大组态数据/从站（字节）	244	244	—
最大诊断数据/从站（字节）	240	240	—
交叉通信支持	有	有	有
固定总线循环时间	有	有	
SYNC/FREEZE	有	有	有

表 5-8　集成在 S7-400 上的 Profibus-DP 接口的技术数据

模板	CPU412-1	CPU412-2		CPU413-1
MLFB 号（订单参照）	6ES7412-1XF03-OABO	6ES7412-2XG00-OABO		6ES7412-2XG0*-OABO
接口数	1	2		2（对 MPI 只用第 1 接口）
	第 1 接口	第 1 接口	第 2 接口	第 2 接口
运行方式	MPI/DP 主站	DP MPI/DP 主站	PD 主站	PD 主站/MPI
波特率/Kbps	9.6～1200	9.6～1200	9.6～1200	9.6～1200
最大 DP 从站数	32	32	125	64
输入字节/从站	最大 244	最大 244	最大 244	最大 122
输出字节/从站	最大 244	最大 244	最大 244	最大 122
连续的数据模块（字节）	最大 128	最大 128	最大 128	最大 122
可用的输入区域（K 字节）	2	2	2	2
可用的输出区域（K 字节）	2	2	2	2
最大参数数据/从站（字节）	244	244	244	244
最大组态数据/从站（字节）	244	244	244	244
最大诊断数据/从站（字节）	240	240	240	240
交叉通信支持	有	有	有	无
固定总线循环时间	有	有	有	无
SYNC/FREEZE	有	有	有	仅通过扩展模块（CP/IM）才有

模板	CPU414-1	CPU414-2		CPU414-3	
MLFB 号（订单参照）	6ES7414-2X*00-OABO 6ES7414-2X*01-OABO 6ES7414-2X*02-OABO	6ES7414-2XG03-OABO		6ES7414-3XJ00-OABO	
接口数	2（对 MPI 只用第 1 接口）	2		3（第 3 接口 IF964-DP 仅能用作 DP 主站）	
运行方式	DP 主站	MPI/DP 主站	DP 主站/MPI	MPI/DP 主站	DP 主站/MPI
波特率/Kbps	9.6～1200	9.6～1200	9.6～1200	9.6～1200	9.6～1200
最大 DP 从站数	96	32	125	32	125
输入字节/从站	最大 122	最大 244	最大 244	最大 244	最大 244
输出字节/从站	最大 122	最大 244	最大 244	最大 244	最大 244
连续的数据模块（字节）	最大 122	最大 128	最大 128	最大 128	最大 128
可用的输入区域（K 字节）	4	2	6	2	6
可用的输出区域（K 字节）	4	2	6	2	6
最大参数数据/从站（字节）	244	244	244	244	244
最大组态数据/从站（字节）	244	244	244	244	244
最大诊断数据/从站（字节）	240	240	240	240	240
交叉通信支持	无	有	有	有	有
固定总线循环时间	无	有	有	有	有
SYNC/FREEZE	仅通过扩展模块（CP/IM）才能	有	有	有	有

模板	CPU416-2	CPU416-2		CPU416-3	
MLFB 号（订单参照）	6ES7416-2X＊00-OABO 6ES7416-2X＊01-OABO	6ES7416-2XK02-OABO		6ES7416-3XL00-OABO	
接口数	2（对 MPI 只用第 1 接口）	2		3（第 3 接口 IF964- DP 仅能用作 DP 主站）	
运行方式	DP 主站	MPI/DP 主站	DP 主站/MPI	MPI/DP 主站	DP 主站/MPI
波特率/Kbps	9.6～1200	9.6～1200	9.6～1200	9.6～1200	9.6～1200
最大 DP 从站数	96	32	125	32	125
输入字节/从站	最大 122	最大 244	最大 244	最大 244	最大 244
输出字节/从站	最大 122	最大 244	最大 244	最大 244	最大 244
连续的数据模块（字节）	最大 122	最大 128	最大 128	最大 128	最大 128
可用的输入区域（K 字节）	8	2	8	2	8
可用的输出区域（K 字节）	8	2	8	2	8
最大参数数据/从站（字节）	244	244	244	244	244
最大组态数据/从站（字节）	244	244	244	244	244
最大诊断数据/从站（字节）	240	240	240	240	240
交叉通信支持	无	有	有	有	有
固定总线循环时间	无	有	有	有	有
SYNC/FREEZE	仅通过扩展模块 （CP/IM）才能	有	有	有	有

模板	CPU417-4		IF964-DP
MLFB 号（订单参照）	6ES7417-4XL00-OABO		6ES7964-2AA00-OABO
接口数	4（第 3 和第 4 接口，IF964-DP 仅能用作 DP 主站）		1
	第 1 接口	第 2 接口	第 1 接口
运行方式	MPI/DP 主站	DP 主站/MPI	在 S7-400 上，仅 DP 主站
波特率/Kbps	9.6～1200	9.6～1200	9.6～1200
最大 DP 从站数	32	125	最大 125（对 S7-400 CPU）
输入字节/从站	最大 244	最大 244	最大 244（对 S7-400 CPU）
输出字节/从站	最大 244	最大 244	最大 244（对 S7-400 CPU）
连续的数据模块（字节）	最大 128	最大 128	最大 128（对 S7-400 CPU）
可用的输入区域（K 字节）	2	8	取决于 CPU
可用的输出区域（K 字节）	2	8	取决于 CPU
最大参数数据/从站（字节）	244	244	244（对 S7-400 CPU）
最大组态数据/从站（字节）	244	244	244（对 S7-400 CPU）
最大诊断数据/从站（字节）	240	240	244（对 S7-400 CPU）
交叉通信支持	有	有	取决于 CPU
固定总线循环时间	有	有	取决于 CPU
SYNC/FREEZE	有	有	取决于 CPU

表 5-9　在 S7-400 系统中插入 Profibus-DP 接口的技术数据

模板	IM467/IM467-FO	IM467	CP443-5Ext	CP443-5Ext
MLFB 号（订单参照）	6ES7467-5 * J00-OABO 6ES7467-5 * J01-OABO	6ES7467-5GJ02-OABO	6GK7443-5DX00-OXEO 6GK7443-5DX01-OXEO	6GK7443-5DX02-OXEO
接口数	1	1	1	
运行方式	DP 主站	DP 主站	DP 主站	DP 主站
波特率/Kbps	9.6～1200	9.6～1200	9.6～1200	9.6～1200
最大 DP 从站数	125	125	125	64
输入字节/从站	最大 244	最大 244	最大 244	最大 122
输出字节/从站	最大 244	最大 244	最大 244	最大 122
连续的数据模块（字节）	最大 128	最大 128	最大 128	最大 122
可用的输入区域（K 字节）	4	4	4	4
可用的输出区域（K 字节）	4	4	4	4
最大参数数据/从站（字节）	244	244	244	244
最大组态数据/从站（字节）	244	244	244	244
最大诊断数据/从站（字节）	240	240	240	240
交叉通信支持	无	有	无	有
固定总线循环时间	无	有	无	有
SYNC/FREEZE	有	有	有	有

在 Profibus-DP 系统中，CPU 的 S7-300DP 接口（CPU315-2、CPU316-2、CPU318-2、CP342-5）既可以作为 DP 主站运行，也可以作为 DP 从站运行。当将 DP 接口用作 DP 从站时，可选择总线存取控制方式，有两种方式可供选择："DP 从站作为主动节点"和"DP 从站作为被动节点"。从 DP 协议的角度看，作为主动节点的 DP 从站，在与 DP 主站数据交换期间扮演一个（被动的）DP 从站角色。但是，一旦这个"主动的 DP 从站"获得令牌后，由于增加了通信服务（如 FDL 功能或 S7 功能），它也可以与其他节点进行数据交换。这样，就可能在总线上运行编程装置（PG）、操作员面板（OP）和 PC 等设备，而且当执行 Profibus-DP 功能时，通过 SIMATIC S7 控制器的 DP 接口，一个 S7 CPU 与其他 S7 CPU 之间也可以有数据传送。

（2）使用 DP 接口的其他通信功能

除 DP 功能外，SIMATIC S7-300 或 S7-400 控制器的主动 DP 接口（DP 主站和主动的 DP 从站）还支持以下通信功能。

① S7 功能　S7 功能为 S7 系统的 CPU 之间及其与 SIMATIC HMI（人机接口）系统之间提供通信服务。

SIMATIC S7 系统的所有设备都能处理下列 S7 功能：

a. 用于编程、测试、调试和诊断 SIMATIC S7-300/-400 可编程控制器的全部 STEP7 的在线功能；

b. 读和写存取变量以及自动传输数据到 HMI 系统；

c. 个别 SIMATIC S7 站之间的数据传输，传输在最大 64K 字节的数据区域；

d. SIMATIC S7 站之间的读和写数据，而且在通信伙伴上不带任何特殊的通信用户程序；

e. 控制功能的启动，如 STOP、通信伙伴 CPU 的预热和热再启动；

f. 提供监视功能，如监视通信伙伴 CPU 的运行状态。

② FDL 服务（发送/接收） 由 Profibus 第 2 层提供的 FDL 服务允许发送和接收最大 240 个字节的数据块。此通信类型是基于 SDA 报文的（发送数据需应答），它不仅可用于 STMATIC S7 可编程控制器内的数据传输，也可以用于 STMATIC S7 与 S5 系统以及与 PC 之间的数据传输。在 STMATIC S7 控制器中，这些 FDL 服务是由用户程序中的 FUNC-TIONCALL（AG_SEND 和 AG_RECV）来处理的。

(3) STMATIC S7 控制器中 DP 接口的系统响应

除 CP342-5 以外，DP 主站接口全部集成在 STMATIC S7 中。

① STMATIC S7 中 DP 主站接口的启动特性 在具有分布设备布局的工厂，由于技术和拓扑的原因，要同时接通所有电动设备或系统部件是不可能的。实际上这就意味着在 DP 主站启动时，不是所有 DP 从站都可供使用。由于启动电源的时间交叉，从而引起启动 DP 从站的时间交叉，因此 DP 主站在装载从站参数集和开始循环地与 DP 从站交换用户数据之前，需要一定的启动时间。由于这个原因，S7-300 和 S7-400 系统允许设定最大延迟时间，以便在 POWER-ON 之后所有 DP 从站准备好（READY）报文信息。此参数"READY message from modules"在 1～65000ms 范围内设定延迟。缺省值是 65000ms。当此延迟期满，CPU 根据参数"所需的配置的启动不等于实际的配置的启动"的设置，进入 STOP 或 RUN。

② DP 从站的故障 如果 DP 从站由于掉电、总线导线断开或某些其他的缺陷而引起故障，则 CPU 的操作系统通过调用组织 OB86 报告此出错（模块机架、DP 电源或 DP 从站的故障）。不论是已发生的还是正在发生的各种类型的事件都调用 OB86，如果未设计组织块 OB86，则 CPU 对 DP 电源故障或 DP 故障作出的反应是进入 STOP 状态。这样，STMATIC S7 系统在分布式 I/O 模块中对故障的反应与它在集中式 I/O 模块中对故障的反应相同。

③ 由 DP 从站产生的诊断中断 具有诊断能力的分布式 I/O 模块能够通过产生诊断中断来报告事件。用这种方法，DP 从站指示出错情况（如部分节点故障、信号模块中的导线断开、线路短路或 I/O 通道超载、负载电压供给的故障），CPU 操作系统通过调用用于诊断中断处理的组织块 OB82 来作出反应。不论此中断指出的是已发生还是正在发生的事件，每个诊断中断都调用 OB82。如果未设计组织块 OB82，则 CPU 对诊断中断的反应是进入 STOP 状态，依据 DP 从站的复杂程度，由 EN50170 标准定义某些可能的诊断中断和它们的报文格式，其他的由特别从站和制造商定义。对于 STMATIC S7 系列中的 DP 从站，诊断中断遵照 STMATIC S7 系统诊断。

④ 由 DP 从站产生的过程中断 STMATIC S7 系列中具有过程中断能力的 DP 从站，通过总线向 DP 主站（CPU）报告过程故障。例如，如果一个模拟量输入值超出规定限额范围，则应产生一个过程中断。在 STMATIC S7 系统中，组织块 OB40～OB47 是专用于过程中断的（也称之为"硬件中断"）。当中断发生时，由 CPU 的操作系统调用 OB40～OB47。这样，STMATIC S7 CPU 总是用相同的方法对过程中断作反应，不论这些中断是由集中式 I/O 模块产生的，还是由分布式 I/O 模块产生的。不过，对于由分布式 I/O 模块产生的过程中断的反应要稍慢一点，这是由于报文在总线上运转多次，并且在 DP 主站上处理中断。

(4) STMATIC S7 系统中的 DP 从站类型

STMATIC S7 系统使用三个不同的 DP 从站组。根据它们的配置和用途，将 STMATIC S7 DP 从站设备分类如下。

① 紧凑型 DP 从站　紧凑型 DP 从站具有不可更改的固定结构的输入和输出区域。ET200B 电子终端系列（B 代表 I/O 块）就是这种紧凑型 DP 从站。ET200B 模块系列提供具有不同电压范围和不同数量 I/O 通道的模块。

② 模块化的 DP 从站　对于模块化的 DP 从站，输入和输出区域是可变的，在用 S7 组态软件 HWConfig 组态此 DP 从站时定义它，ET200M 模块是这种 DP 从站的典型代表。对模块化的 S7-300 系列，最多可有 8 个 I/O 模块与 1 个 ET200M 接口模板（IM153）连接。

③ 智能 DP 从站（I 从站）　在 Profibus-DP 网络中，具有 CPU315-2、CPU316-2 或 CPU318-2 类型 CPU 的 S7-300 可编程控制器或 CP342-5 通信处理器可用作为 DP 从站。在 STMATIC S7 系统中，这些调节信号的现场设备称之为"智能 DP 从站"，简称为"I 从站"。用作 DP 从站的 S7-300 控制器输入和输出区域的结构，可用 S7 组态软件 HWConfig 来定义。

智能 DP 从站的一个特点，是提供给 DP 主站的输入/输出区域不是实际存在的 I/O 区域，而是由预处理 CPU 映像的输入/输出区域。

5.2.6　EM277 模块

S7-200 的 CPU 不支持 DP 通信协议，也没有 DP 接口，因此在从站 S7-200 中需另加通信模块 EM277，手动设置 DP 地址。使用 EM277 将 S7-200 CPU 作为 DP 从站连接到网络。通过 EM277 Profibus-DP 扩展从站模块，可将 S7-200 CPU 连接到 Profibus-DP 网络。EM277 经过串行 I/O 总线连接到 S7-200 CPU。Profibus 网络经过其 DP 通信端口，连接到 EM277 Profibus-DP 模块。这个端口可运行于 9600bps 和 12Mbps 之间的任何 Profibus 波特率。作为 DP 从站，EM277 模块接受从主站来的多种不同的 I/O 配置，向主站发送和接收不同数量的数据。这种特性使用户能修改所传输的数据量，以满足实际应用的需要。

与许多 DP 站不同的是，EM277 模块不仅仅是传输 I/O 数据，还能读写 S7-200 CPU 中定义的变量数据块，这样，使用户能与主站交换任何类型的数据。首先将数据移到 S7-200 CPU 中的变量存储器，就可将输入、计数值、定时器值或其他计算值传送到主站。类似地，从主站来的数据存储在 S7-200 CPU 中的变量存储器内，并可移到其他数据区。EM277 Profibus-DP 模块的 DP 端口可连接到网络上的一个 DP 主站上，但仍能作为一个 MPI 从站与同一网络上如 SIMATIC 编程器或 S7-300/S7-400 CPU 等其他主站进行通信，如图 5-18 所示。

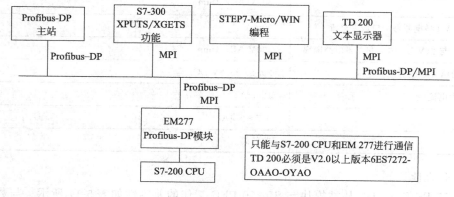

图 5-18　EM277 的使用

（1）EM277 Profibus DP 模块的技术规范（表 5-10）

表 5-10　EM277 Profibus DP 模块的技术规范

模块	EM277 Profibus-DP
订货号	6ES7 277-0AA22-0XA0
物理特性	
尺寸（$W \times H \times D$）	71mm×80mm×62mm
重量	175g
功率损失（耗散）	2.5W
节点数	1port
电气接口	RS-485
隔离（外部信号到 PLC 逻辑）	500V AC（电气）
波特率（自动设置）	9.6，19.2，45.45，93.75，187.5 和 500（Kbps）；1，1.5，3，6 和 12（Mbps）
协议	Profibus-DP 从站和 MPI 从站
网络能力	
站地址设定	0～99（由旋转开关设定）
每个段最多站数	32
每个网络最多站数	126，最大到 99 个 EM277 站
MPI 连接	总共 6 个，其中 2 个预留（1 个为 PG，1 个为 OP）
电源损耗＋5V DC（从 I/O 总线）	150mA
24V DC 输入电源需求	
电压范围	20.4～28.8V DC
端口增加 5V，90mA 输出	30mA
端口增加 24V，120mA 输出	60mA
电源噪声（<10MHz）	180mA
隔离（输入电源与逻辑电路之间）	峰峰值<1V 500V AC，1min
通信口上 5V DC 电源每个口最大电流	90mA
隔离变压器与 24V DC 输入和逻辑电路隔离	500V AC，1min
通信口上 24V DC 电源电压范围	20.4～28.8V DC
每个口最大电流	120mA
电流限制	0.7～2.4A
隔离	非隔离

（2）兼容性

　　EM277 Profibus-DP 从站模块与 S7-200 PLC 工作的兼容性如表 5-11 所示。与数据传输速率相应的最大电缆长度如表 5-12 所示。

表 5-11　EM277 Profibus-DP 从站模块与 S7-200 PLC 工作的兼容性

CPU	订货号
CPU222，1.10 版以上	6ES7 212-1AB22-0XB0
	6ES7 212-1BB22-0XB0
CPU224，1.10 版以上	6ES7 214-1AD22-0XB0
	6ES7 214-1BD22-0XB0
CPU226，1.00 版以上	6ES7 216-1AD22-0XB0
	6ES7 216-1BD22-0XB0
CPU2246XM，1.00 版以上	6ES7 216-1AF22-0XB0
	6ES7 216-1BF22-0XB0

表 5-12　与数据传输速率相应的最大电缆长度

数据传输速率	每段的最大电缆长度/m
93.75Kbps 以下	1200
187.5Kbps	1000
500Kbps	400
1～1.5Mbps	200
3～12Mbps	100

注：1. 电缆的屏蔽层必须与 SUB-D 插头/座的外壳相连。

2. 采用 RS-485 重发器可以扩展一段电缆长度。建议采用 SINEC L2 型 RS-485 重发器。

为了保证串行总线系统运行可靠，电缆的两端必须接有终端电阻。为了使运行速率达到 12Mbps，电缆两端必须连接到装有内置阻尼网络的插头/座上。此外，在 12Mbps 运行速率下总线电缆的末端不允许有多余的裸露短线。

为了在数据传输速率达到 12Mbps 时运行可靠，表 5-13 中列出了适宜的 SINEC L2-DP 插头/座。

表 5-13　插头/座和电缆的订货号

订货号	说明
6ES7 972-0BB10-0XA0	带 PG 接口的总线插接器
6ES7 972-0BA10-0XA0	不带 PG 接口的总线插接器
6XV1830-0AH10	总线电缆长度 20～1000m

地址开关和状态指示灯位于模块的前面，如图 5-19 所示。

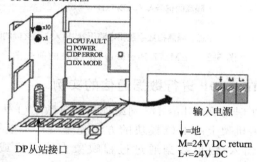

图 5-19　EM277 模块的结构图

（3）EM277 的状态指示灯（表 5-14）。

表 5-14　EM277 的状态指示灯

灯	灭	红灯亮	红灯闪烁	绿灯亮
CPU 故障	模块完好	内部模块故障	—	—
电源	无 24V DC 电源	—	—	24V DC 接通
DP 错误	没有错误	处于非数据交换模式	参数/组态错误	—
DX 模式	不处于数据交换模式	—	—	处于数据交换模式

注意：当 EM277 Profibus-DP 模块单独作为 MPI 从站使用时，只有绿色电源灯点亮。DP 从站接口如表 5-15 所示。

表 5-15　DP 从站的接口

端子号	功能、信息
1	不接线（NC）
2	NC
3	RS-485 的发送和接收线，双线，正的差动输入/输出 B/P
4	请求发送（RTS）
6	终端电阻的 5V 带隔离的供电电源
7	NC
8	RS-485 的发送和接收线，双线，负的差动输入/输出 A/N
9	NC

图 5-20 和图 5-21 表示用一个 CPU 224 和一个 EM277 Profibus-DP 模拟的 Profibus 网络。在这种场合，CPU-315-2 是 DP 主站，并且已通过一个带有 STEP7 编程软件的 SIMATIC编程器进行组态。CPU 224 是 CPU 315-2 所拥有的一个 DP 从站，ET200I/O 模块也是 CPU 315-2 的从站。S7-400 CPU 连接到 Profibus 网络，并且借助于 S7-400 CPU 用户程序中的 XGET 指令，可从 CPU 224 读取数据。

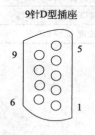

9针D型插座　引脚针　　　描述

1 机壳地，连接到连接器外壳
2 24V地（相当于端子志的M）
3 隔离的信号B(RxD/TxD⁺)
4 隔离的请求发送信号（TTL电平）
5 隔离的+5V地
6 隔离的+5V地
7 24V(最大120mA,带反向电压保护二极管)
8 隔离的信号A（RxD/TxD⁻）
9 空脚
注意：隔离指数字逻辑电路于24V输入电源之间的隔离电压为500V

图 5-20　EM277 Profibus-DP 模块的前视图

5.2.7　使用 Profibus-DP 进行数据通信的实例

SIMATIC S7 系统处理用 Profibus-DP 网络连接的分散 I/O 外围设备的方法，与处理本地连接在中央机架或扩展机架上的 I/O 模块的方法完全一样。根据用 HWConfig 程序硬件组态时所分配的地址，输入/输出数据通过过程映象直接交换或通过 I/O 存取命令进行交换。

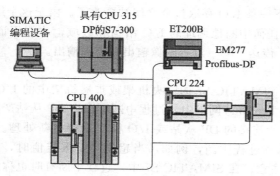

图 5-21　一个 Profibus 网络上的 EM277 Profibus-DP 模块和 CPU 224

① SIMATIC S7 系统提供系统功能 SFC14DPRD_DAT 和 SFC15DPWR_DAT，用于与具有相连的输入/输出数据区域的复杂 DP 从站的数据通信。

② 用作 I 从站并装有 CPU315-2DP 的 S7-300 可编程控制器，可以通过系统功能 SFC7DP_PRAL 触发 DP 主站上的过程中断。

③ S7 DP 从站的模块参数数据可以从用户程序内部来读和写。为此提供了必要的系统功能。

④ 在 DP 从站上使用系统功能 SFC11DPSYC_FR，可使输出信号的激活和输入信号的获取实现同步。

（1）用 I/O 存取命令的数据通信

SIMATIC S7 系统的 CPU，通过用 STEP7 程序编写的专用的 I/O 存取命令来寻址分散外围设备模块的 I/O 数据。这些命令直接调用 I/O 存取或通过过程映像调用 I/O 存取，用于读和写分散 I/O 信息的数据格式，可以是字节、字或双字。图 5-22 解释用不同数据格式与 DP 从站的 I/O 通信。

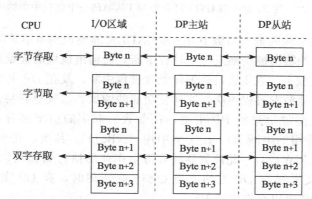

图 5-22　用 STEP7 和 I/O 存取命令与 DP 从站的输入/输出数据通信

有些 DP 从站模块有更复杂的数据结构。它们的输入和输出数据区域有 3 个字节或大于 4 个字节的长度，这些数据区域也称为连续的 I/O 数据区域。在使用连续的数据区域的 DP 从站的参数集中，参数 "Consistency" 必须设置为 "TotalLength"。

对于连续的数据，输入和输出数据不能通过过程映象来传送，也不能用通常的 I/O 存取命令来调用数据交换。原因在于对 DP 主站上的输入/输出数据的 CPU 更新循环中，DP 输入/输出数据的更新只能由 DP 主站与 DP 从站间的循环数据交换（总线循环）来确定。因此，从 DP 主站来的数据或到 DP 主站的数据，可能已经在寻址的 DP 从站 I/O 数据的一条 STEP7 存取指令与下一条 I/O 存取指令之间被更改了。由于这个缘故，仅对用户程序用字节、字或双字命令无任何中断地编址的 I/O 结构和区域，才能保证数据的连续性，更新 PII（过程映像输入表）传送 PIO（过程映像输出表）到输出。

(2) 处理过程中断

类似于本地连接在 SIMATIC S7 的中央机架或扩展机架中的 I/O，分散的 I/O 设备也可以产生过程中断。在 Profibus 网络中，过程中断可以由 DP 从站产生或由 DP 从站设备中的个别模块产生，只要所连接的 DP 从站或 I/O 模块支持中断处理。具有过程中断能力的模拟量输入模块可以触发过程中断，例如，当超出测量限定值时，用户程序被过程中断，并调用一个中断 OB（注意，在 SIMATIC S7 中，过程中断有时也称之为硬件中断）。

下面实例描述的是在 Profibus-DP 网络中一个从站怎样产生一个过程中断，以及在 DP 主站怎样识别和评估此过程中断。从站是带有 CPU315-2DP 用作 I 从站的 S7-300 可编程控制器，主站是一个 S7-400 可编程控制器。

① I 从站（S7-300）上产生过程中断 为了在相关 DP 主站上产生一个过程中断，在组态作为 I 从站的 CPU315-2DP 站上调用系统功能 SFC7DP_PRAL（图 5-23）。注意，只有带有 CPU31x-2DP 的 SIMATIC S7 控制器 S7-400 和 S7-300 才允许此功能。

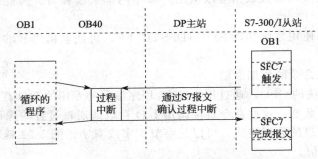

图 5-23 用 S7-300 CPU315-2DP 作为 I 从站的一个过程中断的生成

系统功能的有关模块的输入参数 IOID 和 LADDR 准确识别所请求的过程中断。在实例中，我们为 I 从站上的输出模块触发一个过程中断，此输出模块的起始地址是 "1000"。

在此实例中，仅仅关注在 I 从站是怎样触发过程中断，及在 DP 主站上怎样处理它，为此，在 I 从站上循环地触发过程中断，这样使功能的测试和监视更容易。

我们将发送两条附加信息给 DP 主站，在参数的双字的前半部分，SFC7 的输入参数 AI_INFD 传送应用专用的中断 ID，在实例中用 "ABCD"。其次，在参数的双字的后半部分传送中断计数器（MW106）。此计数器随着每个作业的执行而递增，与此同时，中断 ID 被作为过程中断报文发送给 DP 主站。当 OB40 被处理时，在 DP 主站上通过本地变量 OB40_POINT_ADDR 可以获得中断 ID。

为了处理触发过程中断，如图 5-24 所示，在 SIMATIC300（1）站 CPU 的组织块 OB1 中写入 STL 语句。在 Blocks 文件夹中打开已存在的 OB1，并加上这些语句，保存此块，并从 STEP7 编程工具 LAD/STL/FBD 中退出 OB1 的编辑屏幕。

然后，用运行模式开关把 S7-300 站的 CPU 转换到 STOP，并下载修改了的组织块 OB1 给 CPU315-2DP，覆盖原存在的内容。

② 在 DP 主站（S7-400）上处理过程中断 由 I 从站触发并通过 Profibus-DP 网络发送的过程中断，由 DP 主站 CPU 识别。主站 CPU 的操作系统调用有关中断的组织块 OB40。OB40 的本地数据包含产生中断的模块的逻辑基准地址和其他情况，这就提供了中断发起者

的有关信息。对于更复杂的模块，OB40 的本地数据还包含中断的标识符和状态方面的信息。在 OB40 程序执行之后（即 OB40 结束），DP 主站的 CPU 发送一个确认信号给触发此报警（中断）的 I 从站，这就将系统功能调用 SFC7 的输出参数 BUSY 上的信号状态，从"1"改变为"0"。

```
L  W#16#ABCD                        //特别预设定的中断标识符
T  MW104
CALL "DP_PRAL"
    REQ          : =M100.0
    IOID         : =W#16#55          //模块的地址区域（"55"=输出）
    LADDR        : =W#16#3F8         //模块的起始地址
    AL_INFO      : =MD104            //与应用有关的中断ID
    RET_VAL      : =MW102
    BUSY         : =M100.1
A  M   100.1                        //如果SFC7 "Free" 则循环触发
BEC
=  M   100.1                        //触发新的过程中断
L  MW106
+  1                                //中断计数器增加1
T  MW106
```

图 5-24　在 DP 从主 S7-300 上用于产生一个过程中断的程序实例

为了评估 DP 主站上的过程中断，在 SIMATIC400（1）主站的 Blocks 文件夹中建立组织块 OB40。键入 STL 语句，保存 OB40 并关闭 STEP7 编程工具 LAD/STL/FBD 中 OB40 的编辑屏幕。

装载并传送指令（图 5-25），将中断 I/O 模块（子模块）的基准地址拷贝到存储器字（MW10），将相关用户的中断 ID 拷贝到存储双字 MD12。此后，可使用 STEP 功能 Monitor/ModifyVanables，通过监视这两个存器储区域来观察中断处理。

```
L  #OB40_MDL_ADDR                   //模块的逻辑基准地址
T  MW10
L  #OB40_POINT_ADDR                 //I从站的应用专用的中断ID
T  MD12
```

图 5-25　用于评估过程中断的 S7-400 DP 主站的程序实例

现在下载 OB40 到主站的 CPU416-2DP，然后用运行模块开关将 S7-300 CPU 切换到 RUN（现在两个控制器都必须处在 RUN 模式）。

③ 测试 DP 主站对过程中断的响应　为了测试 DP 主站对过程中断的反应，在 SIMATICS Manager 中通过选择 VIEW→ONLINE 转换到在线查看。务必注意，PG/PC 编程装置必须用 MPI 电缆正确地与 CPU416-2DP 相连。

在 SIMATIC400（1）文件夹中，打开 Blocks 文件夹，双击后可获得 OB40 的在线查看，这样可用 STEP7 观察它的执行情况。在菜单条中，选择 DEBUG→MONITOR 接通 OB40 的状态功能。这时，可以观察到在 DP 主站上怎样处理中断。

5.2.8　Profibus-DP 的诊断功能

SIMATIC WS7 可编程控制器提供广泛的诊断工具，用于检查和定位应用 Profibus-DP 网络的自动化装备中的错误。这些诊断功能也可用作监视功能。在此情况下，它们被作为用户程序的一部分自动地执行。

对于用 SIMATIC WS7 实现的 DP 网络，可利用以下四组有效的诊断实用程序。

① 利用 LED 诊断　利用在 CPU、DP 主站和各个 DP 从站上的 LED 进行诊断。

② 利用 STEP7 在线功能诊断 STEP7 提供若干在线诊断功能，如 Accessible Nodes、Diagnose Hardware 和 Module Information。

③ 利用用户程序诊断 S7 DP 从站被完全集成在 SIMATIC S7 诊断方案中，它给用户程序提供适当的接口，用于获得故障和事故信息。此外，在用户程序中可以调用系统功能（SFC＝系统功能调用），来获得系统状态详细信息和故障与事故的情况。

④ 使用 Profibus 监视器诊断 Profibus 监视器可有效地用于检查数据传输中的复杂故障或问题。此工具用来记录和评估 Profibus 上的报文通信。

SIMATIC S7-300 和 S7-400 系列 CPU 的画板上有许多 LED（发光二极管），它们反映 CPU 或 Profibus-DP 接口的当前状态。在系统出故障的情况下，可以根据这些 LED 对故障做出初步的判断。

这些 LED 分为两组：

- CPU 的一般状态和报告出错的 LED；
- 指示 DP 接口故障的 LED。

（1）S7-300 的 LED

① CPU315-2-DP 的一般 LED 表 5-16 列出了 S7-300 可编程控制器 CPU315-2-DP 的一般状态和报告出错的 LED，这些 LED 按它们在 CPU 面板上排列的顺序列出。

表 5-16 CPU315-2-DP 的一般 LED

LED	含义	说明
SF（红色）	组出错	出现下列情况之一，LED 点亮： （1）硬件出错 （2）固件出错 （3）编程出错 （4）参数出错 （5）计算出错 （6）时间出错 （7）存储器卡有故障 在 POWER-ON 时电池故障或无后备电池 （8）I/O 出错（仅对外部 I/O） 备注：为了更准确地确定故障，用 PG 编程装置读 CPU 的诊断缓存器
BATF（红色）	电池出错	如果电池损坏、不存在或放完电，LED 点亮
DC5V（绿色）	5V DC 电源	CPU 和 S7-300 总线内部 5V DC 电源正常时，LED 点亮
FRCE（黄色）	保留	在此 CPU 上，"Force" 功能不能实现
RUN（绿色）	运行模式 RUN	（1）在 CPU 启动时，LED 以 2Hz 频率至少闪烁 3m（CPU 启动可能更短些）。在 CPU 启动期间，STOP 指示器也亮。当 STOP LED 熄灭时，输出启用 （2）当 CPU 处于 RUN 模式时，LED 亮
STOP（黄色）	运行状态 STOP	当 CPU 不在处理用户程序时，LED 亮 当 CPU 请求整体复位时，LED 以 1s 间隔闪烁

② CPU31x-2DP 的 DP 接口的 LED Profibus-DP 接口的 LED 的含义取决于 DP 接口的运行模式，有以下两种模式：

a. DP 主站；

b. DP 从站。

③ 在 "DP 主站" 模式下 CPU31x-2DP 的 DP 接口的 LED 表 5-17 列出当 CPU31x-

2DP 用作 DP 主站时 Profibus-DP 接口的 LED 指示。

表 5-17 在"DP 主站"模式下 CPU31x-2DP 的 LED

SFDP	BUSF	含义	措施
熄灭	熄灭	(1) 配置正确 (2) 所有被组态的从站均可被除数寻址	—
点亮	点亮	(1) 总线出错（硬件故障） (2) DP 接口出错 (3) 在多主站运行中，有不同的波特率	(1) 检查总线电缆是否短路或断开 (2) 评估诊断信息，定义新的配置或纠正原先的配置
点亮	闪烁	(1) 站出错 (2) 至少有一个指定的从站不可寻址	检查连接到 CPU31x-2DP 的总线电缆，等待直至 CPU31x-2DP 已经启动。如果此 LED 不停止闪烁，则检查 DP 从站或评估 DP 从站的诊断信息
点亮	熄灭	丢失或不正确的配置（当 CPU 未作为 DP 主站启动时，也发生此情况）	评估诊断信息 定义新的配置或纠正原先的配置

④ 在"DP 从站"模式下 CPU31x-2DP 的 LED 表 5-18 列出当 CPU31x-2DP 用作 DP 从站时 Profibus-DP 接口的 LED 指示。

表 5-18 在"DP 从站"模式下 CPU31x-2DP 的 LED

SFDP	BUSF	含义	措施
熄灭	熄灭	配置正确	—
无关	闪烁	CPU31x-2DP 的参数集不正确，或 DP 主站与 CPU31x-2DP 间无数据通信。可能的原因是： (1) 控制监视定时器（Watchdog）期限到 (2) 通过 Profibus-DP 的总线通信被中断 (3) 所定义的 Profibus 地址不正确	(1) CPU31x-2DP (2) 检查总线连插器是否正确插入 (3) 检查到 DP 主站的电缆是否断开 (4) 检查配置和参数设置
无关	点亮	总线短路	检查总线结构
点亮	无关	(1) 丢失或配置不正确 (2) 与 DP 主站无数据通信	(1) 检查配置 (2) 评估诊断中断或诊断缓存器登入项

(2) 带 DP 接口的 S7-400 CPU 的 LED

表 5-19 列出带 Profibus-DP 接口的 S7-400 CPU 的 LED 指示。这些 LED 按它们在 CPU 面板上排列的顺序列出。

表 5-19 带 DP 接口的 S7-400 CPU 的 LED

CPU		DP 接口	
LED	含义	LED	含义
INTF（红色）	内部出错	DPINTF（红色）	在 DP 接口内部出错
EXTF（红色）	外部出错	DPEXTF（红色）	在 DP 接口外部出错
FRCE（黄色）	强制	BUSF	在 DP 接口上的总线出错
CRST（黄色）	完全复位（冷）		
RUN（绿色）	运行状态 RUN		
STOP（黄色）	运行状态 STOP		

① 带 DP 接口的 S7-400 CPU 的 LED 表 5-20 对于带 DP 接口的 S7-400 CPU 显示状态信息的 LED 作了说明。

表 5-20 带 DP 主站接口的 S7-400 CPU 的 LED

LED			含义
RUN	STOP	CRST	
点亮	熄灭	熄灭	CPU 在运行状态 RUN
熄灭	点亮	熄灭	CPU 在 STOP 状态。用户程序不工作。能预热或热再启动。如果 STOP 状态因出错而产生，则故障 LED（INTF 或 EXTF）也点亮
熄灭	点亮	点亮	CPU 在 STOP 状态。仅预热再启动可以人微言轻下一次启动模式
闪烁（0.5Hz）	点亮	熄灭	通过 PG 测试功能触发 HOLD 状态
闪烁（2Hz）	点亮	点亮	执行预热启动
闪烁（2Hz）	点亮	熄灭	执行热再启动
无关	闪烁（0.5Hz）	无关	CPU 请求完全复位（冷）
无关	闪烁（2Hz）	无关	完全复位（冷）运行

特殊功能由表 5-21 中列出的 LED 指示。

表 5-21 用于带 DP 接口的 S7-400 CPU 的出错和特殊功能的 LED

LED			含义
INTF	EXTF	FRCE	
点亮	无关	无关	检查出一个内部出错（编程或参数出错）
熄灭	点亮	无关	检查出一个外部出错（出错不是由 CPU 模块引起的）
无关	无关	点亮	在 CPU 上 PG 正在执行 "force" 功能。这就是说，用户程序的变量被设置为固定值，且不能被用户程序再改变

② S7-400 CPU 接口的 LED 表 5-22 列出 S7-400 CPU 的 Profibus-DP 接口的 LED 指示。

表 5-22 S7-400 DP 接口的 LED

LED			含义
DPINTF	DPEXTF	BUSF	
点亮	无关	无关	在 DP 接口上检查出一个内部出错（编程或参数出错）
无关	点亮	无关	检查出一个外部出错（出错不是由 CPU 模块而是由 DP 从站引起的）
无关	无关	闪烁	在 Profibus 上有一个或多个 DP 从站不响应
无关	无关	点亮	检查出 DP 接口上的一个总线出错（如电缆断或不同的总线参数）

（3）DP 从站的 LED

DP 从站模块也装有 LED 来指示 DP 从站上的运行状态和所有故障，LED 的数量和它们的含义依赖于所用的从站类型。更详细的信息，可参考各具体的 DP 从站的技术文本。

在我们的实例配置中所用的 DP 从站的 LED 将在下面说明。

① ET200B16D I/16D O 模块的 LED 表 5-23 列出 ET200B16D I/16D O 模块的 LED 指示。

表 5-23　ET200B16D I/16D O 模块的状态和出错指示

LED	光信号	含义
RUN	点亮（绿色）	ET200B 在运行中（电源接通，STOP/RUN 开关在 RUN 位置）
BF	点亮（红色）	（1）控制监视定时器期限到，没有站被寻址（即与 S7 DP 主站的连接出故障） （2）在调试/启动期间，此站还未接收到它的参数集
DIA	点亮（红色）	对数字直流 24V 输出模块，至少有一个输出：短路或无负载电压
L1+	点亮（绿色）	通道组 "0" 有电压（熔断熔丝或电压低，典型的：+15.5V，信号二极管熄灭）
L2+	点亮（绿色）	通道组 "1" 有电压（熔断熔丝或电压低，典型的：+15.5V，信号二极管熄灭）

② ET200M/IM153-2 模块的 LED　表 5-24 列出 ET200M/IM153-2 模块的 LED 指示。

表 5-24　ET200M/IM153-2 模块的状态和出错 LED

LED			含义	措施
ON（绿色）	SF（红色）	BF（红色）		
熄灭	熄灭	熄灭	无电压存在或 IM153-2 的硬件有故障	检查 24V 直流电压电源模块
点亮	无关	闪烁	IM153-2 装载了不正确的参数集，或在 DP 主站与 IM153-2 模块间无数据通信。可能原因是： （1）控制监视定时器期限到 （2）通过 Profibus-DP 到 IM153-2 模块的总线通信中断	检查 DP 地址 检查 IM153-2 模块 检查总线连接器是否插好 检查连接到 DP 主站的总线电缆是否中断 接通和断开电源模块上的 24V 直流电压开关 检查配置和参数集
点亮	无关	点亮		在 IM153-2 上设置有效的 DP 地址（"1"～"125"）或检查总线结构
点亮	点亮	无关		检查 ET200M 的结构（模块丢失或缺损，已安装未组态的模块）。检查配置、更新 S7-300 模块或 IM153-2
点亮	熄灭	熄灭		

5.2.9　安装和调试一个 Profibus-DP 系统

本节对如何使用 RS-485 铜缆安装一个 Profibus-DP 系统，如何调试以及第一次启动该系统提出一些建议。这里将用一些简单方法来说明如何定位和纠正由于不正确电缆敷设所产生的错误。还有如何用 STEP7 功能来测试 DP 输入/输出信号。

（1）安装 Profibus-DP 系统的注意事项

① 有接地基准电位的系统安装　在工业装备中安装 S7 DP 的标准方法是有接地基准电位的，即必须把所有模块机架和负载电流回路与公共的基准电位（地）相连接。这种方法中，干扰电流通过连接的地线而分流掉。总线插头连接器将 Profibus 电缆的屏蔽与网络中所有的总线站相连接。应该确保由于不合理 Profibus 电缆敷设或装备安装不当而产生的干扰电流能尽快地分流掉，最理想的是通过控制柜的外壳泄放。为此目的，将屏蔽电缆与控制柜外壳相连，这样使接触的表面尽可能地大，为此可使用电缆夹子（Clamps）。

用此类型安装方法时，将各个部件的接地连接（如 S7-300 和 ET200M 的机架），连接到控制柜的公共接地点，这可能是典型的接地总线汇流条。此外，将 24V 电源的 M 电位与接地点连接。应该注意：与接地点相连的连接线应有足够大的截面积，同时还须确保在控制柜内的各个接地总线汇流条都是有相同的接地电位，即它们之间不能存在电位差和电流。

a. 有接地基准电位的 S7-300　在有接地基准电位的可编程控制器 S7-300 中，CPU 上的 M 电位连接与功能地之间插入一个跨接片（图 5-26）。S7-300 CPU312IFM 模块只能在有接地基准电位的情况下运行，因为在它的 CPU 已经将 M 电位与功能地连接了。

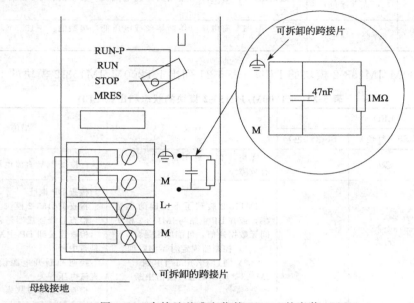

图 5-26　有接地基准电位的 S7-300 的安装

b. 有接地基准电位的 S7-400　在有接地基准电位的可编程控制器 S7-400 中，在 M 基准电位和模块机架机轨的连接之间插入一个跨接片，如图 5-27 所示。模块机架本身必须与机柜中的接地总线汇流条相连。

② 无接地基准电位的系统安装　有些 Profibus 网络必须是无接地基准电位的安装，这种安装方式适用于使用接地故障监视的安装和延伸很大区域的安装。在这种大范围分散安装情况下，各个总线站之间常常产生基准电位的电位差，而且又不能用等电位的电位差屏蔽接地线来补偿。在这种情况下，干扰电流通过 RC 回路泄入地，负载电压必须是不接地电位的。同样的，连接总线站的 RS-485 接口也必须是漂浮的（即不接地电位）。重要的是，在这种安装方式下 Profibus 电缆的屏蔽仅仅一端接地。

a. 无接地基准电位的 S7-300　无接地基准电位的 S7-300 控制器的运行，意味着不需要在 CPU 的 M 电位与功能地之间插入如图 5-26 所示的跨接片。为避免系统部件有害的静电电荷，在 M 电位与功能地之间使用 RC 回路来泄放高频干扰电流。

b. 无接地基准电位的 S7-400　无接地基准电位的 S7-400 控制器的运行，不需要在 M 基准电位与模块机架的连接之间插入如图 5-27 所示的跨接片。为避免对系统部件有害的静电电荷，在 M 电位和功能地之间采用 RC 回路来泄放高频干扰电流。

③ Profibus 电缆的安装　由于系统需要高的电功率，因此电线电缆常常输送高电压和电流。如果这种电线和电缆长距离与 Profibus 电缆并行敷设，则在 Profibus 电缆上会产生电容性和电感性干扰，从而扰动网络中的数据通信。为避免这种干扰，在敷设 Profibus 电

缆时，要确保在 Profibus 电缆与其他电线电缆之间保持 10cm 的距离。通常电力电缆和 Profibus 电缆总是应当分别敷设在相互隔离的电缆桥架上。

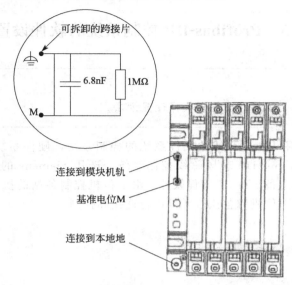

图 5-27　有接地基准电位的 S7-400 的安装

④ Profibus 电缆的屏蔽　干扰电流和电磁干扰是通过 Profibus 电缆的屏蔽泄放到地的，因此，屏蔽到地的低阻抗连接十分重要。电缆屏蔽通常是两端接地，特别在高频干扰情况下，用这种方法可以很好地抑制干扰。如果在大范围分散系统的各个总线站之间存在电位差，且不能实现等电位屏蔽接地时，建议仅在一端将电缆屏蔽接地，以避免在 Profibus 中产生等电位屏蔽接地电流。如果在电缆屏蔽中有电缆均衡电流流动，则会大大地降低屏蔽的效率。

对于那些静止的总线站，建议在进入机柜的那一端剥去 Profibus 电缆上的屏蔽网，然后用合适的电缆夹子将其连接到基准地。注意，在剥电缆外皮时别损坏电缆芯。

(2) 对 Profibus-DP 系统试运行的注意事项

① 总线电缆和总线插头连接器　Profibus 电缆和总线插头连接器是 DP 系统很重要的部件，在总线电缆的安装敷设和连接中产生的出错，可能会大大影响总线站之间的数据通信。由于各种出错（如数据线接反、导线断开或短路等）都可导致数据通信不能正常进行，因此，在 Profibus-DP 系统第一次接通运行前，应该检查总线电缆和插头连接器的安装，并正确接入总线终端电阻。

② 总线终端　有源总线终端由终端电阻的组合组成，在数据传输时它防止反射，并且当总线上无站活动时，它确保在数据线上有一个确定的空闲状态电位。在 RS-485 总线段的两端必须有一个有源总线终端。

在数据传输期间，如果没有总线终端，则会产生干扰。由于每一个总线终端代表一个电负载，因此太多的终端电阻组合也会产生问题，并且对于数据传输不再能保证在高信号噪声比所需的传输电平。总线终端太多或太少，都可能引起偶尔的传输干扰。当总线段在电功率极限情况下运行时，这种情况特别会产生，即指总线段上的总线站最多、总线段长度和能选的传输速率最大时的情况。

有源终端所需的电源电压，通常从连接总线站的插头连接器直接取得。如果在设计系统开始时就清楚地知道有源总线终端系统运行时所需的电源电压不能得到保证，则应该采取适当的措施。典型的事件是，对总线终端电阻供电的总线站常常与电源分离或从总线断开了。在此情况下，对受影响的总线站的总线终端，可使用带有外部电源的总线终端或中继器。

5.3　Profibus-DP 控制系统的软件设置

[知识要点]

掌握 Profibus-DP 控制系统的软件设置方法。

Profibus-DP 被应用于机电一体化柔性系统的控制系统，硬件系统如图 5-28 所示。采用 Siemens 公司的 Profibus-DP 现场总线控制系统，选用 Siemens 的 S7-300 作主站，S7-200 和变频器作从站，配备 STEP7 编程软件。由下位机控制各站的执行元件，由上位机通过 Profibus-DP 总线与下位机和各执行元件进行连接和控制。

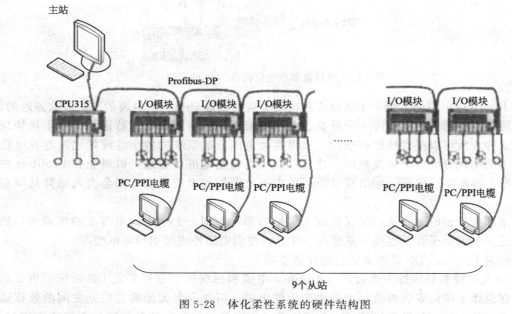

图 5-28　体化柔性系统的硬件结构图

控制系统中包括 9 个从站点：上料单元、下料单元、加盖单元、穿销单元、模拟单元（温度控制系统）、检测单元、液压单元、分检单元（气动机械手）、叠层立体仓库，其连续生产线示意图如图 5-29 所示。

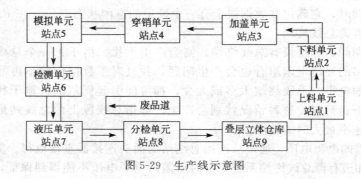

图 5-29　生产线示意图

整条生产线共有 9 个站点，站点 1、2、3、4 主要完成顺序逻辑控制，站点 5 实现对温度的调节，站点 7 为气动机械手的控制，站点 8 则实现光电编码的检测，站点 9 为步进电机的控制。每个站点都独立地完成一套动作，彼此又有一定的关联，为此，采用 Profibus 现场总线技术，通过 1 个主站 S7-300 和 9 个从站 S7-200 实现。

5.3.1　Profibus 的安装及参数设置

① 首先将 Profibus 模板正确插入变频器中。

② 将参数 P0719 设置为 6，参数 P0918 设置为 3（此参数根据硬件组态变频器的组态地址设置即可，可设置成任何数值，在本系统中设置为 3）。

③ 快速设置 Profibus 的指导原则：

● 必须正确地连接主站与变频器之间的总线电缆，包括必要的终端电阻和终端网络（在通信速率为 12Mbps 时）；

● 总线电缆必须是屏蔽电缆，其屏蔽层必须与电缆插头/座的外壳相连；

● Profibus 主站的配置必须正确，允许采用 PPO 1 型或 PPO 3 型数据结构，实现与 DP 从站的通信（如果不能由远程的操作控制来配置数据结构的 PPO 类型，那就只能是 PPO 1 型）；

● 在采用带有 SIMATIC S5 的 COM ET 软件时，必须使用正确的类型说明文件，这样，IM308B/C 可以配置为总线的主站，当 SIMATIC 管理器用于 S7 时，必须装载目标管理器；

● 总线必须是运行的［对于 SIMATIC 模板，操作控制板的开关必须设定为"运行（RUN）"］；

● 总线的波特率不得超过 12Mbps；

● Profibus 模板必须与变频器正确地匹配，变频器必须是上电状态；

● 变频器的从站地址（参数 P0918）必须正确设置，使它与 Profibus 主站配置的从站地址相一致，总线上定义的每个变频器的地址必须是唯一的。

5.3.2　硬件组态

使用 Profibus 系统，在系统启动前先要对系统及各站点进行配置和参数化工作。完成此项工作的支持软件为 SIMATIC S7，其主要设备的所有 Profibus 通信功能都集成在 STEP7 编程软件中。使用这种软件可完成 Profibus 系统及各站点的配置、参数化、文件编制启动、测试、诊断等功能。

（1）远程 I/O 从站的配置

STEP7 编程软件可完成 Profibus 远程 I/O 从站（包括 PLC 智能型 I/O 从站）的配置，包括：

● Profibus 参数配置　站点、数据传输速率；

● 远程 I/O 从站硬件配置　电源、通信适配器、I/O 模块；

● 远程 I/O 从站 I/O 模块地址分配；

● 主-从站传输输入/输出字/字节数及通信映象区地址；

● 设定故障模式。

（2）系统诊断

在线监测下可找到故障站，并可进一步读到故障提示信息。

（3）第三方设备集成及 GSD 文件

当 Profibus 系统中需要使用第三方设备时，应该得到设备厂商提供的 GSD 文件。将 GSD

文件拷贝到 STEP7 或 COM Profibus 软件指定目录下，使用 STEP7 或 COM Profibus 软件，可在友好的界面指导下，完成第三方产品在系统中的配置及参数化工作。

在本节中将研究一个项目实例。通过创建此项目来说明 STEP7 程序的应用，而 STEP7 是建立和组态一个使用 Profibus-DP 网络的 SIMATIC S7 自动化系统时必须使用的程序。SIMATIC Manager 和 HWConfig 是基本程序。

（4）建立一个新的 STEP7 项目

为了建立一个新的 STEP7 项目，双击 SIMATIC Manager，打开 STEP7 主画面，然后执行如下步骤：

① 在菜单条中，选择 FILE-New…打开对话框（图 5-30）便建立一个新的项目；

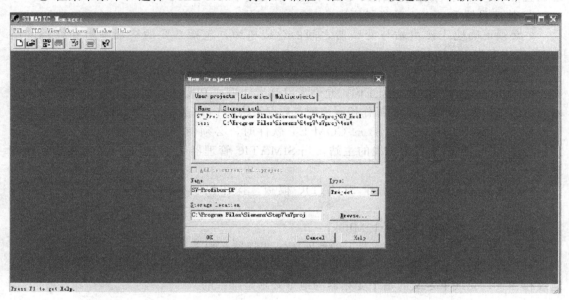

图 5-30　建立新项目的对话框

② 在 Name 下输入新建项目的名称，如 S7-Profibus-DP；

③ 选择 "Browse" 按钮，为这个新的项目设定 "存储位置（路径）"；

④ 登录新项目的名称（如 S7-Profibus-DP），用 "OK" 确认并退出。

回到 SIMATIC Manager 的主菜单。S7-Profibus-DP 对象文件夹的建立已经自动地生成了 MPI 对象，在项目屏幕的右半边可以看到此 MPI（多点接口）对象，如图 5-31 所示。每次建立一个新项目，STEP7 就自动地生成一个 MPI 对象。MPI 是 CPU 标准的编程和通信接口。

（5）在 STEP7 项目中插入对象

在项目屏幕的左半边选择此项目。单击鼠标右键打开快捷菜单，选中 Insert new object，点击 SIMATIC 300 Station，将生成一个 S7-300 的项目。如果项目 CPU 是 S7-400，那么选中 SIMATIC 400 Station 即可，如图 5-32 所示。此时，被插入的对象出现在项目屏幕的右半边。与所有其他对象一样，可以更改对象名称（例如给此对象赋予一个项目专用的的名称），如图 5-33 所示。

在快捷菜单（用右击打开）中，选择 OBJECT PROPERTIES。在特性对话框中，应登入此对象的更多的特征（如作者名称、注释等），如图 5-34 所示。

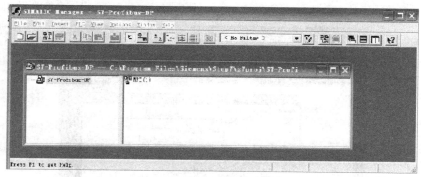

图 5-31　生成一个 MPI 对象

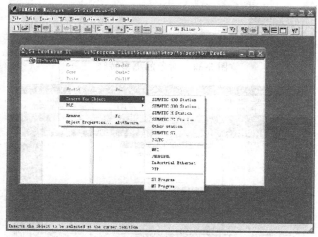

图 5-32　生成一个 S7-300 项目

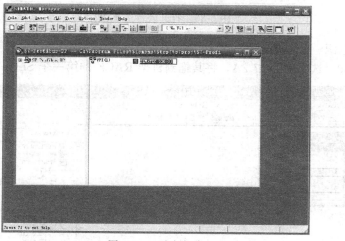

图 5-33　更改名称

（6）打开硬件组态画面

S7-Profibus-DP 左面的＋点开，选中 SIMATIC 300（1），然后选中 Hardware，并双击/或右键点 OPEN OBJECT，硬件组态画面即可打开，如图 5-35 所示。

（7）生成空机架

双击 SIMATIC 300 ＼ RACK-300，然后将 Rail 拖入到左边空白处，生成空机架，如

图 5-36所示。

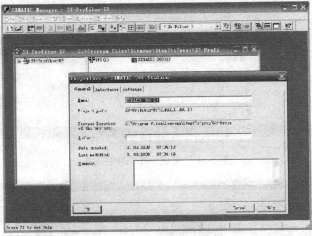

图 5-34　对象的更多特征

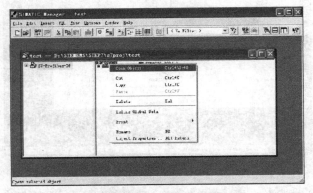

图 5-35　打开硬件组态画面

（8）选择电源

双击 PS-300，选中 PS 307 2A，将其拖到机架 RACK 的第一个 SLOT，如图 5-37 所示。

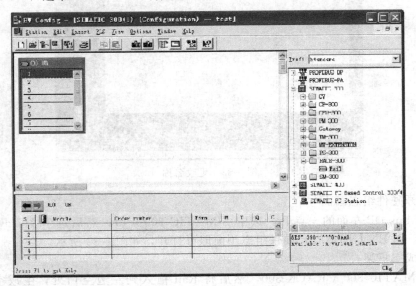

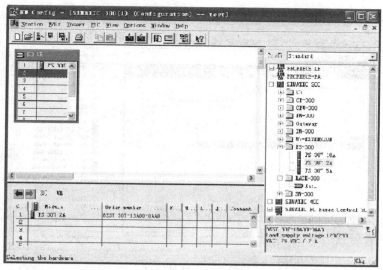

图 5-36   生成空机架

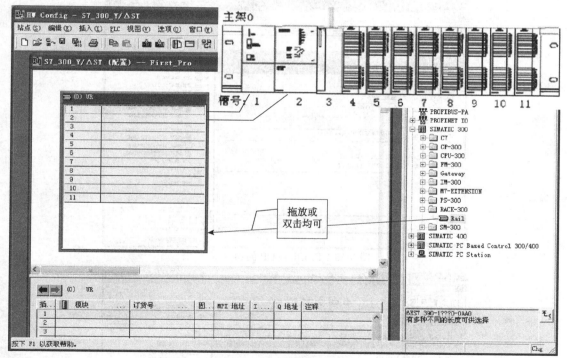

图 5-37   选择电源

（9）打开地址窗口

双击 CPU-300，双击 CPU-315-2DP，双击 6ES7 315-2AG10-0AB0，将其拖到机架 RACK 的第 2 个 SLOT，一个组态 Profibus-DP 的窗口将弹出，在 Address 中选择分配 DP 地址，默认为 2，如图 5-38 所示。

（10）参数设置

然后点击 SUBNET 的 NEW 按钮，生成一个 Profibus NET 的窗口将弹出。点中 Network Setting 页面，可以在这里设置 Profibus-DP 的参数，包括速率、协议类型，点击 "OK"，即可生成一个 Profibus-DP 网络，如图 5-39 和图 5-40 所示。

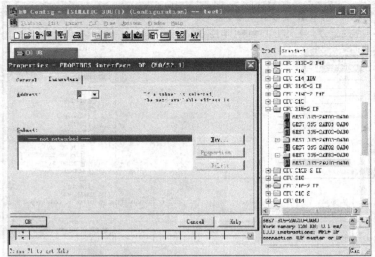

图 5-38 地址窗口

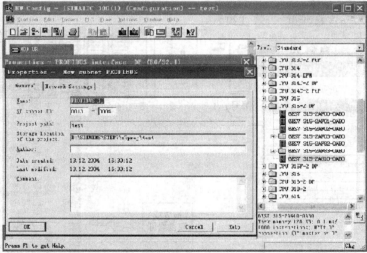

图 5-39 Profibus-DP 的参数 (1)

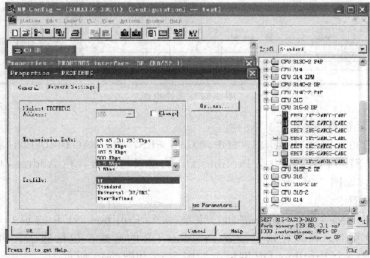

图 5-40 Profibus-DP 的参数 (2)

（11）配置 300 的输入/输出模块

点开 SIMATIC 300 \ 点开 SM-300 \ 点开 DI/DO-300 \ 选中 SM 323 DI16/DO16×24V/0.5A，将其拖到机架 RACK 的第四个 SLOT，如图 5-41 所示。

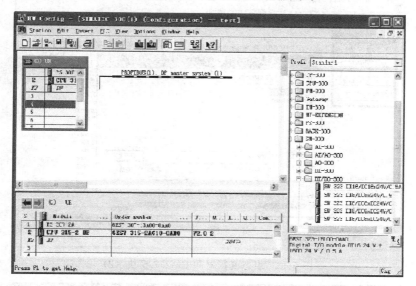

图 5-41　配置 300 的输入/输出模块

（12）组态变频器和 EM277 模块（在第一次使用时可能没有此模块和变频器模块的配置）

点开菜单 Options 选择 Install New GSD...，如图 5-42 和图 5-43 所示。

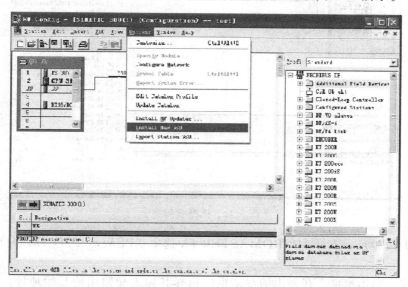

图 5-42　组态变频器和 EM277 模块（1）

选择其 *.GSD 所在的文件夹（一般在随机赠送给用户的刻录光盘中即可找到此文件），选中该文件后打开即会自动加载。先组态变频器：点开 Profibus DP \ 点开 Additional Field Devices \ 点开 Drives \ 点开 SIMOVERT \ 选中 MICROMASTER 4，将其拖到左面 Profibus（1）：DP master system（1）上，如图 5-44 所示。立即会弹出 MICROMASTER 4 通信设置画面，DP 地址可以改动，选择 3，点击"OK"（此值可根据用户的需要随意设置，但此值设定后，必须与其实际连接的MICROMASTER 420变频器内所设地址完全一致，否则将无法通信），如图5-45所示。

图 5-43　组态变频器和 EM277 模块（2）

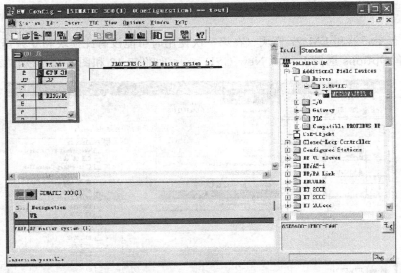

图 5-44　选择变频器

分配其 I/O 地址，点开 MICROMASTER 4 \ 选中 0 PKW，2PZD（PPO3），如图 5-46 所示。

双击其输入输出地址，在弹出的对话框中选择其输入和输出的起始地址，在该设备中使用的地址为 100，此值可根据用户需求随意设置，只要和程序中的地址对应即可，如图 5-47 所示。

再组态 EM277M 模块，点开 Profibus DP \ 点开 Additional Field Devices \ 点开 PLC \ 点开 SIMATIC \ 选中 EM277 Profibus-DP，将其拖到左面 Profibus（1）：DP master system（1）上，如图 5-48 所示。

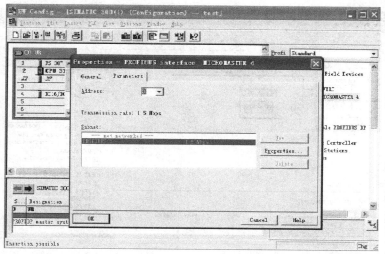

图 5-45　MICROMASTER 4 通信设置画面

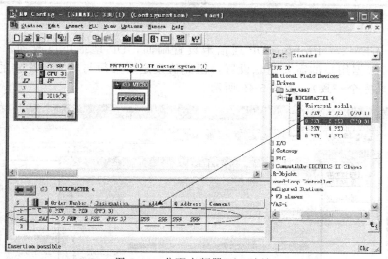

图 5-46　分配变频器 I/O 地址

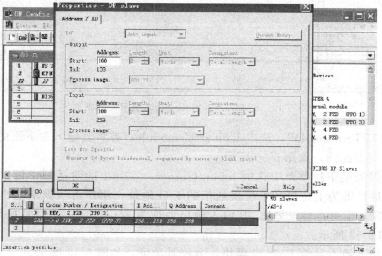

图 5-47　变频器输入输出地址

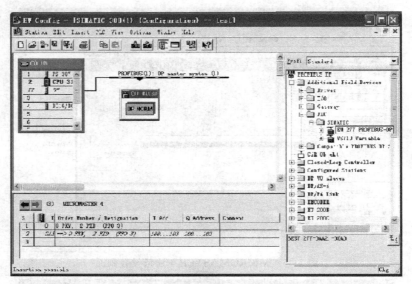

图 5-48　组态 EM277M 模块

立即会弹出 EM277 Profibus-DP 通信卡设置画面，DP 地址可以改动，选择 4，点击"OK"（此值可根据用户的需要随意设置，但此值设定后必须与其实际连接的 EM277 模块上所设置的地址完全一致），如图 5-49 所示。

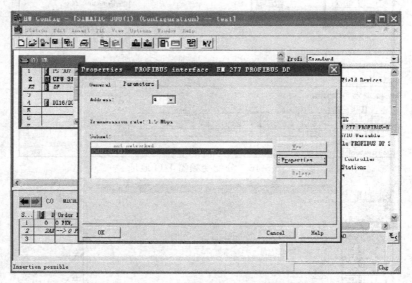

图 5-49　EM277 Profibus-DP 通信卡设置画面

点开 EM277 Profibus-DP，选中 Universal module，并将其拖入左下面的槽中，并分配其 I/O 地址，双击此槽，如图 5-50 所示。

在 I/O 选择处的下拉菜单中选中 Input/Output。在弹出的对话框中设置其输入输出的起始地址（此地址即为上位机和下位机通信的 I/O 地址。用户可根据所给出的机电一体化 I/O 分配表设置，也可自行设置）。其输入输出地址为 200 与 300 通信时需要使用的地址，如图 5-51 和图 5-52 所示。

按照上面步骤组态其他 EM277 模块，分配其地址，如图 5-53 所示。

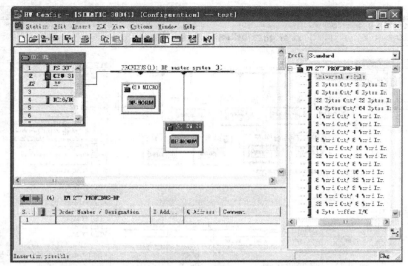

图 5-50　分配 EM277 地址

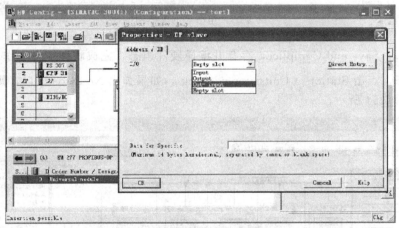

图 5-51　设置 200 与 300 通信时需要使用的地址（1）

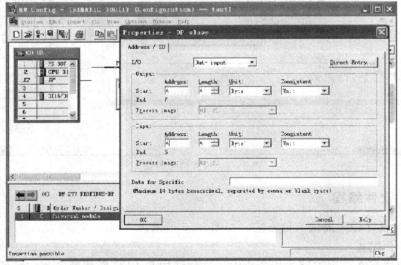

图 5-52　设置 200 与 300 通信时需要使用的地址（2）

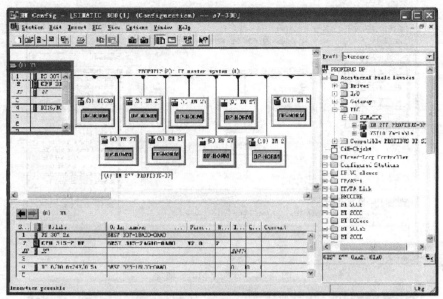

图 5-53　组态后的整体图

点击 ，Save and Complice，存盘并编译硬件组态，完成硬件组态工作。

检查组态，点击 Station \ Consistency check，如果弹出 No error 窗口，则表示没有错误产生，如图 5-54 所示。

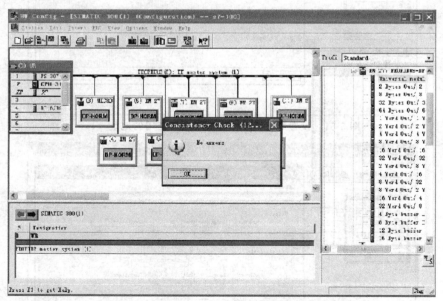

图 5-54　检查组态界面

5.3.3　软件编程

STEP7 为设计程序提供三种方法，如图 5-55 所示。

（1）线性化编程

所有的程序都在一个连续的指令块中。这种结构和 PLC 所代替的固定接线的继电器线路类似。系统按照顺序处理各个指令。

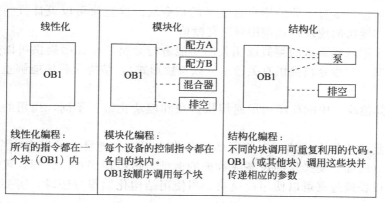

图 5-55　STEP7 的三种程序设计方法

　　线性化编程具有不带分支的简单结构，一个简单的程序块包含系统的所有指令。线性编程类似于硬接线的继电器逻辑。顾名思义，线性化程序描述了一条一条重复执行的一组指令，所有的指令都在一个块内（通常是组织块）。块是连续执行的，在每个 CPU 扫描周期内都处理线性化程序。所有的指令都在一个块内，此方法适于单人编写程序的工程。由于仅有一个程序文件，软件管理的功能相对简单。但是，由于所有的指令都在一个块内，每个扫描周期所有的程序都要执行一次，即使程序的某些部分并没有使用。此方法没有有效地利用 CPU。

　　另外，如果在程序中有多个设备，其指令相同，但参数不同，将只得用不同的参数重复编写这部分程序。

　　（2）模块化编程

　　程序分成不同的块，每个块包含了一些设备和任务的逻辑指令。组织块中的指令决定是否调用有关的控制程序模块。例如，一个模块程序包含有一个被控加工过程的各个操作模式。

　　模块化编程是把程序分成若干个程序块，每个程序块含有一些设备和任务的逻辑指令。在组织块（OB1）中的指令决定控制程序模块的执行。模块化编程功能（FC）或功能块（FB），它们控制着不同的过程任务，例如操作模式、诊断或实际控制程序。这些块相当于主循环程序的子程序。

　　在模块化编程中，在主循环程序和被调用的块之间仍没有数据的交换。但是，每个功能区被分成不同的块，这样易于几个人同时编程，而相互之间没有冲突。另外，把程序分成若干小块，将易于对程序调试和查找故障。OB1 中的程序包含有调用不同块的指令。由于每次循环中不是所有的块都执行，只有需要时才调用有关的程序块，这样，CPU 将更有效地得到利用。一些用户对模块化编程不熟悉，开始时此方法看起来没有什么优点，但是，一旦理解了这个技术，编程人员将可以编写更有效和更易于开发的程序。

　　模块化编程允许任务按块分配，块只有在需要时调用，这将使用户程序更有效，有更多的灵活性写出更小的程序块，这些块称为功能（FC）。功能是一个可以执行任何指令的简单的代码块。它执行结束时，不向调用块返回数据。

　　模块化编程的程序块包含一些设备或任务的逻辑操作。组织块（OB1）中的指令决定模块化编程块的执行。当组织块调用其他块时，被调用的程序块执行到块的结束，然后系统返回到程序块的调用点。模块化编程的例子是加工过程中控制不同操作模式的指令块。

（3）结构化编程

结构化程序包含带有参数的用户自定义的指令块。这些块可以设计成一般调用。实际的参数（输入和输出的地址）在调用时进行赋值。

结构化程序把过程要求的类似或相关的功能进行分类，并试图提供可以用于几个任务的通用解决方案。向指令块提供有关信息（以参数形式），结构化程序能够重复利用这些通用模块。

OB1（或其他块）中的程序调用通用执行块和模块化编程不同，通用的数据和代码可以共享。

不需要重复这些指令，然后对不同的设备代入不同的地址，可以在一个块中写程序，用程序把参数（例如，要操作的设备或数据的地址）传给程序块。这样，可以写一个通用模块，更多的设备或过程可以使用此模块。当使用结构化编程方法时，需要管理程序存储和使用数据。

双击 OB1 即可进入软件编程，如图 5-56 所示。

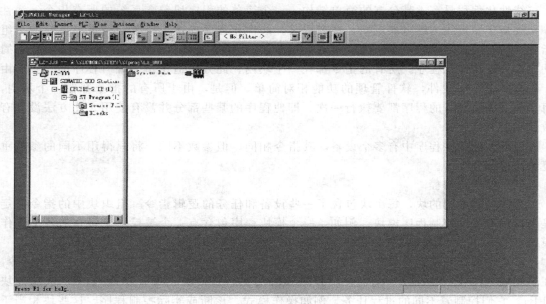

图 5-56　OB1 界面

编程完成后即可下载至 PLC 300 中。

5.3.4　计算机与 PLC 300 的通信

将 CP5611 接口卡插入计算机扩展槽中，并连接 MPI 通信电缆至 PLC 300 的 MPI 插口上，然后启动计算机与 PLC 300，即可完成计算机与 PLC 300 的通信连接。

① CP5611 自身不带微处理器；CP5411 是短 ISA 卡；CP5511 是 TYPE Ⅱ PCMCIA 卡；CP5611 是短 PCI 卡。

② CP5611 可运行多种软件包，9 针 D 型插头可成为 Profibus-DP 或 MPI 接口。

③ CP5611 运行软件包 SOFTNET-DP/Windows95，NT4.0 fro Profibus，具有如下功能：

a. DP 功能　PG/PC 机成为一个 Profibus-DP1 类主站，可连接 DP 分型 I/O 设备，主站具有 DP 协议，诸如初始化、数据库管理、故障诊断、数据传送及控制等功能；

b. S7 FUNCTION　实现 SIMATIC S7 设备之间的通信，用户可使用 PG/PC 对 SIMATIC S7/S7 编程；

c. 支持 SEND/RECEIVE 功能；

d. PG FUNCTION　使用 STEP7 PG/PC 支持 MPI 接口。

5.3.5　下位机设置

将下位机 EM277 总线模块的地址分别进行设置，只要和 S7-300 硬件组态时设置的地址相对应即可，见图 5-57。

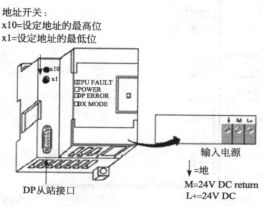

图 5-57　模块 EM277 主视图

例如：

站名	备料	下料	加盖	穿销	模拟	综检	液压	分检	仓储
地址号	4	5	6	7	8	9	13	10	11

5.3.6　计算机与 PLC 200 的通信

① 双击 STEP7-MicroWIN32 图标，出现其窗口，如图 5-58 所示。

图 5-58　计算机与 PLC 200 的通信窗口

② 单击左下角 Communications 图标后出现，如图 5-59 所示窗口。

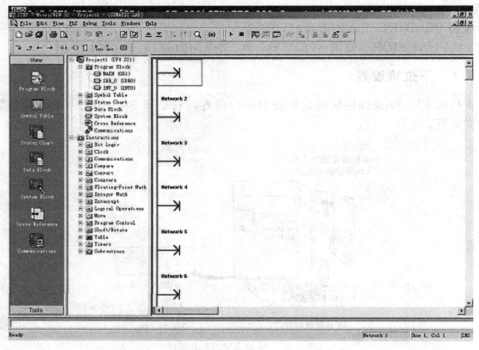

图 5-59　通信窗口

③ 双击右上角 None Adders 后进入通信设置，如图 5-60 所示。

④ 双击 Select 按钮。

⑤ 双击 PC/PPI cable 选择通信电缆，如图 5-61 所示。

⑥ 单击"确定"后 PC/PPI cable 被安装，如图 5-62 所示。

⑦ 单击"Close"关闭窗口，如图 5-63 所示。

⑧ 单击"确定"关闭窗口，这时通信已经建立，如图 5-64 所示。

⑨ 关闭窗口，完成通信建立。

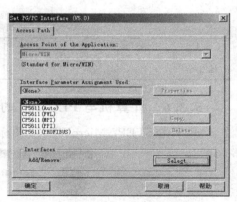

图 5-60　通信设置窗口

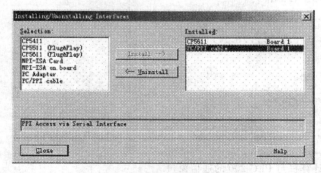

图 5-61　选择通信电缆

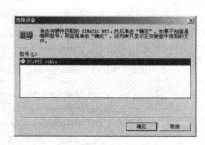

图 5-62　PC/PPI cable 被安装后窗口

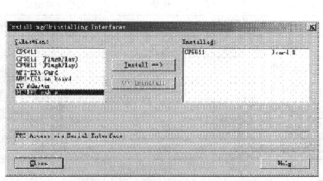

图 5-63 关闭窗口

图 5-64 通信已经建立

5.3.7 主站与从站间数据交换

以其中下料、加盖单元（表 5-25 和表 5-26）为例，只有当加盖没有工作时，下料单元才能放行，工件才能到加盖单元进行加盖。

表 5-25 从站下料单元 I/O 口分配

形式	序号	名称	地址	对应 300 地址
输入	1	托盘检测 2	I0.0	I22.0
	2	工件检测 2	I0.1	I22.1
	3	上料检测 2	I0.2	I22.2
	4	行程开关	I0.3	I22.3
	5	手动/自动按钮 2	I2.0	—
	6	启动按钮 2	I2.1	—
	7	停止按钮 2	I2.2	—
	8	急停按钮 2	I2.3	—
输出	1	传送电机 2	Q0.0	I24.0
	2	直流电磁吸铁 2	Q0.1	I24.1
	3	下料电机 2	Q0.2	I24.2
	4	工作指示灯 2	Q0.3	I24.3
	5	转角单元电机 2	Q0.4	I24.4
发送地址		V4.0~V7.7		
接收地址		V0.0~V3.7		

表 5-26 从站加盖单元 I/O 口分配

形式	序号	名称	地址	对应 300 地址
输入	1	托盘检测 3	I0.0	I26.0
	2	上盖检测 3	I0.1	I26.1
	3	外限位 3	I0.2	I26.2
	4	内限位 3	I0.3	I26.3

续表

形式	序号	名称	地址	对应 300 地址
输入	5	手动/自动按钮 3	I2.0	—
	6	启动按钮 3	I2.1	—
	7	停止按钮 3	I2.2	—
	8	急停按钮 3	I2.3	—
输出	1	下料电机取件 3	Q0.0	I28.0
	2	下料电机放件 3	Q0.1	I28.1
	3	直流电磁吸铁 3	Q0.2	I28.2
	4	传送电机 3	Q0.3	I28.3
	5	工作指示灯 3	Q0.4	I28.4
发送地址	V4.0~V7.7			
接收地址	V0.0~V3.7			

以加盖单元的托盘检测为检测点，当有托盘时，下料单元不放行。

从站上传数据用 V4.0~V7.7；主站下传数据用 V0.0~V3.7。

分如下三个步骤。

① 在从站加盖单元中写下如图 5-65 所示程序，把加盖单元 I0.0 传送到主站 V4.0。

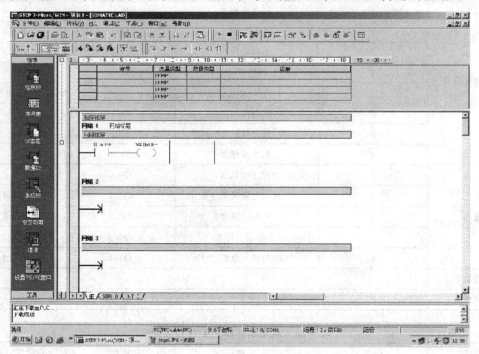

图 5-65　从站加盖单元中程序

② 在主站中写下如图 5-66 所示程序，I26.0 对应的是从站加盖单元的 I0.0。

③ 在下料单元中写下如图 5-67 所示程序，只有加盖单元没有工作时，此站电磁吸铁才工作，即才放行，可以运行到加盖单元。

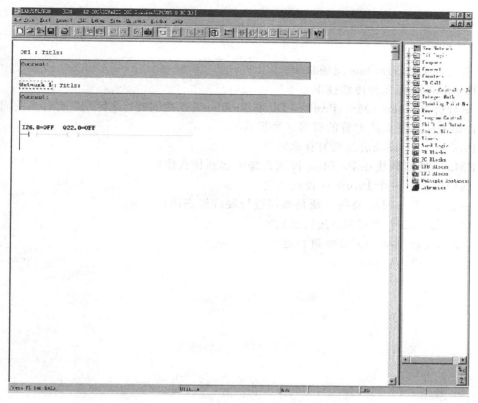

图 5-66　在主站中程序

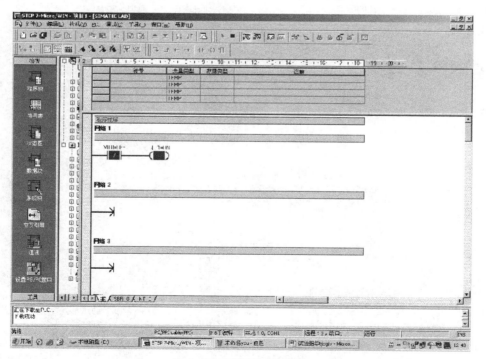

图 5-67　下料单元中程序

习题 5

1. 试述什么是 Profibus 现场总线。
2. Profibus 有哪几种传输技术？
3. 试分析 Profibus-FMS、Profibus-DP 和 Profibus-PA 之间有什么区别？有什么共同点？
4. Profibus 控制系统配置的有哪几种形式？
5. Profibus-DP 现场总线具有什么特征？
6. EM277 通信模块在 Profibus 控制系统中起到什么作用？
7. 如何组建立一个 Profibus 控制系统？
8. 一套 Profibus-DP 总线系统是如何进行硬件组态的？
9. 计算机如何与 PLC 300 进行通信？
10. 计算机如何与 PLC 200 进行通信？

第 2 篇 实 训 篇

第 6 章 现场总线技术实训

6.1 现场总线系统控制

现场总线系统采用 SIMATIC S7-300 系列 PLC 作上位机，由多个 S7-200 系列和变频器作为下位机，由下位机控制各站的执行元件，由上位机通过 Profibus 总线对下位机和各执行元件进行连接和控制。

首先对下位机和变频器进行相应的设置。

6.1.1 变频器的设置

首先按照变频器安装手册正确安装变频器，并正确连接电机，电机采用"角形"连接，将电机的 U、V、W 三相和接地，分别对应着接到变频器的 U、V、W 三相和接地，再外接 220V 给变频器供电，变频器即可工作，然后即可根据电机的参数对其进行设置。

（1）快速调试（P0010=1）

为了进行快速调试（P0010=1），必须有如表 6-1 所示参数。

表 6-1　快速调试的参数

参数号	参数名称	访问级	Cstat
P0100	欧洲/北美地区	1	C
P0300	选择电动机的类型	2	C
P0304	电动机的额定电压	1	C
P0305	电动机的额定电流	1	C

续表

参数号	参数名称	访问级	Cstat
P0307	电动机的额定功率	1	C
P0308	电动机的额定功率因数	2	C
P0309	电动机的额定效率	2	C
P0310	电动机的额定频率	1	C
P0311	电动机的额定速度	1	C
P0320	电动机的磁化电流	3	CT
P0335	电动机的冷却	2	CT
P0640	电动机的过载倍数/%	2	CUT
P0700	选择命令源	1	CT
P1000	选择频率设定值	1	CT
P1080	最小速度	1	CUT
P1082	最大速度	1	CT
P1120	斜坡上升时间	1	CUT
P1121	斜坡下降时间	1	CUT
P1135	OFF3 停车时的斜坡下降时间	2	CUT
P1300	控制方式	2	CT
P1910	选择电动机数据自动检测	2	CT
P3900	快速调试结束	1	C

（2）复位为工厂的缺省设置值

为了把所有的参数都复位为工厂的缺省设置值，应按下列数据对参数进行设置：

设定 P0010＝30；

设定 P0970＝1。

说明：大约需要 10s 才能完成复位的全部过程，将变频器的参数复位为工厂的缺省设置值。

（3）用户访问级

P0003			用户访问级
			最小值：0
Cstat：CUT	数据类型：U16	单位：—	缺省值：1
参数组：常用	使能有效：立即	快速调试：否	最大值：4

本参数用于定义用户访问参数组的等级。对于大多数简单的应用对象，采用缺省设定值（标准模式）就可以满足要求了。

可能的设定值：

0 用户定义的参数表　有关使用方法的详细情况可查看 P0013 的说明；

1 标准级　可以访问最经常使用的一些参数；

2 扩展级　允许扩展访问参数的范围，例如变频器的 I/O 功能；

3 专家级　只供专家使用；

维修级　只供授权的维修人员使用——具有密码保护。

（4）Profibus 的安装及参数设置（见 5.3.1 节）

（5）Profibus 模块的特点（见 5.2.4 节）

6.1.2　STEP7 系列软件编程（见 5.3.2 节）

6.1.3　硬件组态（见 5.3.2 节）

6.1.4　建立计算机与 PLC 300 的通信（见 5.3.4 节）

6.1.5　下位机设置（见 5.3.5 节）

6.1.6　建立计算机与 PLC 200 的通信（见 5.3.6 节）

6.1.7　Siemens 公司的 WinCC 实时监控系统

（1）SIMATIC WinCC 实时监控软件

在 PC 基础上的操作员监控系统已得到很大发展，SIMATIC WinCC（Windows Control Center，Windows 控制中心）使用最新软件技术，在 Windows 环境中提供各种监控功能，确保安全可靠地控制和生产过程。

① WinCC 主要系统特性

a. 以 PC 为基础的标准操作系统　可在所有标准奔腾处理器的 PC 机上运行，是基于 Win95 和 WinNT 的 32 位软件，可直接使用 PC 机提供的硬件和软件，如 LAN 网卡。

b. 容量规模可选　运行不同版本软件可有不同的变量数。借助于各种可选软件包、标准软件和帮助文件，可方便地完成扩展。可选用单用户系统或客户机/服务器结构的多用系统。通过相应平台选择（如 WIN/NT 下的多处理器系统），可获得不同的性能。

c. 开放的系统内核集成了所有 SCADA 系统功能

● 图形功能　可自由组态画面，可完全通过图形对象（WinCC 图形、Windows、OLE、OCX 对象）进行操作。图形对象具有动态属性，并可对属性进行在线配置。

● 报警信息系统　可记录和存储事件并给予显示，操作简便，符合德国 DIN19235 标准。可自由选择信息分类、显示、报表。

● 数据存储：采集、记录和压缩测量值，并有曲线、图表显示及进一步的编辑功能。

● 用户档案库（可选）：用于存储有关用户数据记录，如数据管理及配方参数。

● 处理功能　用 ANSI-C 语法原理编辑组态图形对象的操作，该编辑系统内部 C 编译器执行。

● 标准接口：标准接口是 WinCC 的一个集成部分，通过 ODBC 和 SQL 访问用于组态和过程控制的 Sybase 数据库。

● 编程接口：标准接口是 WinCC 的一个集成部分，通过 ODBC 和 SQL 访问用于组态和过程控制的 Sybase 数据库。

● 编程接口（API）：可在所有编程模块中使用，并可提供便利的访问函数和数据功能。开放的开发工具（ODK），允许用户编写可用于扩展 WinCC 基本功能的标准应用程序。

d. 各种 PLC 系统的驱动软件

● Siemens 产品：SIMATIC S5、S7、505、SIMADYN、D. SIPART DR、TELEPERMM。

● 与制造商无关的产品：Profibus-DP、-FMS、DDE、OPC。

● 其他制造商产品：AEG Modicon、Allen-Bradley、GE Fanuc、Tlelemecaniqe、Omron、

Mitsubishi。

② 通信

a. WinCC 与 SIMATIC S5 连接

● 与编程口的串行连接（AS511 协议）

● 用 3964R 串行连接（RK512 协议）

● 以太网的第 4 层（数据块传送）

● TF 以太网（TF FUNCTION）

● S5-PMC 以太网（PMC 通信）

● S5-PMC Profibus（PMC 通信）

● S5-FDL

b. WinCC 与 SIMATIC S7 连接

● MPI（S7 协议）

● Profibus（S7 协议）

● 工业以太网（S7 协议）

● TCP/IP

● SLOT/PLC

● ST-PMC Profibus（PMC 通信）

（2）监控软件与系统设备间的通信及连接

① WinCC 与 SIMATIC S7 的通信过程

a. 与 SIMATIC S7 的通信通过通信驱动程序 SIMATIC S7 PROTOCOL SUITE 来实现。它使用各种通道单元来提供与 SIMATIC S7-300 和 S7-400 PLC 的通信。

b. 对于通过 ISO 传输协议进行的通信，可以使用两个工业以太网通道单元。

c. 对于通过 ISO-on-TCP 传输协议进行的通信，可使用通道单元 TCP/IP。

d. 对于较小的网络，建议使用 ISO 传输协议，因为它的性能更好。如果要通过更多由路由器连接的扩充网络来进行通信，则应该使用 ISO-on-TCP 传输协议。

e. 过程中的通信伙伴　通信驱动程序 SIMATIC S7 PROTOCOL SUITE 允许与 SIIMATIC S7-300 和 S7-400 PLC 进行通信。它们必须配有支持 ISO 或 ISO-on-TCP 传输协议的通信处理器。

② 通信数据　工业以太网和 TCP/IP 通道单元支持通过 Hard net 和 Soft net 模块所进行的通信。

使用通过 ISO 传输协议的两个工业以太网通道单元，通信驱动程序 SIMATIC S7 PROTOCOL SUITE 支持与至多两个模块进行通信。通过使用 ISO-on-TCP 传输协议的 TCP/IP 通道单元，它也支持与一个模块进行通信。

6.2　自动机自动线应用技术系统

在设计该自动化模拟生产线时，为了能反映计算机网络技术的迅猛发展及在控制系统中的应用，采用了 Siemens 公司的 Profibus-DP 现场总线控制系统，选用了 Siemens 的 S7-300 作主站，S7-200 作从站，配备了 STEP7 编程软件和 WinCC 监控软件。控制系统中包括 8 个从站点：上料单元、下料单元、加盖单元、穿销单元、模拟单元（温度控制系统）、检测单元、分检单元（气动机械手）、叠层立体仓库。

6.2.1　控制系统的组成

这条多站点连续生产线上的工艺过程如下。

①　上料单元（站点 1）　将工件主体送入下料单元入口。

②　下料单元（站点 2）　托盘是整个模拟生产过程的载体。托盘经传送带从此站前端开始进入下料仓出口，先得到工件主体，沿传送带向下站运行。

③　加盖单元（站点 3）　托盘带装配主体进入本站后，通过摆臂机构摆动将上盖装在主体中，放行，托盘带装配主体沿传送带向下站运行。

④　穿销单元（站点 4）　托盘带装配主体进入本站后，经直线推动机构，将销钉准确装配到上盖与工作主体中，使三者成为整体，成为工件。销钉分为金属和非金属两种。

⑤　模拟单元（站点 5）　工件进入本站检测到位后，进行加热和温度控制。完成后，工件沿传送带向下站运行。

⑥　检测单元（站点 6）　工件进入本单元，进行销钉材质的检测（金属、塑料）和工件标签的检测，以确定工件是否合格。其中，贴标签为合格品，其余为不合格品。本站的检测结果作为下两站动作的依据。

⑦　分检单元（站点 7）　工件进入本站后，首先由短程气缸下落，皮碗压紧工件，真空泵开关动作，排除皮碗内的空气，短程气缸上升，吸起工件让托盘继续前进，工件由摆动缸转动 90°，若是合格品，则工件下落到传送带，继续随传送带向下站运行；若是废品，则无杠缸横移，将废品投入废品槽。

⑧　叠层立体仓库（站点 8）　由升降梯与立体叠层仓库两部分组成，升降梯由升降台和链条提升部分组成，由步进电机驱动。可根据检测单元检测结果（金属、塑料），按类将工件传送到立体叠层仓库中。

由工艺过程可知，整条生产线共有 8 个站点，站点 1、2、3、4 主要完成顺序逻辑控制，站点 5 实现对温度的调节，站点 7 为气动机械手的控制，站点 8 则实现光电编码的检测和步进电机的控制。每个站点都独立地完成一套动作，彼此又有一定的关联。为此，采用了 Profibus 现场总线技术，通过 1 个主站 S7-300 和 7 个从站 S7-200，并通过 WinCC 监控软件实现对整个模拟生产线的控制。

6.2.2　总控电气部分

（1）主控平台结构

主控平台由铝合金、T 形槽拼装而成，可以单独使用，也可以四面相互连成一体，作为实验平台，整套生产线以此铝合金为基础平台进行各种实验。

①　总电源箱

a. 三相断电路器　电压 220V，电流 10A。

b. 漏电保护开关　30mA，0.1s。

c. 急停按钮。

d. 24V 直流电源　24V 直流，棕为正，黑为负。

e. 220V 上电指示灯。

f. 单相标准国产插座　220V，10A。

②　总控制器

a. 采用西门子 S7-300 可编程控制器

b. 电源模块

c. CPU 315-2DP 模块及存储卡

d. 输入/输出模块

e. 整套装置控制

③ 总电控按钮组合

a. 复位按钮（图 6-1 中 1）

b. 启动按钮（图 6-1 中 2）

c. 停止按钮（图 6-1 中 3）

d. 急停按钮（图 6-1 中 4）

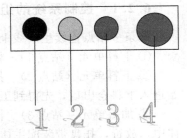

图 6-1 总电控按钮

④ 总气源开关及气泵 气泵电源插入总电源箱单相220V插座，上电（合闸）气泵开始工作，当气压达到6MPa时（最高压力为10MPa），可以正常工作。

⑤ 总报警指示灯 黄灯亮，表示停止运行；红灯亮，表示运行故障；绿灯亮，表示正常运行。

出现故障显示时，应检查每个分站是否出现故障，有则排除，排除后应再重新运行。

按照总控的接线图、电路图检查电路连接是否正确，并再一次检查各分站的总线通信地址是否正确，根据前面实验的结果，编写整个生产线的程序。

自动机自动线应用技术系统通过 Profibus DP 总线，实现 S7-300 与 S7-200 的直接通信。本系统为单主多从型系统，由 S7-300 作为系统主站在工作时间内一直占有总线的控制权，与网中的从站进行通信，为纯主从式通信。

（2）编程要求

编写总站开关盒的控制功能：

①"复位按钮" 当按下此按钮时，总站的三色指示灯的黄灯亮，并且对各个分站进行初始化复位，所有标志位或计数器都将清零，重新计算；

②"启动按钮" 首先启动本套柔性生产线的底层传送电机，此时所有单元都处于工作状态，然后根据托盘的位置，按顺序和各种传感器的检测情况进行相应的动作；

③"停止按钮" 当按下此按钮时，所有站的动作均处于停止状态，按启动后可继续工作；

④"急停按钮" 当遇到紧急情况，按下此按钮强制性地将各种设备处于停止工作状态，此时按其他按钮均不起作用，只有当急停按钮旋起时，各种设备才能正常工作。

在 S7-300 中设定 S7-200 的通信地址，详见 I/O 分配表，其中 V0、V1 为 300 到 200 的通信标志，V2、V3 为 200 到 300 的通信地址标志。

（3）总控平台硬件名称及型号

系统中主要硬件设备的名称及型号如表 6-2 所示。

表 6-2 主要硬件设备的名称及型号

序 号	名 称	型 号	数 量
1	CPU 300	6ES7 315-2AG6-0AB0	1
2	40 针前连接器	6ES7 396-1AM00-0AA0	1
3	电源	6SE7 307-1BA00-0AA0	1
4	存储卡	6SE7 956-8LF00-0AA0	1
5	I/O 数字模块（16）	6SE7 326-1BL00-0AA0	1
6	背板	6ES7 390-1AE80-0AA0	1
7	空气压缩机	QD1212	1
8	电源箱		1 套
9	按钮（红）	LA39-11	1

续表

序　号	名　称	型　号	数　量
10	按钮（绿）	LA39-11	1
11	旋钮开关	LA39-11×2	1
12	急停按钮	LA39-11Z/r	1
13	三节灯	DC　24V	1

（4）问题

本系统是否存在不足？

答：实际使用中本系统存在一些不足，如若向整套生产线中增加或删除部分站点时，就要重新初始化整套系统，这一过程相对来说比较麻烦。

6.3　自动机自动线自动循环部分

6.3.1　上料单元

（1）实验目的

① 了解本站的装配过程。

② 了解机械传动的全过程。

③ 了解光电传感器的功能和在此站的作用。

④ 了解继电器在本站中的应用。

⑤ 了解微动开关对电机进行控制的原理。

⑥ 用 PLC 控制整站过程并编程。

⑦ 熟悉电气接线过程。

（2）实验材料

① 整套上料单元机械设备、移动配电平台。

② 万用表。

③ 电工工具。

④ 上料单元接线图，电气原理图。

（3）实验内容

① 检查机械传动部分及 PLC 的输入输出点是否与图纸完全一致。检测本站中 S7-200 的通信地址是否与 S7-300 硬件通信中设置的地址相同，以便使用总线控制。

② 进行工件手动测试。

③ 将电控手动/自动转换开关拨到"手动"。

④ 按下电控按钮将电机启动，同步带同向转动，将工件放在工件槽中，光电传感器检测到有工件，启动气缸，气缸终端连接电磁吸铁，将工件吸起。

⑤ 电机带动摆臂旋转 90°，将工件与下料单元的工件入口同方向，通过调节摆臂两侧的微动开关，控制摆臂的旋转角度。

⑥ 控制摆臂上下动作的电机将摆臂抬起，使其工件高于下料单元的工件入口。同样可通过调节摆臂中间的微动开关调节摆臂的扬程。

⑦ 摆臂的高度和方向都对准后，底层电机通过齿条将工件前送到下料单元工件入口的正上方，将工件放下，然后进行复位，通过调节下放微动开关，调节摆臂送件的前后位置。

⑧ 工件进入下料单元，启动下料电机使工件进入，传感器检测到有工件时，下料电机停。

⑨ 按输入/输出分配表检查接线（或自行接线）。

⑩ 根据以上功能的全过程，编写 PLC 程序。

（4）上料单元硬件名称及型号

系统中主要硬件设备的名称及型号如表 6-3 所示。

表 6-3　主要硬件设备的名称及型号

序号	名称	型号	数量
1	直流减速电机	70ZYNJ　55r/min	3
2	继电器	MY2N-DC24V	6
3	双作用气缸	19203　DSNU-16-100-PA	1
4	单向截流阀	197578　GRLA-M5-QS-6-D	2
5	舌簧开关	164595　SMEO-4-K-LED-24-B	2
6	行程开关安装附件	19275　SMBR-16	2
7	截止阀	162807　HE-1/4-D-MINI	1
8	单电控电磁阀	173127　MEH-5/6-1/8-B	1
9	"1"型螺纹接头	153002　QS-1/8-6	3
10	"1"型螺纹接头	153005　QS-1/4-8	1
11	"1"型螺纹接头	153003　QS-1/4-6	1
12	消音器	2307　U-1/8	2
13	警灯	TH-DC24V	1
14	微动开关		12

（5）上料单元硬件线路连接原理图

略。

（6）系统连接的 I/O 分配情况（表 6-4）

要实现使用 PLC 对上料单元运行过程的控制，首先要进行基本的输入输出口定义的设置，然后进行 S7-200 系列软件程序的编制。

表 6-4　系统连接的 I/O 分配情况

形式	序号	名称	地址	对应 300 地址
输入	1	降臂检测〈下限位 1（复位）〉	I0.0	I10.0
	2	抬臂检测〈上限位 1〉	I0.1	I10.1
	3	顺转检测〈左限位 1〉	I0.2	I10.2
	4	逆转检测〈右限位 1（复位）〉	I0.3	I10.3
	5	工件检测 1	I0.4	I10.4
	6	止动气缸复位 1	I0.5	I10.5
	7	止动气缸至位 1	I0.6	I10.6
	8	后退限位 1（复位）	I0.7	I10.7
	9	前进限位 1	I1.0	I11.0
	10	手动/自动按钮 1	I2.0	—
	11	启动按钮 1	I2.1	—
	12	停止按钮 1	I2.2	—
	13	急停按钮 1	I2.3	—

续表

形式	序号	名称	地址	对应 300 地址
输出	1	后退电机 1（复位）	Q0.0	I12.0
	2	前进电机 1	Q0.1	I12.1
	3	顺转电机 1	Q0.2	I12.2
	4	逆转电机 1（复位）	Q0.3	I12.3
	5	降臂（下行电机 1（复位））	Q0.4	I12.4
	6	抬臂（上行电机 1）	Q0.5	I12.5
	7	直流电磁吸铁 1	Q0.6	I12.6
	8	止动气缸 1	Q0.7	I12.7
	9	工作指示灯 1	Q1.0	I13.0
发送地址			V1.0～V4.7	
接收地址			V0.0～V3.7	

（7）编程要求

① 工件槽上的传感器检测到有工件，工作指示灯亮，启动电磁阀，气缸伸出，同时气缸终端的电磁阀得电，将工件吸起。

② 摆臂旋转 90°。

③ 摆臂扬起。

④ 摆臂前进，对准下料单元送料口将工件放下，摆臂复位，工作指示灯灭。

⑤ 由于系统在整体控制过程中要和下料单元配合使用，所以在编程过程中应该注意下料单元料仓内的情况。在给出的程序中采用上料单元入一个工件，启动下料电机带动工件向下，当料仓外的传感器检测到工件后进行 3s 延时，下料电机停止。当底层有托盘时工件下落，此时可继续放入工件。如果料仓中工件未出，则上料单元吸起工件运动到料仓上方等待。

（8）问题

该站使用了哪些机械传动机构？

答：齿轮传动、"O"型带传动、齿轮齿条传动、行星齿轮传动、电磁吸铁。

6.3.2 下料单元

（1）实验目的

① 了解本站的装配过程。

② 了解间歇机构、螺杆调节机构、同步齿型带等机械结构传动的原理及过程。

③ 了解每种传感器的功能和在此站的作用。

④ 用 PLC 控制整站过程并编程。

⑤ 熟悉电气接线过程。

过程说明

此站为生产线的入口，将工件主体放入下料仓，通过间歇机构带动同步齿型带，使工件主体运动，由电感式和电容式传感器分别对工件主体和托盘进行检测。

本站可以由控制板上的"手动/自动按钮"进行控制的选择，可以通过总线进行自动控制，也可进行手动控制（每单元的控制板上均有急停按钮等保护措施）。

（2）实验材料

① 整套装配一站机械设备。

② 整机配套，西门子 S7-200 可编程序控制器。

③ 万用表。

④ 电工工具。

⑤ 装配一站接线图，电气原理图、气动原理图。

（3）实验内容

① 检查机械传动部分及 PLC 上的输入输出点是否与图纸完全一致。检测本站中 S7-200 的通信地址是否与 S7-300 硬件通信中设置的地址相同，以便使用总线控制。

② 进行无工件手动测试。

③ 将电控手动/自动转换开关拨到"手动"。

④ 按下电控按钮将电机启动，同步带同向转动，观察间歇机构，电机每一转，同步带下降一次，每两转同步带下降一个工件。

⑤ 如一切正常，开始将工件主体装入下料箱。从上开口向内装料，并保证工件主体在两条同步带的同一层中，装好一个工件后按启动按钮，工件下降，按停止键装第二个工件，依次可装进 7 个主体模块就可停止。

⑥ 检测传感器位置，手动测试，托盘到位时托盘下传感器是否有输出信号（看传感器本身指示灯的情况或用万能表检测）。移开托盘，传感器无输出信号（灯灭）。

⑦ 托盘到位后，托盘下面传感器有信号，检测气缸定位是否到位。检测到位，气缸上传感器的指示灯亮。

⑧ 定位气缸到位后，检测主体的传感器检测到托盘上并无主体时，工件下降到托盘，工件下落后检测主体的传感器指示灯亮，定位气缸放行，托盘带工件下行，工作指示灯灭。

⑨ 按输入/输出分配表检查接线（或自行接线）。

⑩ 根据以上功能的全过程，编写 PLC 程序（附原程序）。

（4）下料单元硬件名称及型号

系统中主要硬件设备的名称及型号如表 6-5 所示。

表 6-5　主要硬件设备的名称及型号

序号	名称	型号	数量
1	电感式接近开关	NI6-Q25-AP6X	1
2	电容式接近开关	BC5-S18-AP4X	1
3	光电式接近开关	LZ-FT0318	1
4	直流减速电机	70ZYNJ　55r/min	2
5	直流减速电机	24V DC　180r/min	1
6	直流电磁铁	MQ405　24V DC	1
7	指示灯	AD16-22B	1
8	三通接头	QST-8	1

（5）下料单元硬件线路连接原理图

略。

（6）系统连接的 I/O 分配情况

要实现使用 PLC 对下料单元运行过程的控制，首先要进行基本的输入输出口定义的设置，然后进行 S7-200 系列软件程序的编制（表 6-6）。

表 6-6　S7-200 系列软件程序的编制

形式	序号	名称	地址	对应 300 地址
输入	1	托盘检测 2	I0.0	I22.0
	2	工件检测 2	I0.1	I22.1
	3	行程开关	I0.3	I22.2
	4	手动/自动按钮 2	I2.0	I22.3
	5	启动按钮 2	I2.1	—
	6	停止按钮 2	I2.2	
	7	急停按钮 2	I2.3	
输出	1	传送电机 2	Q0.0	I21.0
	2	直流电磁吸铁 2	Q0.1	I21.1
	3	下料电机 2	Q0.2	I21.2
	4	工作指示灯 2	Q0.3	I21.3
	5	转角单元电机 2	Q0.4	I21.4
发送地址		V1.0～V4.7		
接收地址		V0.0～V3.7		

（7）编程要求

工作步骤

首先设计本站移动配电平台上每个按钮的作用，同时总站开关盒可对各站进行控制（总站开关盒的详细说明见总站编程），此要求为每站必须编写内容，以后各站将不再详述。

① 初始状态　下料电机处于停止状态；直流电磁限位杆竖起，处于禁止状态；传送电机处于停止状态，工作指示灯熄灭。

② 系统运行期间　底层传送电机工作，传送带转动。当托盘到达定位口时，底层的电感式传感器发出检测信号，工作指示灯亮；经过 2s 时间确认，启动下料电机，执行将工件主体下落动作。

③ 当工件主体下落到定位口时，工件检测传感器发出信号停止下料电机运行；2s 后直流电磁吸下，放行托盘。

④ 放行 3s 后，电磁吸铁释放，处于禁止状态，工作指示灯熄灭。

⑤ 根据上述要求编程、调试、接线，实现带负载运行。

控制方式说明

系统具有手动、自动两种运行方式。当系统处于自动工况时，按下总控按钮的启动按钮，系统按上述步骤运行。如果前面配有上料单元，应在上料单元将工件放入下料单元入口处时，进行 2s 延时。启动下料电机，当下料检测传感器发出检测信号后，进行 3s 延时，下料电机停（编程时应注意：在下料检测传感器发出检测信号后，进行延时的时间应保证下料单元同步带的隔断始终在最上面，才能保证工件下一次的准确放入）。在此期间，若按下停止按钮，应完成本次下料动作，即直流电磁得到输出信号后吸下，再进行释放，恢复止动状态，停止。

系统处于手动工况时，采用一对一的控制方式，即分别设置下料电机、直流电磁吸铁、传送电机、工作指示灯的控制。无论在何种工况下，若按下急停按钮，本单元立即停止运行。

若托盘到位后下料电机启动，同步带转动一周，下料箱内并无工件，此时装在电路板上的报警器报警，需加入工件（报警输出为 Q1.6、Q1.7）。

（8）下料单元主要机械结构简图

机械结构简图见图 6-2～图 6-4。

（9）问题

① 该站使用了哪些机械传动机构？

答：齿轮传动、"O"形带传动、间歇机构、同步带传动、螺杆调节结构、螺杆锁紧结构。

② 本站为什么采用有机玻璃作为主体结构？

答：采用有机玻璃作主体结构，便于放置工件，易于观察主体内工件的放置情况。

而一般的与本功能相似的生产线中采用钢材或根据具体要求选材。

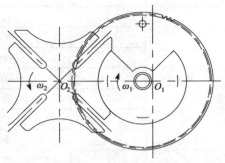

工作特性：O_2轴转动与停止的时间比为1∶3
应用目的：控制传动模块

图 6-2　间歇机构

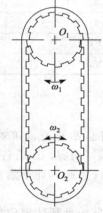

工作特性：平稳，无噪声，传动中无滑动轴向位移，使$\omega_2=\omega_1$
应用目的：竖直同步传送模块

图 6-3　同步齿型带传动机构

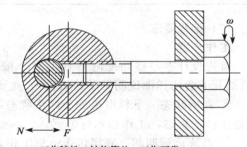

工作特性：结构简单，工作可靠
应用目的：皮带涨紧力调节，机体紧定

图 6-4　螺杆调节机构

6.3.3　加盖单元

（1）实验目的

① 了解翻转定位装置的工作原理。

② 观察蜗轮蜗杆减速机的运动。

③ 了解连杆机构及联轴器的工作原理。

④ 用 PLC 控制该站并学习编程。

⑤ 熟悉电气接线。

（2）实验材料

① 整套装配二站机械设备。

② 整机配套，西门子 S7-200 可编程序控制器。

③ 万用表。

④ 电工工具。

⑤ 装配二站接线图、电气原理图、气动原理图。

（3）实验内容

① 检查机械传动部分是否与图纸完全一致，检查编程器输入/输出点的接线情况，核对总线的通信地址。

② 进行无工件手动测试。

③ 将手动/自动转换开关扭向"手动"。

④ 按下启动按钮，电机启动，带动蜗轮蜗杆减速机转动（减速比为 1：10）。观察连杆机构、主摆臂动作，进行取、放工件。

⑤ 如一切正常，开始将工件放在料槽内，工件靠本身自重滑行到位。

⑥ 检测传感器位置，手动测试托盘带主体件到位后传感器是否有输出信号。

⑦ 托盘到位后，托盘下传感器有信号，检测直流电磁阀定位是否到位，若到位，工作指示灯亮。

⑧ 当托盘带主体到达定位口，开始装配上盖。将上盖与主体准确装配后，定位气缸放行，托盘带工件下行，工作指示灯灭。

⑨ 按输入/输出分配表，检查接线（或自行按图接线）。

⑩ 根据手动功能的全过程编写 S7-200 的程序（附原程序）。

（4）加盖单元硬件名称及型号

系统中主要硬件设备的名称及型号如表 6-7 所示。

表 6-7　系统中主要硬件设备的名称及型号

序号	名称	型号	数量
1	电感式接近开关	LZ-EI0315	1
2	电容式接近开关	BC5-S18-AP4X	1
3	直流减速电机	70ZYNJ　55r/min	2
4	蜗轮蜗杆减速电机	WPA40	1
5	直流电磁铁	MQ405　24V DC	1
6	指示灯	AD16-22B	1
7	继电器	MY2N-DC24V	2
8	微动开关		4

（5）加盖单元硬件线路连接原理图

略。

（6）系统连接的 I/O 分配情况（表 6-8）

要实现使用 PLC 对加盖单元运行过程的控制，首先要进行基本的输入输出口定义的设置，然后进行 S7-200 系列软件程序的编制。

表 6-8　系统连接的 I/O 分配情况

形式	序号	名称	地址	对应 300 地址
输入	1	托盘检测 3	I0.0	I23.0
	2	上盖检测 3	I0.1	I23.1
	3	外限位 3	I0.2	I23.2
	4	内限位 3	I0.3	I23.3
	5	手动/自动按钮 3	I2.0	—
	6	启动按钮 3	I2.1	—
	7	停止按钮 3	I2.2	—
	8	急停按钮 3	I2.3	—

续表

形式	序号	名称	地址	对应 300 地址
输出	1	下料电机取件 3	Q0.0	I28.0
	2	下料电机放件 3	Q0.1	I28.1
	3	直流电磁吸铁 3	Q0.2	I28.2
	4	传送电机 3	Q0.3	I28.3
	5	工作指示灯 3	Q0.4	I28.4
发送地址		V1.0～V4.7		
接收地址		V0.0～V3.7		

(7) 编程步骤

工作步骤

① 初始状态：加盖单元主摆臂处于原位状态；直流电磁阀的限位杆竖起，处于止动状态；工作指示灯吸灭；直线单元的传送带处于静止状态。

② 系统运行期间：直线单元上的电机带动传送带开始工作，当托盘载工作主体到达定位口时，由电感式传感器检测托盘，发出检测信号，工作指示灯亮；由电容式传感器检测上盖，确认无上盖信号后，经 3s 确认后，启动主摆臂执行加盖动作。

③ PLC 通过两个继电器控制电机正反转，电机带动减速机使摆臂动作，主摆臂从料槽中取出上盖，翻转 180°，当碰到放件控制板时复位弹簧松开，此时摆臂碰到外限位开关后停止，上盖靠自重落入工件主体内。

④ 加盖动作到位后，外限位开关发出加盖到位信号，主摆臂结束加盖动作，2s 后启动摆臂，执行返回原位动作。

⑤ 返回原位动作后，内限位发出返回到位信号，主摆臂结束返回动作；此时若上盖安装到位，即上盖检测传感器发出检测信号，则同时启动直流电磁阀动作，电磁阀吸下，将托盘放行（若上盖安装为空操作，即上盖传感器无检测信号，主摆臂应再次执行加装上盖动作，直到上盖安装到位）。

⑥ 放行 2s 后，电磁阀释放，恢复止动状态，工作指示灯灭，该站恢复预备工作状态。

摆臂往复三次并没有取到上盖时，报警器发出警报，示意应在料槽内加入上盖（报警器焊接在电路板上，输出点为 Q1.6、Q1.7）。

控制方式说明

系统具有手动、自动两种运行方式。当系统处于自动工况时，按下总控平台上的启动按钮，系统按上述步骤运行；若按下停止按钮，则传送带停止工作；按下复位按钮，所有动作回到初始状态。系统处于手动工况时，按下本站的启动按钮，则启动传送带，执行上述步骤；按下停止按钮，传送带停止动作。无论在何种工况，若按下急停按钮，本单元立即停止运行。

(8) 加盖单元主要机械结构简图

机械结构简图见图 6-5 和图 6-6。

(9) 问题

① 该站使用了哪些机械传动原理？

答：取件控制板与小臂相互配合抓取零件；大臂与取件控制板间工作中的让位关系；料槽的零件自重滑行到位，做好动作前的准备工作。

② 摆臂两侧采用限位开关的作用是什么？

答：采用限位开关作为 PLC 中控制电机正反转的条件，当摆臂取、放件时只有碰到行程开关时才认为摆臂到位（且 PLC 上有相应的输入指示灯显示），方可启动电机或控制电机正反转，同时也起到保护电机的作用。

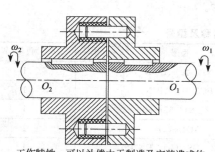

工作特性：可以补偿由于制造及安装造成的
O_1、O_2 的位置偏差，使运转平稳
应用目的：电动机轴与蜗杆轴的同轴连接

图 6-5　拔轴式联轴器

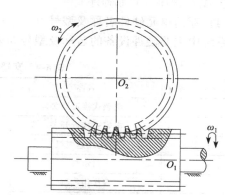

工作特性：蜗轮轴可以得到低转速、大扭矩动力输出
应用目的：往复的摆动

图 6-6　蜗轮蜗杆减速机构

6.3.4　穿销钉单元

（1）实验目的

① 了解旋转装配的机械传动结构。

② 了解销钉的存放和下降原理。

③ 了解全部电气接线与功能。

④ 用 PLC 控制该站全过程并学习编程。

⑤ 了解本站气动控制过程和气路的原理。

（2）实验材料

① 自动装销钉单元。

② 整机配套，西门子 S7-200 可编程序控制器。

③ 万用表。

④ 电工工具一套。

⑤ 电器接线图、电气原理图、气动原理图。

（3）实验内容

过程说明

旋转料仓为特殊机械传动方式，利用差动机构旋转动作，综合直线推动功能，通过光纤传感器检测销钉，将销钉准确装配到上盖与工作主体中间，使三者成为整体。销钉分为金属与非金属两种。

① 将本站气源入口处的截止阀旋转至截止状态，用于推、拉旋转装配体，观察运动过程与销钉连动原理。

② 将截止阀旋转至通路状态，用手动开关控制二位三通阀门推动气缸往返活动（注意：应在无销钉时检测工件主体中孔的位置与本站销钉穿入的位置是否吻合）。

③ 以上步骤进行完后，将"手动/自动"控制按钮转换开关打到手动，按"启动按钮"，用来控制电磁阀，观察运动过程。

④ 本单元动作过程和传感器的功能：止动气缸到位；止动气缸复位；销钉气缸到位；销钉气缸复位；托盘检测；销钉检测。

根据 PLC 的 I/O 分配情况表检查与 S7-200 的输入连接是否连接正确。

⑤ 编写程序（附原程序）。

（4）穿销单元硬件名称及型号

系统中主要硬件设备的名称及型号如表 6-9 所示。

表 6-9　穿销单元硬件名称及型号

序号	名称	型号	数量
1	电感式接近开关	NI6-Q25-AP6X	1
2	电容式接近开关	BC5-S18-AP4X	1
3	直流减速电机	70ZYNJ　55r/min	1
4	指示灯	AD16-22B	1
5	双作用气缸	19203　DSNU-16-100-PA	1
6	双作用气缸	19206　DSNU-16-200-PA	1
7	单向截流阀	197578　GRLA-M5-QS-6-D	4
8	舌簧开关	164595　SMEO-4-K-LED-24-B	4
9	行程开关安装附件	19275　SMBR-16	4
10	截止阀	162807　HE-1/4-D-MINI	1
11	气路板	33408　PRS-ME-1/8-2	1
12	单电控电磁阀	173129　MEH-5/6-1/8-P-B	2
13	直角插座	14098　MSSD-E	2
14	"1" 型螺纹接头	153005　QS-1/4-8	3
15	"1" 型螺纹接头	153002　QS-1/8-6	4
16	消音器	2307　U-1/8	1
17	消声器	2316　U-1/4	2
18	三通接头	153130　QST-8	1

（5）穿销单元硬件线路连接原理图

略。

（6）系统连接的 I/O 分配情况（表 6-10）

要实现使用 PLC 对穿销钉单元运行过程的控制，首先要进行基本的输入输出口定义的设置，然后进行 S7-200 系列软件程序的编制。

表 6-10　系统连接的 I/O 分配情况

形式	序号	名称	地址	对应 300 地址
输入	1	托盘检测 4	I0.0	I30.0
	2	止动气缸至位 4	I0.1	I30.1
	3	止动气缸复位 4	I0.2	I30.2
	4	销钉气缸至位 4	I0.3	I30.3
	5	销钉气缸复位 4	I0.4	I30.4
	6	销钉检测 4	I0.5	I30.5
	7	手动/自动按钮 4	I2.0	—
	8	启动按钮 4	I2.1	—
	9	停止按钮 4	I2.2	—
	10	急停按钮 4	I2.3	—

续表

形式	序号	名称	地址	对应 300 地址
输出	1	传送电机 4	Q0.0	I32.0
	2	止动气缸 4	Q0.1	I32.1
	3	销钉气缸 4	Q0.2	I32.2
	4	工作指示灯 4	Q0.3	I32.3
发送地址			V1.0～V4.7	
接收地址			V0.0～V3.7	

（7）编程步骤

工作步骤

① 初始状态：销钉气缸处于复位状态；限位杆竖起禁止为止动状态；传送电机处于停止状态；工作指示灯熄灭。

② 系统运行期间：当托盘载工件到达定位口时，托盘传感器发出检测信号，且确认无销钉信号后，工作指示灯亮，经 3s 确认后，销钉气缸推进，执行装销钉动作。

③ 当销钉气缸发出到位信号后结束推进动作，并自动回复至复位状态；接收到销钉检测信号 2s 后止动气缸动作，使限位杆落下，将托盘放行（若销钉安装为空操作，2s 后销钉检测传感器仍无信号，销钉气缸再次推进，执行安装动作，直到销钉安装到位）。

④ 放行 3s 后，限位杆竖起处禁行状态，工作指示灯熄灭。

⑤ 根据上述要求编程、调试、接线，实现带负载运行。

控制方式说明

系统具有手动/自动两种运行方式。当系统处于自动工况时，按下总控平台上的启动按钮，系统按上述步骤运行。在此期间若按下停止按钮，应完成本次安装销钉动作操作后停止。系统处于手动工况时，采用一对一的控制方式，即分别设置销钉气缸、止动气缸、传送电机和工作指示灯。无论在何种工况，若按下急停按钮，本单元立即停止运行。

本站销钉连续穿三次后，传感器还未检测到有销钉穿入，报警器报警，此时应在销钉下料仓内加入销钉（报警器焊在输出的电路板上，对应 PLC 的输出点为 Q1.6、Q1.7）。

（8）问题

该站使用了哪些机械传动原理？

答：螺旋槽轴向直动带动另一件产生旋转动作；气缸作为动力进行轴向直动，进行工作。

6.3.5 模拟、电控换向、伸缩转向单元

（1）实验目的

① 了解电炉丝的加热原理和加热过程。

② 了解 PLC 对模拟量控制的编程过程。

（2）实验材料

① 横拟单元。

② 整机配套，西门子 S7-200 可编程序控制器。

③ 万用表。

④ 电工工具一套。

⑤ 电气接线图、电气原理图、气动原理图。

（3）实验步骤

① 检查机械传动部分是否与图纸完全一致，检查编程器输入/输出点的接线情况，核对总线的通信地址。

② 将"手动/自动"按钮拨到"自动"，按启动键进行手动控制。

③ 启动喷气阀，观察喷气情况。

④ 观察电炉丝加热时的加热情况。

（4）检测单元硬件名称及型号

系统中主要硬件设备的名称及型号如表 6-11 所示。

表 6-11　检测单元硬件名称及型号

序号	名称	型号	数量
1	电感式接近开关	NI6-Q25-AP6X	2
2	直流减速电机	70ZYNJ　55r/min	4
3	直流减速电机	70ZYNJ　180r/min	1
4	继电器	MY2N-DC24V	6
5	风扇	DC　12V	2
6	PT100 铂热电阻	PT100	2
7	温度显示器	LZ-YC04	1
8	指示灯	AD16-22B	1
9	警灯	TH-DC24V	1
10	双作用气缸	DSNU-16-100-PA	3
11	单向截流阀	GRLA-M5-QS-6-D	6
12	舌簧开关	SMEO-4-K-LED-24-B	6
13	行程开关安装附件	SMBR-16	6
14	截止阀	HE-1/4-D-MINI	3
15	"1"型螺纹接头	QS-1/4-8	5
16	消音器	U-1/8	6
17	气路板	PRS-ME-1/8-2	1
18	单电控电磁阀	MEH-5/6-1/8-P-B	2
19	单电控电磁阀	MEH-5/6-1/8-B	2
20	直角插座	MSSD-E	4
21	"1"型螺纹接头	QS-1/8-6	10
22	消声器	U-1/4	2
23	三通接头	QST-8	2
24	"1"型螺纹接头	QS-1/4-6	2

（5）检测单元硬件线路连接原理图

略。

（6）系统连接的 I/O 分配情况（表 6-12）

要实现使用 PLC 对模拟单元运行过程的控制，首先要进行基本的输入输出口定义的设置，然后进行 S7-200 系列软件程序的编制。

表 6-12　系统连接的 I/O 分配情况

形式	序号	名称	地址	对应 300 地址
输入	1	托盘检测 5	I0.0	I2.0
	2	温度测试 5	一组模拟量输入	I2.1
	3	换向单元气缸送件 5	I0.1	I2.2
	4	换向单元气缸接件 5	I0.2	I2.3
	5	止动气缸至位 5	I0.3	I2.4
	6	止动气缸复位 5	I0.4	I2.5
	7	叉复位（上）	I0.5	I2.6
	8	叉至位（下）	I0.6	I2.7
	9	旋转复位	I0.7	I3.0
	10	旋转至位	I1.0	I3.1
	11	送件至位	I1.1	I3.2
	12	送件复位（收缩）	I1.2	I3.3
	13	托盘检测	I1.3	
	14	手动/自动按钮 5	I2.0	—
	15	启动按钮 5	I2.1	—
	16	停止按钮 5	I2.2	—
	17	急停按钮 5	I2.3	—
输出	1	传送电机 5	Q0.0	I1.0
	2	模拟量输出	Q0.1	I1.1
	3	小直线电机 5	Q0.2	I1.2
	4	换向单元气缸 5	Q0.3	I1.3
	5	工作指示灯 5	Q0.4	I1.4
	6	止动气缸 5	Q0.5	I1.5
	7	喷气阀 5	Q0.6	I1.6
	8	风扇 5	Q0.7	I1.7
	9	换向单元电机接件 5	Q1.0	I2.0
	10	换向单元电机送件 5	Q1.1	I2.1
	11	伸缩单元气缸	Q1.2	I2.2
	12	伸缩单元旋转电机至位	Q1.3	I2.3
	13	伸缩单元旋转电机复位	Q1.4	I2.4
	14	伸缩单元伸缩电机至位（送）	Q1.5	I2.5
	15	伸缩单元伸缩电机复位（缩）	Q1.6	I2.6
发送地址		V1.0～V4.7		
接收地址		V0.0～V3.7		

（7）编程要求

初始状态：传送电机停止，限位杆竖起处于止动状态，工作指示灯熄灭。

系统运行期间：

① 托盘带工件下行至此站，托盘检测传感器检测到托盘到位，启动喷气阀，进行延时；

② 500ms 后关闭喷气阀，用最大的加热程度加热，持续 8s；

③ 8s 后停止，循环读取输入（用热电阻输入值和设定值 46℃ 比较，若小于输入值，则按 50% 的最大加热程度加热，一直加热到当循环读取的输入值大于或等于设定值时，跳出），加热停止，启动风扇散热，进行延时；

④ 5s 后止动气缸放行，托盘带工件下行，风扇停，同时进行 3s 延时；

⑤ 延时时间到后，止动气缸复位，循环标志和采样标志清零，本站进入预备工作状态；

⑥ 托盘进入电控换向单元，止动气缸复位后进行延时，3.5s 后换向单元接件电机运行，2s 后换向单元气缸动作，使转角单元旋转 90°，接件电机停，换向单元到位后换向单元电机送件，进行 2s 延时，换向单元气缸复位，送件电机停止。

（8）问题

① 该站的 PLC 输入和输出与其他站有何不同？

答：该站为模拟量输入和输出，其他站为数字量和开关量的输出。

② 模拟量输入输出的编程特点是什么？

答：模拟量是一个连续量，可进行过程控制，这是控制中比较典型的一种，特别是温度，它的变化是连续无断点。该站编程用一些特殊语句和写法，用比较器将设定值与实测值比较，并确定输出是加热还是制冷。

6.3.6 检测单元

（1）实验目的

① 了解总线的功能。

② 了解多种传感器的功能与在此站的用途。

③ 学会用 PLC 之间的通信并编写本站与下站的数据交换控制过程。

（2）实验材料

① 检测单元。

② 整机配套，西门子 S7-200 可编程序控制器。

③ 万用表。

④ 电工工具。

⑤ 电气接线图、电气原理图、气动原理图。

（3）实验内容

① 检查多种传感器与 S7-200 块的接线：气缸到位传感器（霍尔式）；气缸复位传感器（霍尔式）；托盘到位传感器（电感式）；材质检测（电感式）；色差检测（智能式）和销子检测（电容式）。

② 根据传感器的检测顺序与合格、不合格的分辨条件，按照接线图和输入/输出的明细表、电路原理图，编写检测 PLC 程序（附原程序）。

（4）检测单元硬件名称及型号

系统中主要硬件设备的名称及型号如表 6-13 所示。

表 6-13 检测单元硬件名称及型号

序号	名称	型号	数量
1	电感式接近开关	NI6-Q25-AP6X	1
2	电容式接近开关	BC5-S18-AP5X	1
3	电感式接近开关	NI15-M30-AP6X-H1151	1

续表

序号	名称	型号	数量
4	色彩标志检测器	R55ECW1	1
5	激光发射器	S186ELD	1
6	对射式接收器	SM31R	1
7	直流减速电机	70ZYNJ　55r/min	1
8	直流电磁铁	MQ505　25V DC	1
9	指示灯	AD16-22B	1

（5）检测单元硬件线路连接原理图

略。

（6）系统连接的 I/O 分配情况（表 6-14）

要实现使用 PLC 对检测单元运行过程的控制，首先要进行基本的输入输出口定义的设置，然后进行 S7-200 系列软件程序的编制。

表 6-14　系统连接的 I/O 分配情况

形式	序号	名称	地址	对应 300 地址
输入	1	托盘检测 6	I0.0	I31.0
	2	色差检测 6	I0.1	I31.1
	3	上盖检测 6（对射 1）	I0.2	I31.2
	4	上盖检测 6（对射 2）	I0.3	I31.3
	5	材质检测 6	I0.4	I31.4
	6	销钉检测 6	I0.5	I31.5
	7	手动/自动按钮 6	I2.0	—
	8	启动按钮 6	I2.1	—
	9	停止按钮 6	I2.2	—
	10	急停按钮 6	I2.3	—
输出	1	传送电机 6	Q0.0	I33.0
	2	直流电磁吸铁 6	Q0.1	I33.1
	3	工作指示灯 6	Q0.2	I33.2
发送地址		V1.0～V4.7		
接收地址		V0.0～V3.7		

（7）编程要求

初始状态：直流电磁吸铁释放，工作指示灯熄灭，传送电机停止。

系统运行期间：

① 当托盘带工件进入本站后，进行 2s 延时；

② 延时过程中检测托盘上的工件情况，此时检测工件的主体，工件是否有上盖，是否贴标签（贴标签为合格产品，无标签则为废品，将进入废品回收单元），是否穿销钉，若穿销钉，分析销钉的材质为金属还是非金属，置相应的标志位，以便在分检和料仓中做判断标志使用；

③ 产品检测要求

上盖检测　　　　　（上盖为 1/未上盖为 0）

销钉材质检测　　　（金属为 1/非金属为 0）

色差检测　　　　　（贴签为 1/未贴签为 0）

销钉检测　　　　　（穿销为 1/未穿销为 0）

④ 2s 后，检测完毕，直流电磁吸铁放行，工件进入下一站，同时再进行 2s 延时；

⑤ 2s 后直流电磁吸铁复位，该站恢复预备工作状态。

（8）问题

① 为什么采用 Profibus-DP 作为现场通信总线？

答：Profibus 总线分为 FMS（Fieldbus Message Specification）、PA（Process Automation）、DP（Decentralized Automation）。PA 专为过程自动化设计。FMS 用于解决车间及通用性通信任务。DP 是三个兼容版本之一，它是经过优化的、高速、廉价的通信系统，专为自动控制系统和设备级分散 I/O 之间通信设计，用于分布式控制系统的高速数据传输。

② Profibus-DP 现场总线具有什么特征？

答：符合欧洲标准 EN50170，卷 2；是品种齐全的现场总线部件；经双绞线或光缆进行数据传输；能进行自动化系统的柔性和模块化设计；能与执行器、传感器接口相连；最多可连接 125 个节点，每个总线段最多 32 个节点；传输速率为 12Mbps，响应时间短；节省接线费用，传输距离可达 23.8km；通过各种专用集成电路（ASIC）和模块接口简化设备的连接；是"全集成自动化"的系统总线。

③ 简单说明各种传感器的作用。

答：电感式：检测金属性物体。在此实验中电感式传感器被用来检测托盘是否到位和销钉是金属或非金属的情况。

电容式：检测非金属物体和导电性物体。在本站中用来检测托盘上工件的情况。

色彩标志检测器：能可靠地检测多种不同的色彩。具有简易的编程方式，可以实现最高的灵敏度。具有按键编程和最为方便的调节方式。通过动态和静态设置，使灵敏度设定和亮态/暗态操作设定一次完成。静态设定按键只需对色标和背景进行示教即可。本站中采用色标检测器检测工件主体中是否贴上标签，从而决定下一站的动作情况。

磁感应式：检测液/气缸体内活塞位置。

6.3.7　液压换向单元

（1）实验目的

① 了解液压元件的结构工作原理及其应用。

② 了解液压技术的基本物理知识。

③ 了解液压系统控制回路的设计方法。

④ 了解系统的安装调试、故障诊断及排除方法。

⑤ 了解阀以及元器件的基本知识。

⑥ 编写绘制该站原理图。

⑦ 用 PLC 控制该站全过程操作并编写程序。

（2）实验材料

① 整机配套，西门子 S7-200 可编程序控制器。

② 万能表。

③ 电工工具。

（3）液压系统简单介绍

什么是液压传动？

液压传动是用液体作为工作介质来传递能量和进行控制的传动方式。液压系统利用液压泵将原动机的机械能转换为液体的压力能，通过液体压力能的变化来传递能量，经过各种控制阀和管路的传递，借助于液压执行元件（缸或电机），把液体压力能转换为机械能，从而驱动工作机构，实现直线往复运动和回转运动。

液压系统的形式及评价

液压元件逐步实现了标准化、系列化，其规格、品种、质量、性能都有了很大提高，尤其是采用电子技术、伺服技术等新技术、新工艺后，液压系统的质量得到了显著的提高。

从不同的角度出发，可以把液压系统分成不同的形式。

① 按油液的循环方式，液压系统可分为开式系统和闭式系统。开式系统是指液压泵从油箱吸油，油经各种控制阀后驱动液压执行元件，回油再经过换向阀回油箱。这种系统结构较为简单，可以发挥油箱的散热、沉淀杂质作用，但因油液常与空气接触，使空气易于渗入系统，导致机构运动不平稳等后果。开式系统油箱大，油泵自吸性能好。闭式系统中，液压泵的进油管直接与执行元件的回油管相连，工作液体在系统的管路中进行封闭循环。其结构紧凑，与空气接触机会少，空气不易渗入系统，故传动较平稳。工作机构的变速和换向靠调节泵或马达的变量机构实现，避免了开式系统换向过程中所出现的液压冲击和能量损失。但闭式系统较开式系统复杂，因无油箱，油液的散热和过滤条件较差。为补偿系统中的泄漏，通常需要一个小流量的补油泵和油箱。由于单杆双作用油缸大小腔流量不等，在工作过程中会使功率利用下降，所以闭式系统中的执行元件一般为液压马达。

② 按系统中液压泵的数目，可分为单泵系统、双泵系统和多泵系统。

③ 按所用液压泵形式的不同，可分为定量泵系统和变量泵系统。变量泵的优点是在调节范围之内可以充分利用发动机的功率，但其结构和制造工艺复杂，成本高，可分为手动变量、伺服变量、压力补偿变量、恒压变量、液压变量等多种方式。

④ 按向执行元件供油方式的不同，可分为串联系统和并联系统。串联系统中，上一个执行元件的回油即为下一个执行元件的进油，每通过一个执行元件压力就要降低一次。在串联系统中，当主泵向多路阀控制的各执行元件供油时，只要液压泵的出口压力足够，便可以实现各执行元件的运动的复合。但由于执行元件的压力是叠加的，所以克服外载能力将随执行元件数量的增加而降低。并联系统中，当一台液压泵向一组执行元件供油时，进入各执行元件的流量只是液压泵输出流量的一部分。流量的分配随各件上外载荷的不同而变化，首先进入外载荷较小的执行元件。只有当各执行元件上外载荷相等时，才能实现同时动作。

全液压传动力学性能的优劣，主要取决于液压系统性能的好坏，包括所用元件质量的优劣、基本回路是否恰当等。系统性能的好坏，除满足使用功能要求外，应从液压系统的效率、功率利用、调速范围和微调特性、振动和噪声，以及系统的安装和调试是否方便可靠等方面进行考虑。

液压系统设计的任务

液压系统是机械伺服装置中的经典结构，即使在机电类元件获得长足进步的今天，液压系统仍以其高功率/重量比、响应快、低速特性好等特点在不少系统当中扮演举足轻重的角色。

无论哪一种液压系统（伺服作动系统或是纯粹的管路），设计开发过程中一般都要做以下几步工作。

① 初期：静态估计，根据额定/最大负载和基本运动参数，确定构成系统的元器件或所设计元器件的基本结构。

② 中期：动态性能测试，校正初步设计和各种参数。这时要考虑的因素比较多，包括开环/闭环动态响应特性、系统发热、故障工况分析等。按综合分析的结果，确定系统构成并进行控制器设计。

③ 末期：和其他系统联合调试，提出改进意见。

由于液压系统复杂的物理属性——非线性、不连续性，给它的分析和设计造成很大障碍。常用而有效的方法，是在线性简化分析的基础上做实验。

液压系统的组成及其作用

一个完整的液压系统由五个部分组成，即动力元件、执行元件、控制元件、辅助元件和液压油。

① 动力元件　动力元件是将原动机的机械能转换成液体的压力能。如液压系统中的油泵，它给整个液压系统提供动力。液压泵的结构形式一般有齿轮泵、叶片泵和柱塞泵。

② 执行元件（如液压缸和液压马达）　执行元件是将液体的压力能转换为机械能，驱动负载做直线往复运动或回转运动。

③ 控制元件（即各种液压阀）　在液压系统中控制和调节液体的压力、流量和方向。根据控制功能的不同，液压阀可分为压力控制阀、流量控制阀和方向控制阀。

a. 压力控制阀又分为溢流阀（安全阀）、减压阀、顺序阀、压力继电器等。

b. 流量控制阀包括节流阀、调整阀、分流集流阀等。

c. 方向控制阀包括单向阀、液控单向阀、梭阀、换向阀等。

根据控制方式不同，液压阀可分为开关式控制阀、定值控制阀和比例控制阀。

④ 辅助元件　包括油箱、滤油器、油管及管接头、密封圈、压力表、油位油温计等。

⑤ 液压油　是液压系统中传递能量的工作介质，有各种矿物油、乳化液和合成型液压油等几大类。

设计液压传动系统的步骤

① 对液压传动系统的工作要求，是设计液压传动系统的依据。

② 拟定液压传动系统图。

a. 根据工作部件的运动形式，合理地选择液压执行元件。

b. 根据工作部件的性能要求和动作顺序，列出可能实现的各种基本回路。此时应注意选择合适的调速方案、速度换接方案，确定安全措施和卸荷措施，保证自动工作循环地完成和顺序动作可靠。

液压传动方案拟定后，应按国家标准规定的图形符号绘制原理图。图中应标注出各液压元件的型号规格，还应有执行元件的动作循环图和电气元件的动作循环表，同时要列出标准（或通用）元件及辅助元件一览表。

③ 计算液压系统的主要参数和选择液压元件：

a. 计算液压缸的主要参数；

b. 计算液压缸所需的流量并选用液压泵；

c. 选用油管；

d. 选取元件规格；

e. 计算系统实际工作压力；

f. 计算功率，选用电动机；

g. 发热和油箱容积计算。

④ 进行必要的液压系统验算。

⑤ 进行液压装置的结构设计。

⑥ 绘制液压系统工作图。

设计液压传动系统时应注意问题

① 在组合基本回路时，要注意防止回路间相互干扰，保证正常的工作循环。

② 提高系统的工作效率，防止系统过热。例如功率小，可用节流调速系统；功率大，最好用容积调速系统；经常停车制动，应使泵能够及时地卸荷；在每一工作循环中耗油率差别很大的系统，应考虑用蓄能器或压力补偿变量泵等效率高的回路。

③ 防止液压冲击，对于高压大流量的系统，应考虑用液压换向阀代替电磁换向阀，减慢换向速度；采用蓄能器或增设缓冲回路，消除液压冲击。

④ 系统在满足工作循环和生产率的前提下，应力求简单，系统越复杂，产生故障的机会就越多。系统要安全可靠，对于做垂直运动提升重物的执行元件，应设有平衡回路；对有严格顺序动作要求的执行元件，应采用行程控制的顺序动作回路。此外，还应具有互锁装置和一些安全措施。

⑤ 尽量做到标准化、系列化设计，减少专用件设计。

（4）实验内容

液压系统在本套机电一体化教学系统中被设计为具有换向功能及贴签功能。采用西门子 S7-200 PLC 进行控制。

（5）系统连接的 I/O 分配情况表（表 6-15）

表 6-15　系统连接的 I/O 分配情况表

形式	序号	名称	地址	对应 300 地址
输入	1	转角到位	I0.0	I3. *
	2	转角复位	I0.1	I3. *
	3	刻章到位	I0.2	I3. *
	4	刻章复位	I0.3	I3. *
	5	托盘进入	I0.4	I3. *
	6	托盘到位	I0.5	I3. *
	7	传动缸到位	I0.6	I3. *
	8	传动缸复位	I0.7	I3. *
	12	手动/自动按钮 7	I2.0	—
	13	启动按钮 7	I2.1	—
	14	停止按钮 7	I2.2	—
	15	急停按钮 7	I2.3	—
输出	1	转向到位	Q0.0	I8. *
	2	转向复位	Q0.1	I8. *
	3	刻章到位	Q0.2	I8. *
	4	刻章复位	Q0.3	I8. *
	5	链条传动复位	Q0.4	I8. *
	6	链条传动到位	Q0.5	I8. *
	7	液压电磁断路	Q1.4	I8. *
发送地址		V1.0～V4.7		
接收地址		V0.0～V3.7		

要实现使用 PLC 对气动机械手分拣单元运行过程的控制，首先要进行基本的输入输出口定义的设置，然后进行 S7-200 系列软件程序的编制。

（6）液压换向单元硬件名称及型号

系统中主要硬件设备的名称及型号如表 6-16 所示。

表 6-16　系统中主要硬件设备的名称及型号

序号	名称	型号	数量
1	电机 1.5kW，4 级	YS90L-4	1
2	油泵	CBWN-F1.6-TTOL	1
3	方向电磁阀	DSG-3C6-06-N-D2	3
4	卸荷电磁阀	DSG-2B3B-06-N-D2	1
5	双单向节流阀	MTC-02W-K-D	1
6	插装体		1
7	块体		4
8	压力表	Y-60Z	1
9	油管	6I-3000（M14 * 1.5）	2
10	油管	6I-2900（M14 * 1.5）	2
11	油管	6I-500（M14 * 1.5）	2
12	油缸	YGQ40 * 200-MFI	4
13	油缸	YGQ40 * 50	2
14	油箱总成	V＝4L	1
15	O 形圈	$\phi16 * 2.65$	1
16	O 形圈	$\phi112 * 2.65$	1
17	O 形圈	$\phi22 * 2.4$	8
18	组合垫	$\phi16$	1
19	警灯	TH-DC24V	1
20	微动开关		8

（7）液压换向单元硬件线路连接原理图

动力系统外形图及液压系统原理图见图 6-7 和图 6-8。

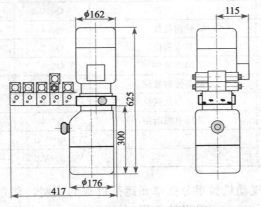

图 6-7　实验台动力系统外形图

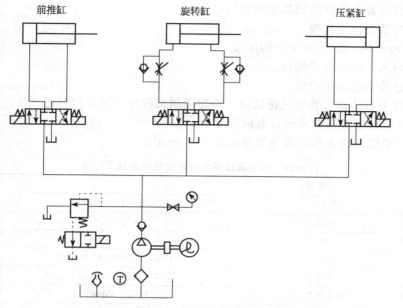

前推缸　　旋转缸　　压紧缸

图 6-8　液压系统原理图

6.3.8　气动机械手分拣单元

（1）实验目的

① 了解气动机械手的气动原理。

② 了解无杆气缸的原理。

③ 了解短程气缸的功能。

④ 了解摆动缸的动作原理和功能。

⑤ 了解真空皮碗的工作原理和功能。

⑥ 编写绘制该站气路图。

⑦ 用 PLC 控制该站全过程操作并编写程序。

⑧ 了解该站与废品单元、仓库单元的通信和编程。

（2）实验材料

① 分拣单元。

② 整机配套，西门子 S7-200 可编程序控制器。

③ 万能表。

④ 电工工具。

⑤ 电器接线图、电气原理图、气动原理图。

（3）实验内容

本站的移动配电平台（一般在分拣单元和升降梯与高架叠层仓库单元中）在 220V 指示灯和 24V 指示灯的位置，为两个带自锁的按钮。为了便于学生进行分组实验，在本套装置中可以通过此按钮定义销钉的材质情况和工件是否合格。在系统整体运行时，可根据检测单元检测到的实际情况进行动作，不需用到此按钮。

① 手动启动无杆气缸的前后活动。

② 手动启动短杆气缸的上下活动。

③ 手动启动摆动缸的 90° 旋转。

④ 手动启动真空皮碗的抽真空和充气过程。

⑤ 手动启动上进全过程。

⑥ 检测 Profibus 总线 S7-200 的连接。

⑦ 检测输入、输出端子模块。

⑧ 检测总线功能端子模块。

⑨ 根据开关量的输入和电气接线图、电路图编写程序（附原程序）。

（4）气动机械手分拣单元硬件名称及型号

系统中主要硬件设备的名称及型号如表 6-17 所示。

表 6-17　气动机械手分拣单元硬件名称及型号

序号	名称	型号	数量
1	电感式接近开关	NI6-Q25-AP6X	1
2	直流减速电机	70ZYNJ　55r/min	1
3	指示灯	AD16-22B	1
4	双作用气缸	19203　DSNU-16-100-PA	1
5	舌簧开关	165595　SMEO-5-K-LED-25-B	2
6	行程开关安装附件	19275　SMBR-16	2
7	截止阀	162807　HE-1/5-D-MINI	1
8	气路板	33509　PRS-ME-1/8-5	1
9	单电控电磁阀	173129　MEH-5/6-1/8-P-B	5
10	直角插座	15098　MSSD-E	5
11	导向驱动装置	32728　SLM-16-300-KF-A	1
12	短行程气缸	156201　ADVUL-16-200-PA	1
13	行程开关	150855　SME-8-K-LED-25	2
14	单向截流阀	197578　GRLA-M5-QS-6-D	6
15	单向截流阀	151213　GR-M5-B	2
16	脚架	5126　HBN-12/16 * 2	1
17	轴杆附件	159638　HFOE-D-MINI	1
18	摆动气缸	33296　DSRL-6-180-P-FW	1
19	摆动支架	33317　HSR-6-FW	1
20	微动开关	30658　S-6-BE	2
21	微动开关支架	33515　WSR-6-K	1
22	真空发生器	162512　VADM-55-P	1
23	真空发生器插座	35997　KMYZ-6-25-2.5-LED	1
24	带电缆插头插座	165250　SIM-K-5-GD-2.5-PU	1
25	聚氨酯吸盘	36137　VAS-30-1/8-PUR	2
26	"1"型螺纹接头	153303　QSM-M6-5	2
27	"1"型螺纹接头	153305　QSM-M5-5	2
28	"1"型螺纹接头	153306　QSM-M5-6	2
29	"1"型螺纹接头	153005　QS-1/5-8	5
30	"1"型螺纹接头	153002　QS-1/8-6	9
31	消音器	2307　U-1/8	1
32	消声器	2316　U-1/5	2

（5）废品单元硬件名称及型号

系统中主要硬件设备的名称及型号如表 6-18 所示。

表 6-18　废品单元硬件名称及型号

序号	名称	型号	数量
1	光电开关	S18SP6D-44693	1
2	变频器 DP 接口	6SE6400-1PB00-0AA0	1
3	变频器 BOP 面板	6SE 6400-0BP00-0AA0	1
4	变频器主机	6SE 6400-2UC17-5AA1	1

（6）气动机械手分拣单元硬件线路连接原理图

略。

（7）系统连接的 I/O 分配情况（表 6-19）

要实现使用 PLC 对气动机械手分拣单元运行过程的控制，首先要进行基本的输入输出口定义的设置，然后进行 S7-200 系列软件程序的编制。

表 6-19　系统连接的 I/O 分配情况

形式	序号	名称	地址	对应 300 地址
输入	1	托盘检测 7	I0.0	I38.0
	2	真空开关 7	I0.1	I38.1
	3	止动气缸到位 7	I0.2	I38.2
	4	止动气缸复位 7	I0.3	I38.3
	5	摆动气缸复位 7	I0.4	I38.4
	6	摆动气缸到位 7	I0.5	I38.5
	7	短程气缸到位 7	I0.6	I38.6
	8	短程气缸复位 7	I0.7	I38.7
	9	导向驱动装置复位 7	I1.0	I39.0
	10	导向驱动装置到位 7	I1.1	I39.1
	11	废品检测	I1.2	I39.2
	12	手动/自动按钮 7	I2.0	—
	13	启动按钮 7	I2.1	—
	14	停止按钮 7	I2.2	—
	15	急停按钮 7	I2.0	—
输出	1	传送电机 7	Q0.0	I40.0
	2	真空发生器 7	Q0.1	I40.1
	3	短程气缸（垂直）7	Q0.2	I40.2
	4	导向驱动装置（水平）7	Q0.3	I40.3
	5	摆动气缸（旋转）7	Q0.4	I40.4
	6	止动气缸 7	Q0.5	I40.5
	7	工作指示灯 7	Q0.6	I40.6
	8	空直线电机 7	Q0.7	I40.7
发送地址			V1.0～V4.7	
接收地址			V0.0～V3.7	

（8）编程要求

初始状态：短程气缸（垂直）、无杆缸（水平）、摆动缸（旋转）均为复位，机械手处于原始状态，限位杆竖起禁行，为止动状态；真空开关不工作；工作指示灯熄灭。

系统运行期间：

① 工件进入本站，进行 3s 延时；

② 3s 后启动短程气缸，真空皮碗将工件吸起，摆动气缸将工件旋转 90°；

③ 根据检测单元的检测情况，若为合格产品，则进行 2s 延时，并检测升降梯的工作情况，若升降梯为准备就绪状态，则启动止动气缸将托盘放行，2s 后将工件放到底层的传送带上，传送带带动工件进入下一站，再进行 2s 延时，时间到后止动气缸复位，若升降梯处于工作状态，则工件吸起后，一直处于等待状态，等到升降梯复位后再将托盘和工件放行；

④ 将工件放到传送带上后，摆动气缸和短程气缸复位；

⑤ 若为不合格产品，也根据升降梯的状态进行工作，若升降梯为准备就绪状态，则启动止动气缸将托盘放行，进行 2s 延时，同时启动导向驱动装置，将工件送入废品处理单元，进行回收，将工件放入后，导向驱动装置复位，短程气缸和摆动气缸复位；

⑥ 2s 后，止动气缸复位，所有动作都将恢复预备状态。

（9）问题

① 该站无杆气缸的作用是什么？是否可用其他方式代替？

答：无杆气缸是前后运动，在 300mm 内两头定位，可减少运动误差，在此是气动机械手的主运动机构。可以采用其他方式，如直线轴承和直线电机，但造价有所不同。

② 伸摆缸的功能是什么？

答：伸摆缸是两位运动的组合缸，既可上下运动，又可本身旋转 90°，是自动化系统中经常应用的组合机构。

6.3.9　升降梯与高架叠层立体仓库单元

（1）叠层立体仓库单元设计的思路及目的

本单元是一个小型的物流系统。传统的物流是以最近观念为主，现代物流则是以智能化、最优化、简洁化为主导的综合观念，物流的轨迹以最短的路径、最优的连接路线，按照物流的不同密度不断更换路线，以此体现智能功能仓库是从静到动不断发展和变化的，从单一货物的不断移动地存、取，到现在货物与仓库的双向互动、立体交叉，以最少的空间存储最多的物体。

今天的仓库作业和库存控制作业已十分多样化、复杂化，靠人工记忆、处理已十分困难。如果不能保证在产品优化中仓库的有效利用，就会导致时间和空间的浪费，容易产生库存，延长时间，增加成本。物流系统技术是物流与信息处理技术结合，确保库存量的准确性，保证必要的库存水平及仓库中物料的移动。与进货、发货协调一致，保证产品的最优流入和保存。在货物安置中，物流和信息流是不可分割的统一体。在货物安置中，如何将物流和信息流完好地结合起来，是要解决的首要问题。

该叠层立体仓库单元的物流系统，是以 Profibus 总线技术为基础，以现代工业物流需求的多样性和复杂化为设计标准而设计开发的。该设计生产的小型物流教学系统，克服了仓库存储过程中存在的人工搬运劳动强度大、工作效率低以及库存数据不精准等状况，而且此系统可提高工件入库的正确性。该套物流系统其设计理念是用最小的空间存储最多的货物，因此设计的升降梯可水平和垂直移动，根据货物不同，按要求做适当的放置。

同时，该物流系统也体现了以下特点：

① 移动存储　Y 方向的提升装置为链条和配重的方式相配合，运动非常可靠，X 方向为滚珠丝杠传动；

② 齿轮传动等结构　设计时使用的都是典型的机械传统方式，简单可靠，低噪声，柔性传动。

（2）实验目的

① 了解升降梯的机械传动原理。

② 了解步进电机的驱动和控制。

③ 了解伺服系统的控制原理及过程（伺服系统为可选件）。

④ 了解叠层仓库的直流减速驱动过程。

⑤ 认识光栅尺和光栅显示器（光栅尺为可选件）。

⑥ 用 PLC 控制该站全过程，学会用 PLC 控制步进电机的位移并编写程序。

（3）实验材料

① 升降梯与立体叠层仓库单元。

② 整机配套，西门子 S7-200 可编程序控制器。

③ 万用表。

④ 电工工具。

⑤ 电器接线图、电气原理图、气动原理图。

（4）实验内容

① 了解升降梯的传动过程，直流步进电机的传动，链条与飞轮的传动，齿轮减速传动，配重、拉力平衡块的设计原理与实物对比。

② 了解步进电机、步进电机驱动电源和脉冲控制电源的控制方法与原理。

③ 测量叠层仓库的同步传动和"O"形带传动关系，同时了解升降梯与每层仓库传送工件的原理和交接关系。

④ 根据装配图和电气原理图，检测总线与 S7-200 的连接关系。

⑤ 此站是全电气传动和机械传动，无气动环节，根据上述要求编制此站程序（附原程序）。

（5）升降梯及叠层立体仓库单元的系统运行过程简图

叠层立体仓库单元将工件存入仓库的系统运行过程如图 6-9 所示。

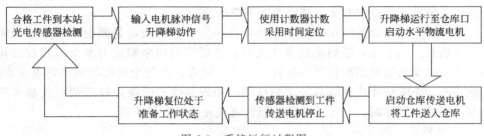

图 6-9　系统运行过程图

（6）升降梯及叠层立体仓库单元中各硬件名称及型号

系统中主要硬件设备的名称及型号如表 6-20 所示。

表 6-20　升降梯及叠层立体仓库单元中各硬件名称及型号

序号	名称	型号	数量
1	光电开关	S18SP6D-44693	4
2	光电开关	LZ-FT0318	3
3	直流减速电机	70ZYNJ　55r/min	8
4	步进电机	86BYG250A-SAFRBC-0202	1
5	步进电机驱动器	SH-20806	1
6	伺服电机	MSMA012A1C	1
7	伺服电机驱动器	MSDA013A1A	1
8	继电器	MY2N-DC24V	3
9	警灯	TH-DC24V	1
10	微动开关		8
11	空中对接-8P		1
12	空中对接-7P		1

（7）升降梯及叠层立体仓库单元中硬件设备的说明

在叠层立体仓库单元设计中使用的主要设备，包括光电开关、步进电机、继电器等。以下就设计中一些重要器件列出其相应的设备说明。

① 光电开关的设备

a. 光电式传感器　光电开关的主要元件是光电式传感器。光电式传感器是能将光能转换为电能的一种器件。它的物理基础是光电效应。用光电器件测量非电量时，首先要将非电量的变化转换为光量的变化，然后通过光电器件的作用，将非电量的变化转换为电量的变化。由于光电元件响应快，结构简单，而且有较高的可靠性，在现代测量与控制系统中应用非常广泛。

b. 光电式传感器的基本特性

（a）光谱特性　光敏二极管和晶体管的入射光的波长增加时，相对灵敏度下降，因为光子能量太小，不足以激发电子空穴对。当入射光的波长缩小时，相对灵敏度也在下降，这是由于光子在半导体表面附近就被吸收，透入深度小，在表面激发的电子空穴对不能到达 PN 结，因而灵敏度下降。

（b）光照特性　光敏二极管的光照特性曲线的线性较好，而晶体管在照度较小时，光电流随照度增加较小，而在大电流（光照度为几千勒克司）时有饱和现象，这是由于晶体管的电流放大倍数在小电流和大电流时都要下降的缘故。

（c）频率响应　光敏管的频率响应是指具有一定频率的调制光照射时，光敏管输出的光电流（或负载上的电压）随频率的变化关系。光敏管的频率响应与本身的物理结构、工作状态、负载以及入射光的波长等因素有关。对于锗管，入射光的调制频率要求在 5000Hz 以下，硅管的频率响应要比锗管好。实验证明，光敏晶体管的截止频率和它的基区厚度成反比关系。要截止频率高，基区就要薄，但这将使光电灵敏度下降。

② 步进电机系统的设备

a. 步进电机　步进电机是把电脉冲转化为直线位移与角位移的执行元件，也就是说步进电机的输出角位移与输入电脉冲的个数成正比。步进电机具有良好的速度特性，被广泛应用在工业生产中的运动控制中。

　　步进电机不能直接加电源投入运行，而是通过电机驱动器产生的脉冲电压，按一定分配方式加到各控制绕组产生电磁过程的跃变，形成磁极轴旋转，以反应式电磁转矩带动转子做步进式转动。电机驱动器通常由脉冲发生器、脉冲分配器、功率放大器三部分组成。脉冲的输入经脉冲分配器组合成多相轮流通断的输出脉冲，经功率放大送步进电机。在步进的状态下，由于步进率较低，电动机装置在下一相通电并开始动作之前完全处于静止状态。这样，电机便可以在无位置误差的情况下启动、停止、反转。

　　从该设计的实际考虑，该系统应属于步进电机的变速连续运行，因而在电机的启停环节上可能存在一定的位置误差。如对于要求较高的位置控制系统，应采用升速到恒速、减速到停止的过程。但对于该系统而言，该误差对系统正常动作的影响可以忽略，直接利用PLC继电器输出的电平信号，与步进电机驱动器输入脉冲信号取逻辑与，控制步进电机驱动器输入脉冲的有无，从而实现电机的运转控制。此种控制模式相对于其他直接对电机进行制动的方式（机械模式等），具有响应时间短、功耗小、实现容易等特点。

　　b. 步进电机驱动器　该设计采用 SH-20806 57BYG SH-2H057 驱动器，改善了电机电流的控制精度，进一步降低了力矩的脉动，提高了细分的精度，并且将电机的损耗降低30%，达到了减小电机升温的效果。使其驱动整步步距角 1.8° 的两相电机时，可实现每步0.9°的分辨率，即 400 步/转。

　　该驱动器内置了创新的自动寻优电路，采用单脉冲控制方式，输入控制信号通过内置光耦隔离，采用共阳极接法。其最大输出电流为 3A/相（峰值），为确保内置光耦能可靠导通，要求控制信号提供至少 6mA 的电流。在输入信号接口模式（面板上 MODE 开关）选择 24V（MODE 置于"1"侧）时，内置光耦的限流电阻为 2kΩ，可以与 PLC 接口（VCC=16-24V）配合。如图 6-10 所示。

　　（a）脉冲信号。低电平有效，通过频率为 1MHz。为了可靠地响应，脉冲的低电平时间应大于 500ns。

　　（b）方向信号。该端电平变化控制电机运转方向。

　　（c）脱机信号。该端外加低电平时，驱动器将切断电机各相的电流，使电机轴处于自由状态，此时的步进脉冲将不能被响应，为了避免脱机信号消失后电机跳动，在脱机有效期间应停止脉冲信号的输入。当不需要此功能时，脱机端可悬空。

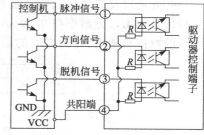

图 6-10　驱动器接口电路的
连接示意图

　　③ 继电器　叠层立体仓库单元中用到继电器是升降梯的水平方向上的运动。水平运动动力依靠直流电机，而继电器在此处的应用就是实现这两个电机的正反转控制，也就是升降梯的运行和复位的控制。通过继电器的吸合和断开，实现电压的正负变化，达到控制电机正反转的目的。

　　④ 微动开关　微动开关由一个定触点和一个动触点组成，通过动触点的动作，实现微动开关断开和闭合的过程。在该设计中的应用是：通过对微动开关的碰触（即通过常开触点），实现对升降梯初始位置的控制，实现初始位的复位功能；通过常闭触点实现对电机和设备的保护。

　　⑤ 交流伺服电机系统　该交流伺服电机系统主要装置包括：

　　a. 主电路非熔丝断路器（NFB），用来保护电源线，过流时应迅速切断电路；

　　b. 噪声滤波器（NF），防止外部杂波进入到电源线，并减轻伺服电机产生的杂波对外界的干扰；

　　c. 磁力接触器（MC），接通和断开伺服电机的主电源，磁力接触器应与浪涌吸收器连用；

d. 电抗器（L），减少主电路中电源的谐波；

e. 电机与驱动器的通信电缆，实现电机与驱动器编码之间的通信，从而达到使用驱动器控制电机的目的；

f. 制动器电源（24V DC），为制动器提供 24V 电压输入，使其能正常工作。

该配套驱动器在使用时须注意以下几点。

a. 接线指示。用额定温度 60℃ 或更高温度的铜导线连接到接线端子或接地端子。一定要把控制面板的保护性的地（PE）连接到驱动器的保护性接地端子，以免触电。不要双重连接到保护性接地端子。驱动器备有两个保护性接地端子。

b. 过载保护电平。当驱动器的有效电流达到额定电流的 115％ 时或以上时，驱动器的过载保护功能被激活，确保驱动器的有效电流不超过额定电流。驱动器的最大允许瞬时电流由转矩限定设置（Pr5E）所设定。

c. 增益调整与机械刚性之间的关系。为了增加机械刚性，应注意以下几点要求：

● 机器（电机负载）必须牢固地固定在坚硬的基础上；

● 电机与机器之间的耦合连接必须专门设计为伺服电机用的高刚性的；

● 同步带必须有较大的宽度，同步带的张力必须根据电机允许轴向负载做相应调整；

● 齿轮间必须留有较小的间隙；

● 机器的固有频率（谐振）大大地影响伺服电机的增益调整，如果电机的谐振频率比较低（低刚性），就不能设定伺服系统的较高效应特性；

● 格外注意安全，如果机器进入振荡状态（异常响声或震动），立即关掉电源或切断伺服开关，将开关置于 OFF。

⑥光栅尺及光栅显示器　数控机床反馈检测光栅尺 KA-300 是按工业标准 EIA-426-A 进行信号输出，分辨率在 0.001mm，最大移动速度 1m/s，供应电压 DC5V，广泛应用在全闭环的数控机床上。KA-300 的信号输出为 TTL，输出格式如图 6-11 所示。

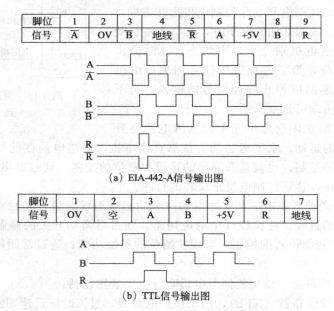

图 6-11　KA-300 光栅尺的输出信号格式

光栅显示器是一个配有 LCD 数码显示屏幕的信号输出装置，用以显示从光栅尺采集的数据信号，输出为可见的数字段码，能够对光栅尺的位置进行准确的读数，从而确定其准确的行程。

（8）升降梯及叠层立体仓库单元中硬件线路连接原理图略。

（9）系统连接的 I/O 分配情况（表 6-21）

表 6-21　叠层立体仓库单元硬件连接的 I/O 线号分配

形式	序号	名称	地址	对应 300 地址
输入	1	传动物流检测 8	I0.0	I18.0
	2	高层限位 8	I0.1	I18.1
	3	底层限位 8	I0.2	I18.2
	4	内限位 8	I0.3	I18.3
	5	外限位 8	I0.4	I18.4
	6	外二层物流检测 8	I0.5	I18.5
	7	外三层物流检测 8	I0.6	I18.6
	8	外四层物流检测 8	I0.7	I18.7
	9	内二层物流检测 8	I1.0	I19.0
	10	内三层物流检测 8	I1.1	I19.1
	11	内四层物流检测 8	I1.2	I19.2
	12	手动/自动按钮 8	I2.0	—
	13	启动按钮 8	I2.1	—
	14	停止按钮 8	I2.2	—
	15	急停按钮 8	I2.3	—
输出	1	步进脉冲 8	Q0.0	I20.0
	2	步进方向 8	Q0.1	I20.1
	3	物流传送电机 8	Q0.2	I20.2
	4	内进 8	Q0.3	I20.3
	5	外送 8	Q0.4	I20.4
	6	外二层传动 8	Q0.5	I20.5
	7	外三层传动 8	Q0.6	I20.6
	8	外四层传动 8	Q0.7	I20.7
	9	内三层传动 8	Q1.0	I21.0
	10	内二层传动 8	Q1.1	I21.1
	11	内四层传动 8	Q1.2	I21.2
	12	底层传送电机 8	Q1.3	I21.3
	13	工作指示灯 8	Q1.4	I21.4
发送地址			V1.0～V4.7	
接收地址			V0.0～V3.7	

要实现使用 PLC 对叠层立体仓库单元运行过程的控制，首先要进行基本的输入输出口定义的设置，然后进行 S7-200 系列软件程序的编制。

（10）编程要求

初始状态：各传送电机均处于停止运行状态，步进脉冲输出为 0，步进方向输出为 0（定位向下），伺服电机停止，升降梯处于外侧。

系统运行时：

① 根据检测单元的检测情况，若检测到的工件为合格产品，则下行至此站，升降梯上的传感器检测到工件，升降梯上的传送电机停，通过步进电机驱动器使步进电机转动，经齿轮齿条差动使升降梯带动工件上升；

② 根据前面的检测结果，使用计数器，若为金属销钉且为第一个工件，则升降梯根据光栅尺的定位，准确地上升至二层时停止，启动升降梯和二层上的传送电机，将工件送入，二层传感器检测到工件进行延时，2s 后，此层传送电机停，步进电机反方向转动，升降梯下降到初始位置，准备运送下一个工件；

③ 根据计数器，若为金属且为第二个工件，升降梯仍重复上面的动作，将工件送入二层；

④ 根据计数器，若为金属且为第三个工件（在程序中认为每层可装两个工件），升降梯则带工件自动进入三层，以后依次装入工件；

⑤ 若为尼龙销钉且为第一个工件，则升降梯带动工件先垂直上升至二层，然后启动水平电机带动升降梯水平动作，当碰到水平的内限位开关时，停止水平动作，启动升降梯和二层上的传送电机，根据光栅尺的准确定位，将工件送入，二层传感器检测到工件进行延时，2s 后此层传送电机停，水平电机反方向转动，回到外层碰到外限位停，然后启动步进电机使其反方向转动，升降梯下降时碰到底层限位停，回到初始位置，准备运送下一个工件；

⑥ 若为尼龙销钉且为第二个工件，则重复上一步；

⑦ 若为尼龙销钉且为第三个工件，则重复上面步骤，升降梯带动工件先垂直上升至二层，然后水平移动，碰到内层限位时，水平电机停，此时升降梯带动工件继续上升至三层，将工件送入后，启动水平电机，升降梯进行反方向的水平动作，碰到外限位时，水平电机停，步进电机继续工作，带动升降梯下降至初始位置。以后工件依次装入。

（11）升降梯及叠层立体仓库单元主要机械结构简图

机械结构简图见图 6-12～图 6-18。

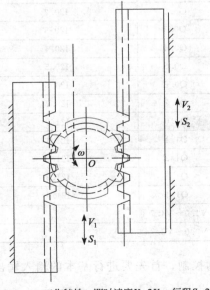

工作特性：即时速度 $V_2=2V_1$　行程 $S_2=2S_1$
应用目的：增大举升高度

图 6-12　齿轮、齿条差动升降机构

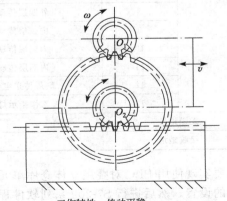

工作特性：传动平稳
应用目的：升降货梯水平传动

图 6-13　齿轮、齿条传动机构

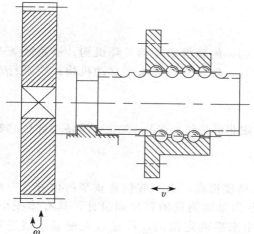

工作特性：传动平稳，精度高

应用目的：升降货梯水平传动

图 6-14　滚珠丝杠传动机构

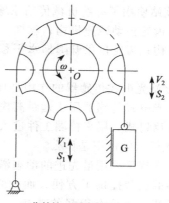

工作特性：即时速度$V_2=2V_1$，

行程$S_2=2S_1$

应用目的：增大举升高度

图 6-15　链轮、链条差动升降机构

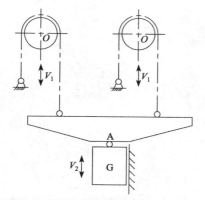

工作特性：可使两根链条平衡受力，即通过杠杆A

使两根链条在制造和工作中磨损后产生

的长度不一致相互补偿

应用目的：提升升降平台

图 6-16　链条长度补偿机构

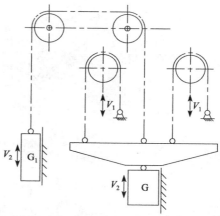

工作特性：G_1依一定关系小于G，且与G同步运动

应用目的：重块与升降平台配合，以减小动力电机功率

图 6-17　平衡重块机构

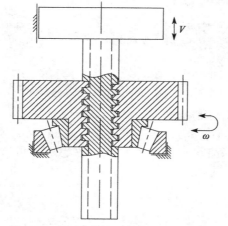

工作特性：省力，自锁，可靠，安全，轴承可以承受大的轴向力及径向力、自动定心

应用目的：举升、升降台系统

图 6-18　丝杠、丝母机构

（12）问题

① 该站使用了哪些机械传动原理？

答：齿轮传动减速机构；丝杠、丝母升降机构；齿轮齿条差动升降机构；链轮链条差动升降机构；齿轮齿条升降梯水平移动机构；丝杠、丝母升降梯水平移动机构；轮系行走机构。

② 该站光电式传感器的作用是什么？

答：光电式传感器用于远距离检测（可见光或非可见红外光）。在此套设备中此传感器采用直接反射式，用来检测工件进入仓库的情况。

③ 光栅尺的作用是什么？

答：光栅尺采用最先进的动态激光控制，准确度很高，为一些位置狭窄的地方及专用测量仪器的安装提供了方便。而此光栅显示器专为单轴测量的客户而设计，具有体积小、价格低等特点，具有很强的功能。在该站中是用来准确定位的，可通过光栅显示器进行查看。

参 考 文 献

[1] 廖常初. PLC 编程及应用. 北京：机械工业出版社，2005.

[2] 张浩，谭克勤，朱守云. 现场总线与工业以太网络应用技术手册. 第 1 册. 上海：上海科学技术出版社，2002.

[3] 王树森. 计算机网络与 Internet 应用. 北京：水利水电出版社，2006.

[4] 张蒲生. 计算机网络技术及实训. 北京：水利水电出版社，2007.

[5] 杨庆柏. 现场总线仪表. 北京：国防工业出版社，2005.

[6] 骆德汉. 可编程控制器与现场直播总线网络控制. 北京：科学出版社，2005.

[7] 张浩，马玉敏，杜品胜. Interbus 现场总线与工业以太网技术. 北京：机械工业出版社，2006.

[8] 贾鸿莉. 现场总线技术及其应用. 北京：化学工业出版社，2016.